공감의 반경

공감의 반경

느낌의 공동체에서
사고의 공동체로

장대익 지음

바다출판사

'타인이라는 지옥'에서
'타인이라는 복지'로의 변환을 상상하는
모든 세계 시민에게

개정증보판 서문

서로의 반경 안에서
다시 연결되기 위하여

한 지인이 내게 이런 덕담을 건넸다.

"장 교수님, 《공감의 반경》을 흥미롭게 읽고 있어요. 최근 우리나라 정치 갈등을 이해하는 데 큰 도움이 되었어요. 올해 나온 책 맞죠?"
"아…… 아니에요. 그 책은 3년 전쯤 출간되었어요. 올해 나온 책이라 느끼셨다면 아마도 우리 사회의 갈등이 그때나 지금이나 똑같이 반복되고 있다는 뜻이겠지요. 하하."

초판이 나온 지 3년. 그럼에도 《공감의 반경》이 동시대 책이라고 느껴진다는 점은 의미심장하면서도 씁쓸하다. 이 짧은 기간에도 한국 사회의 갈등은 참으로 역동적이었다. 무엇을 상상하든 그 이상이라고 했던가! 극우의 '부정 선거 음모론'을 즐겨 수신했던 대통령은 어느 평화로운 밤에 느닷없이 계엄을 선포했다. 그 후 전개된 상황은 그야말로 혼란이었다. 양극으로 분열된 사람들은 서로의 입을 막고 그마저도 여의치 않으면 물리적 폭력을 행사했다. 내집단을 편애하고 외집단을 혐오하는 공감의 과잉이 극한으로 치달았다. 혐오를 연료로 삼는 유튜브 채널들이 정치의 주연이 되어 가짜 뉴스를 만들었다. 이를 검증해야 할 전통 언론 역시 당파적 입장에 따라 혐오를 재생산했다. 모두가 우리 편 입장에 동조하지 않는 자를 배신자로 낙인찍어 도려내려 했다. 그렇게 '공감의 칼날'은 점점 더 날카로워졌다. 한국의 민낯을 드러낸 그 대통령은 결국 국회와 헌법재판소로부터 탄핵을 당해 공직에서 물러났지만 우리는 한국 사회의 이념 갈등이 언제든 격화될 수 있음을 깨닫게 되었다. 그런데도 사람들은 여전히 "공감이 필요하다"라고 말한다. 대체 누구에게? 어떤 진영에게?

    이 증보판은 그 불편한 질문에서 다시 시작한다. 오늘, 한국 사회에서 가장 과잉된 감정은 공감이다. 그것도 '자기편에게만' 작동하는, 편향된 공감 말이다. 정작 우리에게 부족한 건 공감이 아니라 '공감의 반경'이다. 말하자면 '느낄 줄 아는 능력'이 아니라 '누구에게까지 느낄 것인가'의 문제이다. 자기편에 대한 지나친 정서적 공감이 대한민국의 갈등을 가장 깊고 견고하게 만드는 심리적 메커니즘이다. 이것이 《공감의 반경》 초판이 전달하고자 한 메시지였다. 그리고 여전히 우리는 공감을 지나치게 감정적인 것으로 오해한다. 그러나 진짜 공감은 단순한 '느낌'이 아니다. 공감은 구조이고, 선택이며, 설계할 수 있는 인지적 태도다. 그리고 지금 우리는 그것을 새롭게 설계해야 할 시점에 서 있다. 이번 증보판은 그런 의미에서 단순한 확장이 아니라 사회적 요청에 대한 응답이다.

이번에 새롭게 추가된 영역은 크게 공감과 교육, 공감과 정치이다. 공감의 측면에서 교육과 정치 영역은 오늘날 대한민국이 직면한 위기의 두 축이다. 나는 그동안 여러 매체를 통해 기고했던 관련 글을 '인지적 공감'의 관점에서 재조직함으로써 문제를 진단하고 해법을 제시했다.

교육의 문제와 해법을 다룬 4부(16~18장)는 한국 사회를 휩쓴 '내 새끼 지상주의'가 어떻게 공멸의 시나리오로 흐를 수 있는지 보여준다. 나는 경쟁과 압박으로 점철된 교육 환경 대신, 아이들이 자유롭게 사고하며 타자의 관점을 배우고 이해할 수 있는 교육을 요구한다. 우리 학교는 여전히 수직적 경쟁, 문턱의 압박, 이력서 중심의 생존 기술만을 가르치고 있다. 공감 없는 교육은 고립된 우등생을 만들 뿐이고 결국 협력 없는 사회로 귀결된다. 공감은 교육의 시작점이자 마지막 종착지이다. 우리는 그것을 잊고 있었다. 대학 역시 개인의 성공을 위한 공장 같은 장소가 아니라 공동체와 사회적 문제에 공감하고 창의적 해법을 찾는 실험의 장으로 거듭나야 한다.

정치의 문제와 해법을 다룬 5부(19~21장)는 현대 정치가 감정적 직관과 부족 본능으로 인해 양극화와 사회적 갈등을 야기하는 현실을 지적한다. 나는 정치가 사람들을 편 가르고 타인을 비인간화하며 증오를 부추기는 대신, 이성적 공감을 바탕으로 화해와 포용의 공간을 만드는 데 앞장서야 한다고 강조한다. 정치의 장은 감정의 전쟁터가 아니라 다양한 사고를 연결하는 공동체적 공간이어야 한다. 정치가 분열의 언어를 사용하기 시작할 때 가장 먼저 공감이 희생되며 곧이어 대화도 실종된다.

3년 전 초판에서 나는 '공감'이라는 단어를 다시 정의하고 싶었다. 감성적인 위안의 언어가 아니라 사회적 생존의 전략으로서. 그런데 지금 나는 "공감은 이제 선택이 아니라 의무"라고 외치고 싶다. 우리가 지금 이 공감의 반경을 넓히지 않으면 서로를 끝내 오해한 채 더는 같은 사회를 살아갈 수 없게 될지 모른다.

공감은 세상을 감싸는 따뜻한 감정이 아니다. 세상을 이해하고 바꾸기 위한 가장 지적인 도구다. 그리고 그 도구를 다시 벼리는 일이야말로 이 시대에 우리가 해야 할 가장 인간적인 일이다. 그렇기에 나는 이 책을 보완해야 했다.

이 책이 지금 한국 사회를 살아가는 독자에게 조금이라도 방향을 보여줄 수 있기를. 그리고 우리가 서로의 반경 안에서 다시 연결될 수 있기를.

2025년 6월 장대익

들어가는 말

공감의 두 힘,
구심력과 원심력 간의 투쟁

"어차피 대중들은 개, 돼지들입니다. 뭐하러 개, 돼지들에게 신경 쓰고 그러십니까. 적당히 짖어대다가 알아서 조용해질 겁니다."

영화 〈내부자들〉의 수많은 대사 중에서 스크린을 찢고 나온 최고의 명대사다. 이것은 원래 극 중 유력 신문의 논설위원이 비리 기업의 총수를 안심시키기 위해 던진 말이었다. 이 영화가 흥행에 성공했던 이유 중 하나는 그 스토리가 우리 사회의 거울상처럼 느껴졌기 때문이었으리라. 아니나 다를까. 그즈음 교육부의 한 고위 관료가 어느 기자와의 저녁 자리에서 "민중은 개, 돼지로 보고 먹고 살게만 해주면 된다. 신분제를 공고화해야 한다"라고 발언하여 전 국민의 분노를 샀다.[1] 즐지에 우리 대부분이 개, 돼지가 되었으니 말이다. 대체 21세기 대낮에 웬 봉건적 발상이란 말인가?

하지만 냉정하게 따지고 보면 '우리와 그들'을 편 가르려는 이런 태도는 봉건주의보다 훨씬 더 긴 역사를 가진다. 인류의 탄생 때부터 수렵 채집기 내내 그리고 최근 1만 년 동안의 농경 시대에서도 외집단에 대한 경멸과 혐오는 상수였다. 즉 그런 태도는 본능이다. 최근 반세기 동안은 이성의 각성으로 잠시 억눌러져 있었을 뿐이다. 어떤 계기이든 이성의 갑옷이 스르르 벗겨지는 날에는 그 본능이 꿈틀대며 불쑥 올라온다. 그래서 이런 부족 본능이 제일 좋아하는 것은 방심이며 가장 사랑하는 것은 전쟁이다.

"우크라이나 여성은 강간해도 돼. 대신에 콘돔이나 잘 써."[2] 우크라이나에서 전쟁을 벌이는 러시아군 남편에게 러시아인 아내가 전화로 했다는 이 말에 전 세계가 경악했다. 아내가 어떻게 남편에게 다른 여성을 강간해도 좋다고 말할 수 있느냐는 차원의 문제가 아니다. 더 근본적 문제는 이 엽기적 부부가 우크라이나인을 인간 이하로 취급했다는 사실에 있다. 그저 짐승이거나 욕구를 푸는 인형으로 말이다.

상대를 인간 이하로 취급하는 순간 그들을 향한 모든 이성적 판단은 해제되고 차별, 혐오, 폭력의 스위치가 거리낌 없이 켜진다. '경쟁자이지만 그들도 똑같은 인간이야'라는 태도와 '저것들은 인간도 아니야'라는 태도는 혐오의 깊이를 다르게 만든다.

역사학자들에 따르면 2차 세계 대전 중에 실제로 총을 발사한 병사는 겨우 15~20퍼센트에 불과했다. 아무리 적군이라 하더라도 사람을 죽이는 행위는 매우 괴롭고 힘든 일이었다는 얘기다. 이런 '심각한 문제'(전쟁터에 나갔는데 총을 쏘질 않으니)를 해결하고자 군대는 사살을 쉽게 할 수 있게 하는 동기 부여 방법과 훈련법을 개발했고 마침내 베트남 전쟁에서는 85퍼센트의 병사가 총을 발사하게끔 만들었다. 그러나 살상률은 여전히 낮았다. 적군 사살에 성공하여 무공훈장을 받은 군인들도 전쟁 후에는 심각한 후유증에 시달렸다. 아무리 적군이라도 그를 인간으로 여기는 한 그에게 총부리를 겨누는 일은 결코 쉽지 않다는 방증이다.

드라마 〈블랙 미러〉 시즌 3의 '인간과 학살'편은 이런 진실을 극적으로 보여준 SF다. 미래의 어느 군대, 주인공은 '바퀴벌레'라 명명된 존재들에게서 주민들을 보호하고자 그 벌레들을 사살하는 업무를 수행한다. 그런데 그 바퀴벌레도 사실은 우리와 같은 사람들이다. 전투력 향상을 위해 전투 보조 시스템을 뇌에 장착한 군인들에게만 '괴물'로 보이는 것이었다. 주인공은 그 괴물들을 사살했지만 전투 보조 시스템이 오작동하는 바람에 무서운 진실을 마주하게 된다. 이때 정신적 혼란에 빠진 주인공에게 의사는 태연하게 말한다. "이것이야말로 무적의 군사 무기지. 인간이 아닌 상대를 향해 총알을 발사하는 건 훨씬 더 쉬운 일이니까."

우리는 타인에 대해 공감하는 존재다. 아무리 적을 죽여야만 자신이 살 수 있는 전쟁 상황이라 하더라도 타인의 고통에 눈감지 않는 존재라는 말이다. 그렇지만 나와 다른 타자를 우리보다 못한 존재, 즉 '인간 이하의 존재less human'로 취급하는 순간 그들은 문자 그대로 짐승이요, 벌레요, 물건이 된다. 민중을 개나 돼지들로 인식하는 권력자가 아무런 죄책감을 갖지 않는 것처럼.

인류는 지금 양극화의 시대를 살고 있다. 디지털 양극화는 극에 달해 인터넷은 이미 내전 중이다. 동지가 아니면 적이다. 그냥 적이 아니라 충(벌레)이다. 맘충, 한남충, 심지어 급식충까지……. 상대를 인간 이하로 취급하면서 자신의 혐오 행위를 정당화하려 한다. 뜻을 같이 한다는 뜻의 '동지'가 아니라 온갖 악행을 보고도 눈감아주는 '동지'다. 팔이 그렇게 안으로 굽을 수가 없다. 객관적 평가 따윈 개나 줘버린 지 오래다. 편을 들지 않은 말과 글은 '좋아요'는 고사하고 악플조차 받기 힘들다.

그러니 정치인들은 통합을 꿈꾸는 게 아니라 분열을 받아먹으며 연명한다. 어차피 국민 통합 같은 가치는 불가능하니 우리 편에게만 예쁨받으면 그만이라고 생각한다. 이런 정치 공학적 전략은 진보와 보수, 여야를 막론하고 한 치의 차이도 없다. 그 흔했던 '대국민 사과'는 사라지고 자기 진영에 대고 억울함을 호소하는 이른바 '해명 회견'만 성행하는 행태도 같은 이유다. 그런데 문제는 이런 분열이 정치 영역뿐만 아니라 세대, 남녀, 계층, 인종, 빈부, 교육을 비롯한 일상의 모든 단면에서 광범하게 일어난다는 점에 있다.

이 책은 이 갈등의 지점에서 질문한다. 현대 사회에 만연해 있으며 최근에 더 극단적으로 치닫고 있는 이런 사회적 갈등들은 심리적 측면에서 왜 발생하는 것일까? 이 갈등을 치유할 수 있는 심리적 전략은 과연 존재하는가?

나는 전작에서 인류의 성공 비법을 특출난 사회성에서 찾은 바 있다. 그것은 주로 우리가 가진 사회성의 밝은 모습에 대한 이야기였다. 하지만 어느 때부터인지 내게도 우리 사회성의 어두운 모습에 대한 더 깊은 해명을 요구하는 내면의 목소리가 들려오기 시작했다. 그래서 쓰게 된 이 책은 한마디로 사회적 갈등의 본질에 대한 진화학자의 진단과 처방이라 할 수 있다.

더 구체적으로 말하면 이 책은 문명의 정신적 토대요, 원동력이지만 문명 붕괴의 원흉으로 비화될 수 있는 한 야누스, 공감에 대한 이야기다. 누군가는 말한다. 오늘날 가속화하는 혐오와 분열은 타인에 대한 공감이 부족해서라고. 나는 그렇지 않다고 생각한다. 공감은 만능 열쇠가 아니다. 오히려 공감을 깊이 하면 위기가 더 심각해질 수 있다. 우리의 편 가르기는 내집단에 대한 과잉 공감에서 온다.

대체 무슨 말인가? 공감은 일종의 인지 및 감정을 소비하는 자원이므로 무한정 끌어다 쓸 수 없다. 따라서 자기가 속한 집단―그것이 종교적 집단이나 정치적 집단이든 아니면 혈연 집단이나 지연 집단이든―에 대해 공감을 과하게 쓰면 다른 집단에 쏠 공감이 부족해진다. 자기 집단에만 깊이 공감하는 것이다. 대한민국의 최근 상황이 딱 이렇다. 특정 정치인을 둘러싸고 광화문과 서초동 법원으로 갈라진 무리를 보지 않았는가? 이 두 광장의 갈등은 내집단에 대한 공감이 너무 강해서 생기는 현상이다.

그러나 현시점에서가 아니라 인류의 진화사 전체를 펼쳐놓으면 우리의 공감력은 새롭게 보인다. 인류는 공감이 미치는 범위를 점진적으로 확장해왔다.

인류는 자원을 둘러싸고 전쟁을 벌이며 타자에 대한 증오를 증폭시키기도 했지만 이성적인 판단으로 공감의 범위를 넓히면서 외집단과의 공존과 평화를 구축해왔다. 공감의 범위는 확장 가능하며 이때의 공감은 단지 타인의 감정을 내 것처럼 느끼는 데서 그치지 않는다. 타인도 나와 같은 사람임을 인지하는 것이다. 과학 기술이 문명의 물질적 조건이라면 이런 공감력은 가히 문명의 정신적 조건이라 할만하다. 타자/외집단까지 포용하는 공감이 없었다면 집단적 성취인 문명은 축적될 수 없기 때문이다.

이런 맥락에서 다른 영장류들이 갖지 못한 이런 탁월한 공감력은 호모 사피엔스의 핵심 징표 중 하나다. 중요한 것은 공감 자체가 아니다. '어떤' 공감을 '어디까지' 적용하느냐다.

하버드대학교의 심리학자 스티븐 핑커Steven Pinker는 《우리 본성의 선한 천사들The Better Angels of Our Nature》에서 역사 이래로 인간의 폭력이 점점 감소하고 있다는 증거들을 내놓았다. 그는 인구 10만 명당 폭력에 의한 희생자 수를 비교했을 때 폭력이 발생하는 빈도가 과거보다 줄었으며 현재도 줄고 있음을 입증했다. 이런 감소 추세가 이상하게 느껴지는 것은 폭력에 대한 문제 의식이 증가하고 미디어 환경이 전쟁을 생중계하기 때문에 생겨난 착시다. 핑커는 사회적 계약의 탄생과 이성의 발현, 그리고 역시나 공감력의 증진이 폭력을 감소시켜온 주요 동인이었다고 주장했다.[3]

또한 프린스턴대학교의 응용윤리학자 피터 싱어Peter Singer도 《사회생물학과 윤리The Expanding Circle》라는 책에서 인류가 역사를 거듭하면서 자기와 비슷한 존재로 지각하는 대상의 범위를 점점 확장해왔다고 주장했다.[4] 반려 동물이 또 하나의 가족이 된 것이 좋은 사례다. 《스켑틱Skeptic》 잡지의 창립자 마이클 셔머Michael Shermer도 《도덕의 궤적The Moral Arc》이라는 책에서 인류의 도덕적 진보를 공감력의 확대 차원으로 이해하고 있다.[5]

즉 호모 사피엔스의 특별한 공감력이란 공감할 수 있는 대상을 점점 넓힐 수 있다는 것이다. 나는 여기서 내집단 편향을 만드는 깊고 감정적인 공감을 바깥쪽에서 안쪽으로 향하는 힘으로 보아 공감의 '구심력'으로, 외집단을 고려하는 넓고 이성적인 공감을 안쪽에서 바깥쪽으로 향하는 힘으로 보아 공감의 '원심력'으로 부르고자 한다.

공감의 구심력과 원심력은 서로 투쟁하고 있으며 어느 쪽이 강화되느냐에 따라 우리 문명의 흥망성쇠도 영향을 받는다. 나는 현재 인류가 맞닥뜨린 문명의 위기를 해결하는 정신적 토대를 만들기 위해서는 공감이 미치는 반경을 넓혀야 한다고, 즉 공감의 구심력보다는 원심력을 만들어야 한다고 주장한다. 우리에게 필요한 건 깊이가 아니라 넓이다.

차례

개정증보판 서문 | 서로의 반경 안에서 다시 연결되기 위하여   7
들어가는 말 | 공감의 두 힘, 구심력과 원심력 간의 투쟁   11

1부
공감이 만든 혐오

1장	느낌에서 시작되는 배제와 차별	25
2장	부족 본능, 우리 아닌 그들은 인간도 아니야	41
3장	코로나19의 대유행, 혐오의 대유행	62
4장	알고리듬, "주위에 우리 편밖에 없어"	95

2부
느낌을 넘어서는 공감

5장	내 혐오는 도덕적으로 정당하다는 믿음	121
6장	첫인상은 틀린다	142
7장	느낌의 공동체에서 사고의 공동체로	153
8장	처벌은 어떻게 공감이 되는가	167
9장	마음의 경계는 허물어지고 있다	177

3부
공감의 반경을 넓혀라

10장	본능은 변한다, 새로운 교육을 상상하라	195
11장	누구나 마음껏 비키니를 입는다면	216
12장	편협한 한국인의 탄생	228
13장	한국인의 독특함이 족쇄가 되다	240
14장	타인에게로 향하는 기술	260
15장	접촉하고 교류하고 더 넓게 다정해지기	269

4부
새로운 세대를 위한 공감 교육

16장	내 새끼 지상주의, 공멸의 길	281
17장	무엇이 아이를 자라게 하나	290
18장	대학의 거대한 전환을 요구한다	305

5부
사고의 공동체를 조직하는 정치

19장	감정의 정치를 넘어	333
20장	우리 모두를 품는 안전의 여유분	350
21장	화해는 어떻게 가능한가	361

나가는 말 | 멸망의 길과 생존의 길	370
감사의 글	374
주	376
그림 출처	393
찾아보기	395

1부
공감이 만든 혐오

1장

느낌에서 시작되는
배제와 차별

　　공감에 대한 가장 흔한 통념은 항상 '느낌'과 연결돼 있다. 타인이 슬퍼하면 나도 슬프고 타인이 기뻐하면 나도 기쁜 것이 공감이라고 말이다. 우리는 흔히 남의 작은 상처에도 눈물 흘리는 사람에게 공감 능력이 높다고 칭찬하고 그런 사람이 무덤덤한 사람보다 더 이타적이고 도덕적일 것이라 생각한다. 그러나 이런 통념은 다음과 같은 질문에 답하기 어렵다. 우리는 외국인, 이주민, 성소수자, 장애인, 동물의 고통에도 내집단에게 하듯이 함께 느낌으로써 공감하는가? 자신 있게 그렇다고 말할 사람은 많지 않을 것이다. 우리 집단이 아닌 존재에 대한 공감은 무언가 다르다. 느낌을 넘어서서 그의 입장을 내 것처럼 이해하려는 이성적이고 의식적인 노력이 필요하다. 이는 공감에 대한 정의가 단일하지 않음을 뜻한다.

공감이란 대체 무엇인가? 이 물음에 대한 답은 조금 과장하자면 연구자의 수만큼 다양하다. 그중에 하나는 공감을 '상상력을 발휘해 다른 사람의 처지에 서보고 다른 사람의 느낌과 시각을 이해하며 그렇게 이해한 내용을 활용해 행동지침으로 삼는 기술'로 규정한다.[1] 나는 이런 정의가 공감에도 여러 측면이 있음을 포괄한다는 점에서 적절하다고 생각한다. 이에 따르면 공감은 적어도 정서적 공감, 인지적 공감 두 유형으로 나뉜다. 정서적 공감이란 쉽게 말해 감정이입이다. 즉 타인의 감정을 함께 느끼는 상태라고 할 수 있다. 익숙하고 쉽고 자동적이다. 인지적 공감은 타인의 관점(입장, 생각)을 이해하는 능력이다. 역지사지易地思之가 알맞은 표현이다. 한데 정서적 공감과 달리 자동적이지 않아 의식적으로 그렇게 하도록 노력해야 한다.

인간은 정서적 공감만으로는 가장 번영한 종이 될 수 없었다. 인간은 이 두 가지 공감력을 바탕으로 서로 협력하고 타인을 배려하며 함께 문명을 건설해왔다. 협력은 울타리 안의 집단을 초월해서 일어나기 때문이다. 그런데 우리 통념이 보여주듯이 정서적 공감이 여전히 공감의 지분을 너무 많이 차지하고 있다. 두 공감력 중에서 상대적으로 진화 역사 초기에 형성되었으며 즉각적으로 느끼는 감정이라는 점에서 말이다. 정서적 공감의 과잉은 그래도 공감하지 않는 것보다는 낫지 않느냐며 쉽게 넘길 문제가 아니다. 왜일까? 정서적 공감에 대해 더 자세히 알아보자.

보는 것이 곧 느끼는 것

정서적 공감과 연관된 핵심적인 신경 기제는 이른바 '거울 뉴런mirror neuron'의 활동이다. 거울 뉴런은 우연한 계기로 발견되었다. 이탈리아 파르마대학교의 신경과학 연구팀은 원숭이의 행동과 뇌의 관계를 연구했는데 원래는 운동과 관련된 뇌 영역을 규명하는 것이 목적이었다. 그러다 전극이 꽂혀 있던 원숭이의 뇌에서 이상한 일이 발생하는 것을 목격했다. 원숭이가 뭔가를 쥘 때나 활성화되는 뇌의 'F5 영역'(복측 전운동피질)이 갑자기 활성화되기 시작한 것이다. 그 원숭이가 뭔가를 쥐고 있었던 것도 아니고 그저 아이스크림을 손에 쥔 연구자가 문을 열고 들어오는 모습을 보고 있었을 뿐인데 말이다.[2]

이 우연한 발견으로 뇌에서는 '하는 것'(운동)과 하는 것을 '보는 것'(시각)이 깊이 연동되어 있다는 사실이 밝혀졌다. 신경과학자들은 이를 '거울 뉴런'이라 이름 붙였다. 이 신경 세포 때문에 남이 하는 행동을 '보는' 것만으로도 내가 실제로 그 행동을 '할' 때 내 뇌 속에서 벌어지는 것과 똑같은 일이 일어난다. 거울 뉴런은 일종의 시뮬레이션 세포인

셈이다.[3]

인간의 뇌에도 이와 비슷한 거울 뉴런 회로가 존재한다는 사실이 경두개 자기 자극법Transcranial Magnetic Stimulation, TMS, 뇌파electroencephalogram, EEG, 뇌자도magnetoencephalography, MEG 같은 뇌 영상 연구 등을 통해 밝혀졌다. TMS는 빠르게 변화하는 자기장을 이용하여 뇌 안의 뉴런들을 탈분극하거나 과분극할 수 있는 비침습적인 방법이다. 이 기법을 통해 연구자들은 물체를 잡는 사람을 보거나 무의미한 팔 운동을 하는 사람을 보는 관찰자들의 손과 팔의 근육에서 운동 유발 전위를 측정했다. 실험 결과 두 조건 모두에서 관찰자의 운동 유발 전위가 뚜렷하게 높게 나왔다. 그런데 그 관찰자들이 동일한 행동들을 직접 실행할 때에도 이 근육들의 운동 유발 전위는 높게 나온다.

인간 거울 뉴런계의 기본 회로는 원숭이에서 발견된 회로와 똑같다. 후부posterior 상측두구는 관찰된 타 개체 행동에 대한 상위 시각 정보를 제공한다. 이 정보는 거울 뉴런계를 이루고 있는 나머지 두 신경계인 두측 하두정엽과 후부 하전두회-복측 전운동피질 복합체로 보내진다. 이 부분은 두정엽-전두엽 거울 뉴런계(P-F 거울 뉴런계)라 불리는데 이는 운동 관찰, 운동 실행, 모방을 하는 동안에 발화된다.

그렇다면 인간에 있는 거울 뉴런계의 기능은 무엇일까? 원숭이의 것과는 달리 우리의 거울 뉴런계는 운동이 실행되는 방식, 운동의 목표, 운동을 실행하는 자의 의도 모두

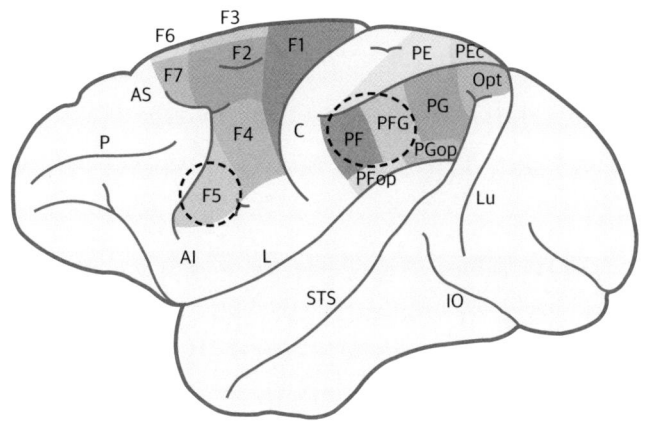

그림 1.1 원숭이의 좌측면 뇌를 통해 본 거울 뉴런의 위치. 점선으로 동그라미를 친 뇌 영역에 있는 거울 뉴런은 모방과 공감을 위한 핵심 영역이다.

를 정교하게 부호화할 수 있다고 알려져 있다. 거울 뉴런계는 시각 정보를 곧바로 운동 신호 형식으로 변환해주는 기제를 이용하여 타 개체의 감정과 행동을 이해하게 만든다. 즉 '미러링mirroring'을 통해 다른 개체의 마음을 느낄 수 있다는 뜻이다.

거리와 광장을 사람들로 수놓았던 월드컵의 거리 응원을 떠올려보자. 제각기 모습은 다르지만 하나의 염원을 가진 수만 명의 시민이 대형 스크린 위로 중계되는 대한민국 축구 선수들의 몸짓 하나하나에 탄성을 질렀다. 결정적인 찬스를 날린 선수가 스크린에 클로즈업되면 머리를 쥐어뜯는 그의 모습이 비치고 그와 동시에 거리의 응원단도 머리를 쥐어뜯지 않았는가. 골이 들어가면 선수들은 서로를 얼싸안고 기뻐하는데 그와 동시에 응원단도 옆 사람과 껴안고 펄쩍펄쩍 뛰었다. 축구는 그들이 하고 우리는 그저 관람했지만 거울 뉴런 덕분에 우리 뇌에서는 실제로 축구를 했던 것이다.

2022년 베이징 동계 올림픽에서 스케이트를 타는 이는 유영과 차준환 같은 선수만이 아니었다. 그 우아한 스케이트질을 '보기'만 하는 국민의 뇌 속에서도 스케이트는 빙판을 아름답게 '가르고' 있었다. 남이 하는 어떤 행동을 내가 보기만 해도 내가 그 행동을 할 때 내 뇌에서 벌어지는 일을 동일하게 경험하는 것, 이것이 거울 뉴런계의 작용이다. 이것은 남의 입장에서 생각을 해보기 이전에 이미 내 뇌에서 자동적으로 작동하는 공감 회로라 할 수 있다. 신기하게도 우리는 누구나 이 공감 뉴런을 갖고 태어난다.

그런데 만일 거울 뉴런계에 문제가 생기면 어떤 일이 일어날까? 인간의 거울 뉴런계 중 한 군데라도 문제가 생기면 타인의 행동을 이해하는 능력이 다소 저하된다. 예컨대 자폐 스펙트럼 장애를 앓는 사람은 사회적 상호 작용에 실패하고 언어적, 비언어적 의사소통에 어려움을 겪으며 특정 행동을 반복하는 상동증을 보이기도 한다. 자폐성 장애는 3세 이전의 발달 과정에서 이상이 생겨 나타난다고 하는데 그 원인에 대해서는 아직 여러 가설만이 존재할 뿐이다. 흥미롭게도 몇몇 연구자는 자폐성 장애의 증상이 거울 뉴런의 기능과 연관이 있으며 따라서 자폐성 장애의 원인이 거울 뉴런계의 손상 때문이라고 주장한다.

이런 주장은 이른바 '깨진 거울 가설'이라고 불리는데 몇몇 학자들은 이를 뇌 활동을 측정하는 기능적 자기 공명 영상functional Magnetic Resonance Imaging, fMRI 기법을 통해 입증했다. 예컨대 감정적 표현을 관찰하고 모방하는 과제에서 자폐증을 앓는 아이의 경우 정상적인 발달 과정을 거친 아이들과 비교했을 때 하두정엽에서 활성이 약하게 일어난다는 사실이 확인되었다. 또한 증상이 심각할수록 활성화 정도가 낮았다.[4]

공감 능력과 거울 뉴런계의 관계에 대해 더 살펴보자. 신경심리학자 조너선 콜Jonathan Cole은 신체적으로 타인의 표정을 따라 하지 못하는 사람일수록 타인의 감정을 잘 읽지 못한다는 사실을 밝혔다.[5] 이 사례는 운동 영역인 거울 뉴런계가 타인의 감정을 이해하는 데에도 중요한 역할을 하고 있음을 말해준다. 공감은 정서적 과정을 필요로 하기 때문에 감정 중추인 변연계limbic system와 연관되어 있다. 해부학적으로는 감정 중추인 변연계와 거울 뉴런계가 측두엽과 두정엽 아래쪽의 피질이 나뉘는 외측고랑에 있는 섬insula을 매개로 연결되어 있음이 밝혀졌다. 그리고 후속 실험들을 통해 감정을 표현하는 얼굴을 지켜볼 때 관찰자의 뇌 안에서 거울 뉴런계, 섬, 변연계가 동시에 활성화됨을 보았다. 구체적으로 우리가 타인의 얼굴 표정을 관찰하면 운동 영역인 거울 뉴런계에서 관찰한 얼굴 표정을 모사하고 그 신호가 섬을 거쳐서 변연계로 전해져 타인의 감정을 읽을 수 있게 된다. 즉 타인의 감정에 공감하기 위해서는 거울 뉴런계에 의한 행동의 모사 과정이 필수적이라는 이야기다.

고통과 거울 뉴런계의 관계도 흥미롭다. 환자에게 고통스러운 자극이 전해지면 대뇌의 대상피질cingulate cortex에서 고통과 연관된 뉴런이 반응을 한다. 그런데 놀라운 점은 타인에 가해진 고통스러운 자극을 보는 것만으로도 관찰자의 대상피질에 있는 고통과 연관된 뉴런 일부가 활성화된다는 사실이다. 감정이입이 자동으로 일어나는 것이다. 이때 활성화된 세포는 '행위의 관찰'이 아니라 '고통의 관찰'에 반응한다는 것을 제외하면 거울 뉴런의 속성을 그대로 지닌다.[6]

아마 인간이 타인의 감정과 고통을 내 것처럼 이해하는 데서 도덕 관념이라는 것이 탄생하지 않았을까. 문화에 따라 다소간의 차이를 보일 수 있으나 기본적인 도덕 법칙은 보편적이며 그러한 것들은 대체로 타인의 감정 및 고통과 깊은 연관이 있다. 심지어 우리는 타인을 직접 관찰하지 못하는 상황에서도 공감할 수 있는 능력이 있다. 우리는 먼 지역에서 벌어진, 자연 재해로 인한 대규모 인명 피해라든가 다른 사회에서 규칙으로 받아들여지는 도덕 관념에 대해서조차도 공감하는데 이는 공감 능력이란 고정된 것이 아니며 확장될 수 있다는 사실을 시사한다.

한 실험에서는 고통을 당하는 사람의 모습을 관찰하지

도 소리를 듣지도 못하는 상황에서 단지 상대에게 고통 자극이 주어졌다는 신호를 보는 것만으로도 뇌의 정서 영역에서 거울 반응이 일어난다는 사실이 발견되었다. 심지어 고통을 당하는 사람과 같은 부위의 정서적 반응이 실험자에게서 그대로 나타나기도 했다. 직접 보지 못하고 듣지 못하는 사람들에게도 우리의 신경은 계속 켜져 있는 것이고 이것은 우리가 신경적으로 연결되어 있다는 징표이다. 이와 같은 추상적인 형태의 거울 반응은 우리의 도덕 능력에 영향을 주었고 우리가 영장류 사회를 넘어 훨씬 더 큰 사회 조직으로 진화할 수 있게끔 우리를 신경적으로 연결해줬다. 우리는 다른 이의 상태에 신경을 끄고 살고자 해도 거울 뉴런들이 늘 켜져 있어서 타인에게 마음을 쓰는 존재다. 남에게 휘둘리고 싶지 않아 귀를 막고 있어도 거울 뉴런들이 켜져 있어서 영향을 받을 수밖에 없으니 말이다. 이렇게 인간은 사회적 네트워크에서 빠져나올 수 없는 존재로 진화했다.

 사회적 네트워크에는 이점이 많다. 모든 종류의 일, 예컨대 먹이 찾기, 방어하기, 양육하기 등을 홀로 감당하는 것은 덩치 큰 동물의 입장에서는 너무 많은 에너지가 드는 비효율적 삶의 방식이다. 하지만 공동으로 사냥하고 먹이를 나누고 함께 서식지를 지키는 일은 집단과 개인이 함께 이득을 볼 수 있는 전략이다.

 하지만 집단 생활에는 단점도 있다. 다른 이들과 함께 무언가를 해야 하기 때문에 그들이 무슨 생각을 하는지 그 행동의 의도가 무엇인지 그를 화나게 한 것은 아닌지를 잘 알아야 한다. 자기만 잘 한다고 되는 게 아니다. 게다가 상대방은 언제나 나를 속일 가능성이 있고 내가 상대방을 속이려고 해도 상대방의 마음을 꿰뚫고 있어야만 한다. 그래서 피곤하다(그래서 일보다 사람이 더 피곤한 것이다). 우리가 집단 생활을 진화시킨 영장류인 한 사회적 복잡성은 우리의 영원한 숙제일 수밖에 없다.

강렬하지만 쉽게 휘발하는 공감

하지만 거울 뉴런계의 작동으로 일어나는 정서적 공감에 대해서는 약간의 주의가 필요하다. 드라마의 주인공이 울면 그걸 보는 우리도 운다. 이런 공감은 감정의 전염과도 같다. 그러므로 그 전염의 범위가 관건이다. 즉 가족과 친지의 고통에 대해서는 자동으로 공감하지만 그 이상의 범위에서는 자동적으로 감정이입이 일어나지 않을 수 있다.[7] 감정의 전염에 의한 공감의 힘은 강력하긴 하지만 힘이 미치는 반경이 충분히 넓지 못하다.

사실 호모 사피엔스의 20만 년 역사를 조금 더 냉철하게 보면 인간의 독특성이 탁월한 공감력에 있다고 주장하는 것은 다소 민망하다. 인간 세계에는 잔인한 전쟁이 끊이지 않았고 평화는 대개 그 수많은 전쟁의 막간이었다고도 말할 수 있기 때문이다. 전쟁도 공감과 매우 흥미로운 관계를 지닌다. '우리'와 '그들'을 구분하고 내집단인 '우리'에 대해서만 강한 정서적 공감이 일어날 때, 전쟁이 일어날 가능성이 높아지기 때문이다. 어쩌면 전쟁은 공감 부족 때문이 아니라 외집단보다 내집단에 대한 정서적 공감이 지나치게 강해서 발생하는 비극일지 모른다. 그렇기에 나는 감정이입이 공감의 반경에 구심력으로 작용해 더 넓어져야 할 공감의 힘을 좁게 만들고 있다고 주장하는 것이다.

여기 안타까운 사례가 있다. 2015년 9월 2일 아침, 터키 휴양지 보드룸의 해변으로 밀려온 3살짜리 시리아 아기의 싸늘한 시신이 발견됐다. 이 꼬마는 시리아 북부 코바니 출신의 아일란 쿠르디였는데 전쟁과 테러를 피해 가족과 함께 그리스 코스섬을 향하다 배가 뒤집혀 참변을 당했다. 쿠르디는 빨간색 티셔츠와 반바지 차림으로 엎드린 채 해변의 모래에 얼굴을 묻은 상태였다. 쉬지 않고 밀려오는 파도에 적셔진 그의 시신을 담은 사진이 긴급 타전되면서 순식간에 전 세계가 큰 슬픔과 충격에 빠졌다.

영국 일간지 〈텔레그래프The Telegraph〉는 쿠르디의 사진과 함께 1면 머리기사로 "난민 위기의 진정한 비극"이라고 지적했고 〈가디언The Guardian〉은 "난민의 참상이 얼마나 끔찍한지를 통렬히 느끼게 한다"라고 보도했다. 스페인 일간지 〈엘문도El Mundo〉와 〈엘파이스El Pais〉는 '유럽의 익사'라는 제목을 붙였으며 이탈리아 일간지 〈라레푸블리카

그림 1.2 전 세계를 충격과 비탄에 빠지게 했던 아일란 쿠르디의 주검을 묘사한 벽화.

La Republica〉는 "전 세계의 침묵에 대한 사진"이라며 개탄했다.[8] 이 한 장의 사진은 유럽의 난민 수용 정책의 방향을 극적으로 바꿔놓았다. 배제와 추방 정책에서 적극적 수용으로 바뀐 것이다. 쿠르디의 사진 한 장으로 난민에 대한 유럽인의 공감이 촉발되었다. 그렇다면 이런 강력한 정서적 공감이 난민 수용에 관한 정책을 실제로 바꾸었을까? 불행히도 그렇지 못했다.

 친숙한 아기의 죽음으로 인한 강렬한 공감이었지만 그 힘은 오래가지 못했다. 실제로 유럽 사회는 쿠르디 사건 이후에 급격히 유입된 난민들을 유럽 사회 질서의 큰 문젯거리로 다시 인식하기 시작했고 난민 수용에 반대했던 극우 보수 정치 세력이 오히려 힘을 얻는 상황이 잇따랐다. 지난 5년 사이에 터키, 이탈리아, 폴란드, 헝가리 등은 이미 난민 수용을 부분적으로만 허용하거나 되돌려보는 쪽으로 정책의 방향을 바꿨다. 심지어 난민 수용에 가장 긍정적이었던 프랑스마저도 자국민과 난민의 갈등 문제를 매우 심각하게 여겨 난민을 추첨 방식으로 유럽 각국에 배정하자는 고육지책을 제시하기도 했다. 마치 난민이라는 폭탄을 서로 떠넘기고 있는 느낌이다.[9] 그러는 사이에 스페인의 해상 구조 비정부 기구인 프로악티바 오픈암스 Proactiva Open Arms에 따르면 유럽 각국이 이러한 폭탄 돌리기를 하는 사이에 지중해를 건너려다 사망한 것으로 추정되는 난민 수가 2019년 한 해에만 1200명 안팎이다.[10]

우리나라에서도 비슷한 일이 일어났다. 2018년 무비자를 통해서 제주도로 입국한 예멘 난민 수가 급증하여 그해 5월까지 500명으로 늘어나면서 제주도와 국가인권위원회가 정부에 지원을 요청하는 일이 발생했다. 이 과정에서 예멘 난민 수용에 대한 반대 시위도 거세게 일어났고 찬반양론으로 나라가 시끄러웠다. 실제로 당시 발표된 모든 여론 조사에서 수용 반대 측이 찬성 측보다 많았고 국민 청원 제도를 통해 난민신청허가 개헌 청원에 동의한 사람만 71만 명에 달했으며 난민 수용 반대와 무사증 제도 폐지를 주장하는 집회가 전국적으로 일어났다. 그 결과 인도적 체류 허가만을 받아 국내에 거주 중인 사람이 412명이고 난민 지위를 인정받은 예멘인은 단 2명뿐이다.[11]

느낌이 촉발하는 차별은 포유류의 공통점이다?

위의 사례들에서 알 수 있듯이 정서적 공감은 감정의 전염을 일으키며 빠르고 강력하게 전파될 수 있지만 영향력이 미치는 반경은 짧고 단기간에 소멸된다. 이것은 호모 사피엔스만의 특징은 아니다. 앞서 거울 뉴런이 원숭이에게서 먼저 발견되었듯이 감정의 전염은 영장류 종들의 보편적 특성이다. 더 내려가면 옆집 개가 짖으면 내 집 개도 따라 짖는 것처럼 이 특성은 모든 포유류와도 맞닿아 있다.

이런 상황을 상상해보자. 당신은 방 안에 갇혀 있고 하루 종일 굶어서 배가 너무 고픈 상태다. 방 한가운데 버튼이 있는데 그 버튼을 누르니 문틈으로 빵조각이 배급된다. 한두 번을 눌러 빵조각을 먹었는데 다시 누르니 옆방에서 고통을 호소하는 비명 소리가 들린다. 당신은 어떻게 하겠는가? 버튼을 누르지 않음으로써 배고픔을 견디겠는가 아니면 타자의 고통은 아랑곳하지 않고 버튼을 누를 것인가?

아마도 연구 윤리 문제로 인간에 대한 이런 실험은 허가되지 않을 것이다. 흥미롭게도 미국 노스웨스턴대학교의 정신의학자 줄스 매서먼Jules Masserman은 붉은털원숭이를 대상으로 거의 유사한 실험을 실시했다. 결과는 놀라웠다. 대다수의 원숭이는 배고픔을 택했다. 더 정확히 말해 다른 원숭이들에게 고통이 전염되는 것을 피했다고 해야 할 것이다. 어떤 원숭이는 무려 12일 동안 버튼을 누르지 않기도 했다. 이렇게 감정의 전염은 영장류적 특성이라 할 수 있다.

사실 이런 비슷한 실험의 대상은 쥐가 더 먼저였고 결과도 유사했다.[12] 레버를 누르면 먹이가 나오지만 동료가 전기 충격을 받는 상황에서 쥐들은 어느새 레버를 누르지 않았다. 더 흥미로운 것은 이런 행위가 같은 우리에서 지냈던 동료 쥐들에 대해서만 강력하게 일어났다는 사실이다. 즉 낯선 쥐들에 대해서는 감정의 전염이 잘 일어나지 않았다는 것이다. 이렇게 감정의 전염으로 인한 정서적 공감은 집단생활을 하는 포유류의 공통적 속성이긴 하지만 기본적으로 작은 규모의 내집단에서 작동하는 제한된 감정이다.

포유류이며 영장류인 우리 인간도 당연히 이 정서적 공감의 지배를 받는다. 우리도 내집단 구성원들에 대한 감정이입에는 능숙하다. 하지만 위에서 살펴보았듯이 이 감정이입은 강도는 세지만 지속력이 짧고 반경도 작다. 나는 이런 성향을 '부족 본능tribal instinct'이라 부르고자 한다. 비교적 소규모 집단을 이루며 살았던 호모 사피엔스의 조상에게는 자기 사람들을 더 챙기는 부족 본능이 생존에 유리한 형질이었을 것이다. 그러나 전 세계가 연결된 지금도 여전한 힘을 발휘하는 부족 본능은 갖가지 부작용을 일으키고 있다. 부족 본능은 더 넓어질 수 있는 우리의 공감력을 자꾸 안쪽으로 좁힌다. 그렇기에 부족 본능은 안쪽으로 향하는 공감 구심력의 핵심이다. 따라서 인간이 부족 본능이라는 좁은 테두리를 어떻게 뚫고 나올 수 있느냐는 공감의 반경을 넓히려는 우리의 목적에서 가장 중요한 과제다.

2장

부족 본능,
우리 아닌 그들은 인간도 아니야

　불편한 진실이지만 인간성의 이면은 폭력과 전쟁으로 얼룩져 있다. 인류 역사의 시작부터 그랬다. 선사 시대에 살았던 호모 사피엔스 조상의 유골을 보면 치열한 전투로 생긴 상처와 골절의 흔적이 남아 있다. 우리 조상들은 자원을 탈취해 외집단보다 더 잘 생존하고 번식하고자 끊임없이 집단 간 전쟁을 벌인 것이다. 이는 현대의 수렵 채집 부족에서도 마찬가지로 나타난다. 인류학자 나폴리언 섀그넌Napoleon Chagnon은 남아메리카 선주민인 야노마뫼족을 연구하면서 문명의 때가 묻지 않은 조화롭고 평화로운 '고결한 야만인'이라는 신화를 깨뜨렸다. 그에 따르면 야노마뫼족에게는 다른 마을에 사는 부족들을 습격하고 살인을 저지르는 것이

드문 일이 아니었다. 특히 악랄한 것은 '노모호리'라는 습격 전략이었는데 이는 다른 마을 부족민들을 잔치에 초대해놓고 돌연 돌변해 살육 전쟁을 벌이는 행동을 뜻한다. 섀그넌은 면밀한 관찰을 통해 야노마뫼 성인 남성의 약 45퍼센트가 한 사람 이상을 죽인 경험이 있다고 보고했다.

호모 사피엔스는 단 한 종뿐인 문명 창조자이나 그 문명은 피를 먹고 자랐다. 인간의 20만 년 역사는 집단과 집단, 문명과 문명의 충돌의 역사이기도 하다. 문명끼리 서로를 그냥 내버려 둔 적이 거의 없다. 늘 전쟁의 연속이었고 평화는 대개 그 수많은 전쟁의 막간이었을 뿐이다. 가령 콜럼버스의 16세기 유럽 문명은 남아메리카의 아스텍 문명을 총과 대포, 심지어 병균으로 제압했으며 칭기즈칸의 13세기 몽고 문명은 중국(금나라)을 잔인하게 도륙했다. 조선을 삼켜버린 일본의 제국주의는 우리의 문화를 말살하려 했다.

'우리'와 '그들'을 구분하고 그들을 차별하고 갈취한 역사는 인간에 대해서만이 아니었다. 인간이 다른 동물들을 어떻게 대해왔는지를 보면 우리의 부족 본능이 훨씬 더 뿌리 깊다는 불편한 진실을 만나게 된다. 인간이 지나간 자리에는 호랑이가 사라졌고 도시는 장수하늘소를 몰아냈다. 다른 종의 관점에서 보면 호모 사피엔스의 역사는 곧 자신들의 잔혹사라고도 할 수 있다. 결국 정서적 공감이 촉발한 부족 본능은 인간이 같은 종인 호모 사피엔스뿐만 아니라 다른 종과도 고립되어 소수의 인간 무리만 뭉치게 했다.

나는 왜 '민족의 아리아'를 부르고 있었던가?

　이렇기에 '우리'와 '그들'을 구분하고 '우리'를 더 선호하는 부족 본능은 그 뿌리가 깊다고 할 수 있다. 우리가 일상에서 사용하는 단어들을 성찰해보자. '지잡대' '전라디언' '짱개' '깜둥이' 같은 단어들의 밑바탕에는 부족 본능이 깔려 있다. 혈연, 학연, 지연은 정서적 공감의 반경을 결정하는 강력한 네트워크다. 그런데 농담 반 진담 반이지만 이보다 더 강력한 정서적 공감 네트워크가 있다. 바로 흡연! 회의장에서 처음 만난 사이라도 쉬는 시간에 흡연 구역에서 만나면 그렇게 친근할 수가 없다. 심지어 조금 전까지 회의장에서 으르렁거렸어도 언제 그랬냐는 듯이 담뱃불을 서로 붙여주며 다정해진다. 맞담배의 연기와 함께 연대감이 급상승하는 순간이다.
　이 대목에서 '내집단 선호성ingroup favoritism'에 관한 한 가지 흥미로운 진실이 나타난다. 그것은 집단을 나누는 방식이 흡연처럼 아무리 사소하고 하찮은 기준에 의한 것이라 하더라도 심지어 아무런 의미도 없는 우발적이고 임의적인 기준이라 할지라도 집단이 나뉘지기만 하면 내집단 선호성이 발동된다는 사실이다. 가령 피험자들에게 동전 던지기를 하라고 하고 그 결과 앞면이 나오면 X집단으로 뒷면이 나오면 W집단으로 편을 나눠보자. 이런 경우에도 내집단에 대한 편애가 생겨날까?

그림 2.1 라이벌 집단의 대결은 인간의 부족 본능을 극명하게 드러낸다.

결과는 놀라웠다. 사람들은 동전 던지기라는 정말 우연한 방식으로 한 집단이 된 구성원들에 대해서도 마치 친구나 친척을 대하는 듯이 행동했고 외집단의 구성원들보다 더 좋아했으며 성격과 업무 능력도 더 우수하다고 평가했다. 심지어 같은 집단에 속하게 된 사람들에게 더 많은 경제적 보상을 줘야 한다고까지 말했다.[1]

몇 해 전 나는 고려대학교에 있는 선배 교수의 제안으로 이른바 고연전 또는 연고전의 농구 경기를 보러 간 적이 있었다. 나는 두 대학과는 아무런 관련이 없었기 때문에 그냥 경기나 재밌게 보고 오자는 심정으로 따라갔었는데 농구 경기가 열리는 고려대학교 체육관을 들어서는 순간 그럴 수 없겠다는 사실을 직감하게 되었다. 그리고 어느새 나도 모르게 옆에 앉은 이름 모를 누군가와 어깨동무를 하고 '민족의 아리아'를 열창하고 있었다. 연세대학교 농구부의 주전 H 선수가 그렇게 밉상인 적은 없었다(연세대학교 출신들에게 미안합니다. 그러니 다음번에는 연고전에 초대해주세요). 하물며 축구 한일전이 벌어지는 저녁에는 어떻겠는가! 일본을 상대로 비즈니스를 하고 있는 기업인이라도 이날만큼은 국수주의자가 된다. 내집단 편애로 이어지는 부족 본능은 기본값이다. 원초적 갈등 상황에서 자동적으로 작동한다.

그렇다면 내집단 편애는 세속에 물든 어른들의 특성일까 아니면 영유아기 때부터 나타나는 선천적 특성일까? 후자임을 시사하는 흥미로운 실험이 있다. 연구자들은 그릇을 두 개 마련해 각각 크래커와 강낭콩을 똑같은 양으로 담고 아이들(평균연령 11.5개월)이 어디에 먼저 손을 대는지를 관찰했다. 그런 다음 한 인형이 아기 앞에 등장하여 그릇 속에 담겨 있는 크래커를 먹는 척하며 "아, 맛있다!"라고 하고 강낭콩에 대해서는 "웩, 맛없어!"라고 한다. 이후에 다른 인형이 등장하여 이번에는 강낭콩을 맛있다고 하고 크래커를 맛없다고 한다. 아이들은 어떤 인형을 선호할까? 결과는 예상대로 아이들은 자신이 고른 음식을 좋다고 한 인형을 더 선호했다.[2] 어른처럼 아기도 자신과 비슷한 선택을 하는 존재를 더 선호한다. 편애의 시작은 아기 때부터!

호르몬이 갈등을 조장한다고?

우리가 이처럼 내집단을 더 선호하고 더 깊이 공감할 때 뇌에서는 어떤 일이 일어날까? 이른바 '사랑 호르몬' 또는 '공감 호르몬'으로도 불리는 옥시토신oxytocin에 대한 연구는 이 호르몬이 연인과 부모, 자식의 결속을 강하게 하고 나아가 사람들 사이의 신뢰를 강화할 수 있다는 사실을 보여주었다. 하지만 옥시토신에 대한 좀 더 섬세한 최신 연구들은 그 호르몬의 작용 방향이 내집단 구성원에게로 한정되어 있다는 다소 충격적인 사실 또한 밝혀냈다. 옥시토신이 사랑 호르몬에서 갈등 호르몬으로 '흑화'된 느낌이다. 도대체 무슨 말일까? 이 사실을 이해하려면 먼저 '신뢰 게임'에 대한 이해가 필요하다.

신뢰 게임은 대략 이런 형식이다. 예컨대 각 참가자에게 12만 원을 쥐어준다. 이들 중 투자자 역할을 하는 사람은 자신이 받은 돈 중 일부(0원, 4만 원, 8만 원, 12만 원)를 일면식이 없는 다른 참가자, 즉 수탁자에게 줄 수 있는데 이 경우 수탁자는 투자자가 주기로 한 돈의 3배를 받게 된다(가령 투자자가 4만 원을 주기로 하면 수탁자는 실제로 12만 원을 받는다). 수탁자는 자신이 원래 가지고 있던 돈과 투자자로부터 받은 돈 중 일부 또는 전부를 투자자에게 돌려줄 수도 있고 본인이 다 가질 수도 있다. 그러니까 투자자가 4만 원을 주기로 했다면 수탁자는 실제로 12만 원을 받게 되어 처음 받은 돈 12만 원을 합한 24만 원을 수중에 갖게 된다. 24만 원 중 일부 또는 전부를 투자자에게 다시 돌려줄 수 있다. 만약 투자자가 수탁자를 신뢰하여 자신이 돈을 일정 정도 돌려받을 것이라고 기대한다면 수탁자에게 많은 돈을 투자할 것이다. 하지만 신뢰하지 않는다면 투자하지 않을 것이다. 실제로 수탁자가 신뢰를 저버리면 그만큼 많은 돈을 잃게 될 것이기 때문이다.

한 실험에서 두 유형의 참가자들이 신뢰 게임을 수행했다. 한 집단은 옥시토신을 비강 내에 투여받았고 다른 집단은 플라세보(약효가 전혀 없는 액체 스프레이)를 투여받았다. 과연 어떤 차이가 발생할까? 결과를 간단히 요약하면 옥시토신 집단은 플라세보 집단에 비해 수탁자를 더 신뢰했다. 실제로 옥시토신 참가자 중 대략 반 정도가 12만 원을 몽땅 투자한 반면에 플라세보 참가자들은 20퍼센트 정도만 그렇게 했다. 게다가 4만 원 이하를 투자한 참가자 수를 비교해보면 플라세보의 경우에 두 배 정도나 많았다.[3] 여기까지만 보면 옥시토신은 단연코 신뢰 호르몬이라고 할만하다.

그렇다면 이런 신뢰 효과는 어디까지 뻗어나갈 수 있을까? 평상시에 꼴도 보기 싫었던 정치인도 신뢰하게 만들까? 만일 옥시토신의 효력이 거기까지 미친다면 옥시토신 스프레이는 선거철마다 미친 듯이 팔릴 것이다. 하지만 그런 일은 일어나지 않을 것 같다. 최근 연구들은 이 신뢰 호르몬에 또 다른 얼굴이 있음을 밝혀냈다. 그것은 옥시토신이 내집단에 대한 선호도를 증진하지만 외집단에 대한 폄훼 또한 증진한다는 사실이다. 이것을 어떻게 알게 되었을까?

'암시적 연관 검사implicit association test라는 것이 있다. 참가자들에게 자극(이미지나 단어)을 제시했을 때 그들이 얼마나 빨리 그 자극을 '좋음'이나 '나쁨'에 연관시키는지를 측정함으로써 사람들이 평상시에 가진 무의식적 선호와 편견들(인종, 성별, 나이, 국가에 따른 선호와 편견)을 검사하는 도구다. 가령 네덜란드인을 대상으로 한 실험에서 '네덜란드'/'좋음'을 연관시키는 반응 속도와 '시리아'/'나쁨'을 연관시키는 반응 속도를 측정함으로써 그들이 내집단과 외집단을 얼마나 선호/혐오하는지 알 수 있다.

한 연구에서 옥시토신을 비강 내 투여한 집단과 플라세보를 비강 내 투여한 집단으로 나누어 암시적 연관 검사를 시행해봤다. 결과는 플라세보 투여 집단에 비해 옥시토신 투여 집단에서 내집단 편애와 외집단 폄훼가 동시에 증가했다. 더 정확히 말해 옥시토신은 내집단 편애를 강하게 유발했고 외집단 폄훼는 그만큼은 아니지만 그래도 유의미하게 유발했다.[4] 이는 공감 호르몬에 관한 불편한 진실을 보여준다. 사랑 호르몬은 누군가에겐 차별 호르몬인 양면성을 갖고 있다. 심지어 옥시토신이 내집단을 위한 부정 행위에도 영향을 줄 수 있다는 연구 결과도 있다. 이런 결과들을 종합하면 옥시토신은 집단 사이에 깊은 갈등을 유발하는 역할을 하는 편협한 공감 호르몬이다.

일개 호르몬으로 '신뢰'와 같은 복잡한 사회적 행동을 과학적으로 이해한다는 것 자체가 부적절하다고 말할 수도 있다. 하지만 호르몬의 불균형 때문에 건강을 해치듯이 그리고 그런 의학적 이해가 더 이상 전혀 낯설지 않듯이 옥시토신 수치와 공감이 미치는 범위를 연결하려는 시도가 그렇게 기이한 일은 아니다.

사실 우리가 만능 신뢰 호르몬을 장착하지 못했다는 점은 진화적 관점에서는 충분히 이해 가능하다. 인류 진화사의 대부분을 차지했던 수렵 채집기 그리고 집단 간의 싸움이 빈번했던 홍적세에 신뢰할 자와 믿지 못할 자들을 나누고 내가 속한 집단과 다른 집단을 구별하는 작업은 우리 조상들을 날마다 옥죄는 적응 문제였을 것이다. 이런 의미에서 두 얼굴을 가진 옥시토신은 매우 인간적이기까지 하다. 그러나 21세기의 인류에게는 속칭 '꼰대' 같은 호르몬이다. 그 호르몬이 촉진하는 부족 본능만으로는 글로벌한 시대의 보편적 윤리를 추구할 수 없기 때문이다.

부족 본능의 기원

호르몬으로도 뒷받침되는 강력한 내집단 선호성은 우리가 매우 손쉽게 나와 내집단을 동일시하여 외부자를 혐오하는 데까지 번질 수 있음을 잘 보여준다. 난민에 대한 태도는 이런 현상을 가장 잘 드러내는 사례다. 전 세계적으로 난민 수가 증가하면서 세계 곳곳에서 사회적 갈등이 발생하고 있다. 한국에서도 최근 몇 년 사이에 난민 이슈가 심각하게 제기되고 있는데 법무부 통계에 따르면 한국에서의 난민 신청자가 2013년 난민법 개정 이래로 1574명에서 2017년 9942명으로 급격히 증가했고 2018년과 2019년에는 만 명을 넘어섰다. 한국에서 난민 이슈는 2018년에 발생한 제주도 예멘 난민 입국 사건을 계기로 촉발되었는데 그들에 대한 반감이 청와대 청원에까지 올라와 논란이 되기도 했다.

그렇다면 먼저 집단 동일시는 왜 일어나는 것일까? 사회 정체감 이론social identity theory은 사람들이 집단과의 동일시를 통해 자존감을 획득하고 유지한다고 설명한다. 이 이론에 따르면 사람들은 자신을 우리(내집단의 구성원)로 범주화하여 사회 정체감을 얻지만 그들(외집단 구성원)과의 상호작용 시에는 마치 자신의 자존감과 지위가 위협받는 것처럼 느낀다.

한편 개인이 가지고 있는 집단 동일시는 사람들의 인지와 행동에 영향을 미친다. 집단 동일시란 자아와 집단 정체성 사이의 심리적 거리를 의미하는데 집단 동일시가 높은 사람들은 내집단에 대해 긍정적 편향을 보이고 집단 활동의 참여도가 지속적이며 강하다. 또한 내집단에 대한 부정적 위협이 가해진 경우에 자아 정체성을 긍정적으로 유지하기 위한 방편으로 내집단 편애와 외집단 폄훼를 보인다. 가령 국가 동일시 수준이 높은 터키인들은 시리아 난민에 대한 도움 및 기부 의도가 낮았다.[5]

집단 동일시를 설명하는 또 다른 이론은 공포 관리 이론이다. 이 이론에 따르면 죽음과 존재론적 불안은 인간의 인지와 행동에 중요한 영향을 준다. 근본적 불안감을 해소하기 위해 우리는 자존감에 대한 추구, 집단 동일시, 친밀한 관계에 대한 갈망을 보인다. 예를 들어 집단을 임의로 나누었을 때도 죽음과 관련된 자극이 주어지면 우리는 내집단 편향을 보인다. 자신의 세계관을 위반하는 외집단과 맞설 때 우리는 그들을 부정적으로 평가한다. 또한 불안감을 줄이기 위해 소속감을 더 강하게 갖게 된다.[6]

그런데 사회 정체감 이론과 공포 관리 이론은 외집단 위협에 대한 집단 동일시 현상을 설명할 뿐 부족 본능에 있는 흥미로운 지점을 포괄하지 못한다. 바로 남녀의 반응 차이다. 모든 인간은 부족 본능을 갖고 있지만 평균적으로 남성이 여성보다 그 강도가 더 센 것 같다. 상대를 해하려는 대부분의 전쟁은 남성이 수행해왔기 때문이다. 이에 진화심리학의 남성 전사 가설man warrior hypothesis은 인간이 외집단 위협과 관련된 적응 문제를 해결하는 과정에서 남녀가 서로 다른 심리적 메커니즘을 진화시켜왔다고 주장한다. 진화 역사상 지속적으로 존재했던 집단 간 경쟁의 선택압이 남성과 여성에게 다르게 작용해왔기 때문이라는 것이다.[7] 예컨대 남성이 전사로서 전쟁에 참여해 승리했을 경우의 번식 성공도(한 개체가 낳을 수 있는 평균 자손의 수)를 생각해보자. 먼저 개인의 번식 성공도의 경우 장기적 관점에서는 승리 후의 번식 성공도인 평균 이득이 상해와 죽음의 평균 비용보다 크다. 집단의 번식 성공도의 경우도 여성의 생존이 남성보다 상대적으로 중요하기 때문에 남성이 전사로서 전쟁에 참여하는 것이 집단에는 더 유리했다.

이 가설에 따르면 외집단 위협에 대응하여 남녀는 각기 다른 심리 메커니즘을 진화시켜왔으며 이는 두 가지 측면에서 명확하게 다르다. 첫째, 협력 양상의 성차가 뚜렷이 나타난다. 남성의 경우 집단 간 경쟁을 위해 내집단 구성원과 강하게 협력한다. 반면에 여성은 외집단 남성에 의한 성적 위협에 대비하며 자신을 보호하고자 한다. 가령 경쟁 집단의 위협에 노출되었을 때 남성은 내집단과의 협력이라는 개념을 활성화하나 여성은 우정과 돌봄이라는 개념을 활성화했다. 또한 집단 간 경쟁 시 남성은 강한 공격성을 보이는 한편 여성은 성적 위협에 대한 두려움을 보였다. 더 나아가 집단 간 경쟁 자극에 노출된 이후 공공재 게임(일정 수의 참여자가 돈을 갹출해 기부하면 2배로 불려 돌려주는 게임)을 진행했을 때 남성은 여성보다 내집단에 더 많이 재화를 분배했다. 둘째, 집단 동일시의 수준에서도 성차가 존재한다. 외집단이 사회적 위협을 가할 때 남성이 여성에 비해 높은 집단 충성도를 보인다.

이를 검증하고자 정지수·장대익은 한국인들이 난민 증가로부터 오는 위협에 노출되었을 때 국가와의 동일시를 높게 느끼는지 그리고 위협 시 남성이 여성보다 국가 동일시 수준이 더 높은지를 탐구해보았다.[8] 이 연구 결과를 일부 공개하면 다음과 같다. 첫 번째 연구에서는 한국인들이 난민의 위협을 높게 지각했을 때 국가 동일시 중 영예의 수준이 높아졌으며 남성이 여성보다 국가 동일시 수준이 강해졌다. 두 번째 연구에서는 난민 위협을 다룬 기사문을 읽은 사람들이 높은 국가 동일시 중 영예를 느꼈으며 남성이 여성보다 더 그러했다. 부가적으로 난민 위협하에 여성이 남성보다 자기 보호 동기와 친족 돌봄 동기를 더 느낀다는 것을 밝혔다.

이러한 결과들은 부족 본능의 중요한 측면을 드러낸다. 우리는 남성 전사 가설에서 주장하는 바와 같이 집단 간 경쟁 시 남녀에서 각기 다른 심리적 메커니즘이 진화했다는 사실을 경험적으로 입증했다. 이전의 국가 동일시와 외집단 구성원에 대한 부정적 태도를 다룬 연구에 따르면 국가 동일시 수준이 높은 사람들이 이민자나 소수자 집단을 향해 더 강한 부정적 태도를 보였다. 이는 모두 개인차에 대한 연구였다. 반면 우리는 집단 간 경쟁 시 남성이 여성에 비해 더 강하게 국가와 자신을 동일시한다는 사실을 밝혀냈다. 즉 집단 간 경쟁이 치열할 때 더 강한 부족 본능을 드러내는 쪽은 남성이라고 할 수 있다.

독일의 문호 괴테는 《파우스트》에서 "영원히 여성적인 것이 우리를 이끌어간다"라고 썼다. 이 문장은 오늘날에도 그 의미가 바래지 않은 것 같다. 여기서 괴테는 구체적인 여성을 지칭한 것이 아니라 우리가 포용이나 돌봄과 같은 가치를 회복해야 한다고 말하고 싶었던 것이 아닐까? 인간이 복잡한 만큼 부족 본능의 기원도 그 발현도 복잡한 조건을 갖고 있다. 우리가 할 수 있는 것은 부족 본능이 협소해지지 않도록, 우리를 구원하는 힘이 될 수 있도록 그 힘과 범위를 넓히는 것이다.

과잉 공감이 비인간화를 부른다

　공감은 혐오와 차별의 시대를 위한 해법으로 자주 논의된다. 그러나 지금까지의 논의를 통해 볼 때 안타깝게도 정서적 공감과 정서적 공감이 만드는 부족 본능은 갈등의 치료제보다는 폭력의 증폭제로 작용하기 쉽다.

　2004년 4월 28일, 이라크 아부그라이브 교도소에서 촬영된 몇 장의 사진 속에는 벌거벗겨진 채 차곡차곡 쌓여 있는 이라크 포로들 옆에서 환하게 웃는 미군들이 있었다. 심지어 포로의 목에 가죽끈을 묶어 질질 끌고 다니는 모습도 담겨 있었다. 이런 변태적 사진이 전 세계 언론에 뿌려지자 미군 가해자들이 군법 회의에 회부됐고 결국 실형을 선고받았다. 그 후 가해자들에 대한 심리 조사 결과는 또 한 번 충격이었다. 그들은 괴물이 아니라 그저 평범한 시민이었기 때문이다. 즉 그들은 타자에 대한 공감 제로인 사이코패스라기보다는 자기 집단에 대해 과잉 공감을 보인 보통 사람들이었다. 그들은 자기 동료들을 해한 이라크 군인들을 '비인간화dehumanization'함으로써 자기 집단의 분노에 극도로 공감했던 것이다.

　외집단에 속한 인간 존재를 인간 이하로 지각하는 현상을 심리학에서는 '비인간화'라고 부른다. 비인간화 심리는 인간의 역사와 함께 작동해왔고 현재에도 광범위하게 퍼져 있다. 인종 학살의 가해자는 희생자를 '해충'이라고 불렀다. 노예는 길들여진 짐승이었다. 원주민은 야만인이라 불렸고 이민자들은 전염병처럼 취급되었다. 아직도 유럽 축구장에서는 흑인 선수가 등장할 때 원숭이 소리가 곳곳에서 들린다. 치매 환자는 좀비로 인식되기도 하며 노숙자는 투명인간이다. 포르노 중독자는 여성을 물건처럼 취급하기 쉽다. 심지어 심신이 지친 의사도 환자를 무력한 몸뚱이로 대하기도 한다. 이런 비인간화 현상을 집중적으로 연구해온 심리학자 닉 하슬람Nick Haslam은 비인간화를 두 개의 하위 차원으로 나눈다. 첫 번째는 동물적 차원의 비인간화로 이때에는 도덕성, 성숙함, 교양, 깊이, 정교함과 같은 인간의 독특성을 부인하는 방식으로 진행된다. 두 번째는 기계적 차원의 비인간화로 따뜻함, 감정, 자율성, 융통성, 합리성과 같은 인간 본성을 부인하는 방식이다. 동물적 비인간화는 주로 인종 학살과 같은 노골적인 형태뿐만 아니라 일상의 미묘한 인종 차별과 같은 형태로도 작동한다. 반면 기계적 비인간화는 주로 기술 사용과 의료 행위 시에 작동하는데 이때 인간은 물건이나 도구로 취급된다.

고정 관념의 작동으로도 비인간화를 이해할 수 있다. 어떤 사람이 타인과 만났을 때 그 사람은 타인이 자신에 대해 어떤 의도를 가지는지 그 의도를 실현할 수 있는 능력이 있는지에 대해 민감하다. 개인은 생존을 위해 타인에 관한 이 두 차원의 정보를 알아야만 한다. 여기서 타인의 의도에 대한 평가는 따뜻함에, 그 의도를 실현할 수 있는 능력에 대

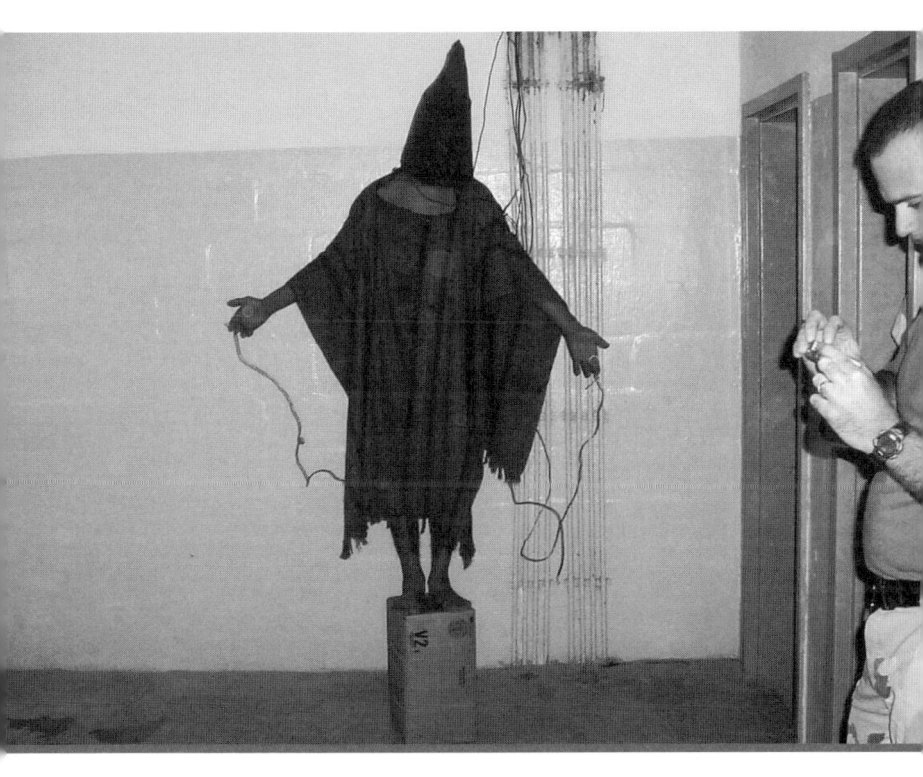

그림 2.2 아부그라이브 교도소의 포로 학대 사건은
내집단에 과잉 공감한 나머지 외집단을 비인간화한 전형적인 사례이다.

한 평가는 유능함에 대응된다. 이 두 기준은 시대와 문화와 자극의 종류에 관계없이 사회적 지각의 보편적 기준이라고 알려져 있다. 미국인을 상대로 한 연구에서 이 기준은 다음과 같은 고정 관념하에서 작동함을 알 수 있다. 페미니스트는 유능하지만 차가운 존재로 느껴지고(시기의 대상) 전문직 흑인은 유능하면서 따뜻한 존재로 인식되며(존경) 주부는 무능하지만 따뜻한 존재로(연민), 가난한 흑인은 무능하고 차가운 존재(경멸)로 받아들여진다. 여기서 연구자들은 차갑고 무능한 존재들(가난한 흑인, 노숙자, 약물 중독자)이 비인간화되기에 가장 쉬운 존재라고 말한다. 실제로 뇌과학 연구에 따르면 인간화/비인간화가 일어나는 뇌 신경 네트워크가 존재하는데 사람들이 노숙자나 약물 중독자를 떠올릴 경우에는 이 네트워크의 활성이 매우 약하다. 우리의 뇌는 그들을 인간 이하로 취급하는 것이다.

 비인간화의 정도는 어떻게 측정할까? 일반인들이 인류 진화에 대해 가진 오개념(인류의 진화를 침팬지부터 현대인까지 일직선상에 놓은 이미지)을 활용하여 외집단의 진화 점수(0~100)를 매기는 실험이 있다. 결과는 충격적이었다. 우선 인종 측면에서 미국인은 자신들과 유럽인에게 대략 91점을 부여함으로써 가장 진화된 인종으로 자평했다. 하지만 무슬림에게는 78점, 멕시코 이민자에게는 84점, 한국인에게는 87점을 줬다. 더 충격적인 것은 피험자 중 무슬림의 진화 정도를 60점 이하로 준 사람이 무려 25퍼센트나 되며 "무슬림은 미국에 큰 해악을 줄 잠재적 암덩어리"라는 식으로 반감을 드러냈다는 점이다. 게다가 이 비인간화 현상은 정치 성향이 다른 사람들에 대해서도 유사하게 드러났다.

그렇다면 정치적으로 한 진영에 속한 사람들은 반대쪽 진영 사람들이 자신들을 얼마나 비인간화한다고 판단할까? 그리고 이 판단은 반대쪽 진영이 매긴 실제 비인간화 점수와 얼마나 차이가 날까? 후속 연구에서 이 차이가 매우 크다는 사실이 밝혀졌다. 가령 진보 진영은 보수 진영이 실제로 자신들을 비인간화한 정도보다 훨씬 더 심하게 비인간적 대접을 받고 있다고 판단한다는 것이다. 이런 오해는 상대방에 대한 비인간화를 증폭시켜 그들을 향한 불공정한 행동이나 심지어 폭력 행동을 낳는 원인으로 작용할 수도 있다.

타자에 대한 비인간화를 더 쉽게 하는 사람들이 누구인지도 흥미롭다. 연구에 따르면 사회적 위계를 공고히 하고 그 위계의 상층에 있기를 원하는 사람들이 그들이다. 정치적으로 보수주의자들이 여기에 해당한다고 할 수 있겠으나 권력을 가진 진보주의자들도 예외가 아니다. 실제로 트럼프 미국 대통령은 선거 기간에 자신을 반대하는 흑인들을 향해 '저능아'나 '개'라는 표현을 쓴 적이 있지만 당시 민주당의 대선 후보였던 힐러리 클린턴도 트럼프 지지자를 향해 '머저리'라고 부르기도 했다. 비인간화에 관한 최근 연구가 말해주는 바는 분명하다. 그것은 비인간화가 전쟁이나 학살 같은 노골적 분쟁 상황뿐만 아니라 일상에서 광범위하게 진행된다는 사실이다. 특히 비인간화는 일상의 언어로부터 시작되며 대개 나와 다른 사람, 집단을 향한다. "내가 정권을 잡으면 거긴 완전히 무사하지 못할 거야"라는 식의 위계적 말투는 상대 진영을 비인간화하는 출발점일 수 있다. 2020년 봄 중국인을 비하하는 용어인 '짱깨'의 급증도 일상 속의 비인간화라 할 수 있다. 이런 말들을 내뱉는 순간 우리는 그 대상들을 함부로 대하기 시작한다.

    공감은 마일리지 같은 것이어서 누군가에게 쓰면 다른 이들에게는 줄 수 없다. 내집단에 강하게 공감했다면 그만큼 외집단에 공감할 여유가 소멸하는 것이다. 심지어 내집단에 대한 공감이 외집단에 대한 처벌로 이어진다는 심리 연구도 있다. 한 실험에서 피험자들에게 미국에서 벌어진 아동 범죄 사건에 어떻게 대응하는 것이 가장 좋을지를 물었다. 가령 아동 납치 사건의 경우에 무대응 원칙부터 신상 공개, 무력 보복까지 여러 정치적 선택지를 제시했다. 그런 후 공감 척도를 활용해 피험자들의 공감력을 검사했다. 실험 결과는 공감력이 높은 사람일수록 가해자에 대해 더 가혹한 처벌을 원한다는 것이었다. 비인간화 역시 내집단에 너무 깊이 공감한 나머지 상대방을 이해할 여유가 없거나 그러고 싶지 않아 손쉽게 딱지를 붙여버리는 것이다.

    이렇게 공감의 깊이와 넓이는 상충한다. 미국 남부 흑인들이 경험했던 혐오, 차별, 폭력이나 유럽의 홀로코스트 같은 잔학 행위들은 단순히 가해자의 공감 결핍으로만 이해할 수 없다. 그 가해자들은 흑인 남성에게 강간당한 백인 여성이나 유대인 소아 성애자에게 착취당한 독일 아이들의 고통에 관한 이야기에 극도로 공감한 이들이었다. 신의 이름으로 거룩한 학살을 자행했던 십자군이나 오늘날 이슬람 테러 조직의 문제는 공감 결핍이 아니라 자기 집단에 대한 공감 과잉이라고 할 수 있다. 마찬가지로 일제 강점, 제주 4.3 사건 등의 한국 근현대사도 내집단에 대한 과잉 공감이 만들어낸 질곡의 역사로 이해할 수 있다.

2020년 말 T&C재단의 기획으로 큰 울림을 준 '너와 내가 만든 세상'이라는 전시회는 이 과잉 공감의 비극을 '선택적 공감'이라는 키워드로 예리하게 포착했다. 그리고 "역사 속 수많은 학살과 혐오 범죄 뒤에 예외 없이 주리를 틀고 있는, 자신의 분노에 대한 합리화 목소리가 어떻게 군중의 불안을 먹이 삼아 자라났는지"를 먹먹하게 보여주고 있다. 이것은 과거의 이야기만이 아니다. 지금 우리 사회의 모든 갈등과 혼란을 보라. 그것은 선택적 과잉 공감이 빚어낸 것들이다.

초갈등 시대에 우리는 또다시 공감에게 SOS를 친다. 하지만 한쪽에 과잉 공감하는 순간 다른 쪽에는 폭력이 된다는 역사의 교훈을 잊지 말아야 한다. 치료제는 공감의 깊이가 아니라 반경을 넓히는 것이다. 하지만 오늘날 우리가 부족 본능이라는 공감의 구심력에서 벗어나 그 반경을 넓히는 일은 점점 더 어려운 과제가 되어가고 있다.

3장

코로나19의 대유행,
혐오의 대유행

아시아인을 향한 혐오가 미국 내에서 다시 확산했다. 단지 아시아인처럼 생겼다는 이유만으로 길이나 마트에서 쌍욕을 듣고 주먹질을 당하고 짓밟히기도 했다. 아시아인을 향한 불편한 시선이 느껴지는 정도가 아니다. 영국 프리미어 리그에서 맹활약 중인 손흥민 선수마저도 "바이러스 아시아인, 개나 먹어라"와 같은 인종 차별적 발언을 들었다.

2020년 6월 퓨 리서치 센터가 미국 성인 9654명을 조사한 바에 따르면 코로나19 팬데믹 이후로 미국 내 아시아인의 31퍼센트가 인종 차별적 발언을 경험했고, 26퍼센트는 누군가의 물리적 폭력이 두렵다고 답했다. 또한 미국인 10명 중 4명은 아시아계를 향한 인종 차별적 발언이 더 흔해졌다고 응답했다. 이 비율은 히스패닉이나 백인을 향한 인종 차별적 발언보다 두 배나 높고 흑인의 경우와 비교해서도 10퍼센트 정도 더 높은 수치다. 이를 증거하듯 미국 내 아시아인은 반 이상이 자신들을 향한 인종주의적 발언이 더 흔해졌다고 응답했다.

무릇 21세기 시민이라면 인종주의는 이미 쓰레기통에 내다 버렸어야 한다. 20세기 내내 인종 차별이 얼마나 큰 재앙을 몰고 오는지를 뼈저리게 경험했기 때문이다. 그래서 학교에서는 인종에 대한 편견이 왜 잘못된 생각인지를 가르치고 사회에서는 인종 혐오 범죄를 가볍게 다루지 않는다.

하지만 인종주의는 박멸되지 않았고 인간의 무의식 세계를 끝없이 배회하고 있다. 마침내 그것은 코로나19 바이러스 덕택에 화려하게 부활했다. 대체 팬데믹이 무엇이기에 이렇게 인종주의마저 부활시킨다는 말인가?

집단주의는 전염병 방어 기제다

원래 인류의 역사에서 팬데믹은 부족 본능을 자극해 집단끼리 뭉치게 만드는 역할을 해왔다. 그것이 팬데믹을 피할 수 있는 가장 일차적인 방어 기제이기 때문이다.

38억 년 전쯤에 시작된 세균의 세계는 아직도 가장 크다. 이 글을 읽는 독자의 얼굴에도 득시글하다. 생물량으로 치면 1등을 내 준 적이 없다. 한편 세균에서 나온 바이러스도 지구를 뒤덮었다. 지난 20만 년 동안 인류의 생존에 가장 위협적인 존재가 이들이다. 6세기 남아메리카 인구의 90퍼센트를 죽인 천연두, 14세기 유럽 인구의 3분의 1을 죽음에 이르게 한 흑사병, 20세기 초 유럽인 5000만 명의 목숨을 앗아간 스페인 독감, 2012년에 발발해 528명(한국인 39명)을 죽인 메르스, 전 세계를 얼어붙게 만든 코로나19가 그 도전장이다.

이 도전에 대한 인류의 응전은 회피 전략이었다. 인류 진화 역사의 대부분을 차지했던 수렵 채집기의 우리 조상들은 상한 음식, 썩은 냄새, 피부 발진 등에 혐오(역겨움) 반응을 일으키는 식으로 그 위협에서 벗어났다. 게다가 전염병은 모든 구성원이 회피 행동에 동참해야만 피해갈 수 있는 위협이다. 즉 주변에 전염병이 돌고 있다는 사실만으로도 우리의 뇌는 병원체에 대한 회피 본능과 집단의 규범을 강조하는 본능을 발동한다. 자신이 속한 집단의 규범을 중시하고 규범을 따르지 않는 이들을 비난하며 처벌하려는 경향은 사람들을 집단주의자들로 만든다. 실제로 역사적으로 전염병이 창궐한 지역일수록 집단주의 성향이 강하다는 진화심리학 연구도 있다.

1만 2000년쯤에 시작된 농경 사회는 인간과 바이러스의 생존에 분수령이 된 시기였다. 그 시대에 인류는 야생 동물을 본격적으로 가축화했는데 이는 바이러스에게도 엄청난 호재였다. 야생 동물을 보유 숙주로 삼던 바이러스가 농경으로 늘어난 가축에게 침투할 수 있었기 때문이다. 바이러스 입장에서는 야생에서 박쥐나 쥐에만 기생하다가 말, 소, 돼지, 낙타처럼 다양한 가축에게까지 자신의 집을 확장할 수 있었으니 얼마나 행복했겠는가? 게다가 인류가 음식과 노동을 위해 가축의 수를 엄청나게 증가시켰으니 바이러스는 갑자기 늘어난 부동산에 정신을 못 차릴 지경이었을 것이다.

인구의 폭발적 증가만큼이나 바이러스의 부동산 탐욕도 큰 문제다. 산업화로 인해 조성된 대도시는 바이러스에게 허브 공항과 같은 역할을 했다. 이제는 225억 마리 가축과 77억의 인류가 다 그들의 터전이다. 숲을 없애고 야생 동물을 몰아내고 공장식 축산을 대규모로 시행하고 대도시에 몰려사는 한 인류는 늘 바이러스의 밥이 될 것이다. 그렇기에 오늘날 코로나19 팬데믹은 과거 그 어느 때보다 인류에게 미치는 영향이 심각하다. 한 지역이나 대륙이 아니라 세계 전체가 하나의 전염병으로 고통을 받는 상황에서 부족 본능의 부정적 영향은 더욱 커질 것이다.

팬데믹은 어떻게 집단 간 갈등을 부추기는가?

1954년 여름, 사회심리학자 무자퍼 셰리프Muzafer Sherif

그림 3.1 사회심리학자 무자퍼 셰리프의 실험에 참여한 소년들.
이 실험은 무작위로 나눈 집단에서도 강한 응집력이 생겨
쉽게 외집단을 차별한다는 점을 보여주었다.

는 오클라호마에 있는 보이스카웃 캠프에 심신이 건강한 소년 22명(평균 12세)을 초대했다.[1] 그는 아이들이 도착하자마자 그들을 독수리 팀과 방울뱀 팀 중 한 팀에 '무작위'로 배정했다. 첫 주 동안 두 팀을 분리하고 각 팀 내에서 아이들이 서로 협조하게끔 만들었다. 가령 각 팀원끼리 식사 준비와 다이빙 보드를 함께 만들게 했다. 그러자 팀 내부에 강한 응집력이 생겼다.

둘째 주는 두 팀 간의 경쟁을 조장했다. 줄다리기, 축구, 야구 경기를 시키고 이긴 팀에게만 상품을 줬다. 더 심한 경쟁도 시켰다. 파티장에 먼저 도착하는 팀에게만 맛있는 음식을 주는 식이었는데 셰리프는 독수리 팀이 훨씬 일찍 도착할 수밖에 없도록 일정을 짰다. 늦게 도착한 방울뱀 팀 아이들은 볼품없는 음식을 보고는 상대 팀에 욕설을 퍼붓고 비난하기 시작했다. 이에 질세라 독수리 팀 아이들은 선착순으로 자신들이 이긴 거라며 대립했고 급기야 음식을 서로 집어 던지며 치고받고 싸웠다.

집단 간 갈등에 관한 고전적 연구로 익히 알려진 이 사례의 핵심은 집단을 만든 방식에 있다. 연구자는 각 팀의 구성원을 임의로 배정했을 뿐인데도 경쟁 상황에 돌입하자 상대 팀의 구성원을 욕하기 시작한 것이다. 사회 정체감 이론을 제시한 사회심리학자 헨리 타이펠Henri Tajfel의 실험은 더 충격적이다. 헨리 타이펠은 앞 장에서도 언급했듯이 피험자에게 동전 던지기를 시키고 앞/뒷면에 따라 X/W 집단에 배치되게끔 했다. 그러자 그들은 자기 집단을 치켜세우고 상대 집단을 폄훼하기 시작했다.[2] 같은 집단의 구성원들에 대해서는 이미 친구나 친척인 듯 행동했고 성격과 업무 능력도 더 좋다고 평가했다. 심지어 그들에게 더 많은 보상을 줘야 한다고까지 말했다. 설마 그럴까 의심스럽다면 "근처에 사시는가 봐요. 자주 뵙네요"라는 식으로 우연을 가장해 사람을 포섭해온 집단을 떠올려보라. 잘 통한다!

내집단 선호와 외집단 폄훼는 짝꿍처럼 함께 간다. 보이스카우트 사례처럼 집단 간 경쟁 상황이 발생하면, 즉 자기 집단이 위협을 받는다고 생각하면 외집단 사람들을 폄훼하고 비난한다. 외집단을 비난하는 이유는 그래야 내집단이 우월해지고 그 속의 자신이 자존감을 유지할 수 있기 때문이다. 자신의 자존감은 대개 내집단에서 온다. 이런 맥락에서 한국의 코로나19 방역 수준이 세계 최고라고 으쓱댔던 국민은 외국을 외집단으로, 중국 봉쇄는 못하더니 일본에게 봉쇄당했다며 비난했던 국민은 정부를 외집단으로 삼은 사람들이라 할 수 있다.

누가 옳았는가를 이야기하려는 건 아니다. 왜 이 국가적 응급 상황에 온갖 편견들이 난무했는지를 이해해보려는 것이다. 인류의 진화 초기 단계에서부터 무리를 지어 살아온 조상에게 내부자와 외부자의 구분은 매우 원초적일 수밖에 없었다. 내부자는 서로에게 도움이 되는 협력 파트너지만 외부자는 대개 경쟁자이거나 침략자였기 때문이다. 따라서 내/외부자를 같은 태도로 선호했던 조상은 살아남지 못했던 반면에 내부자를 편애했던 조상은 살아남아 우리의 선조가 되었을 것이다. 물론 자원이 풍부하면 외집단에 대한 편견은 잦아들지만 희소 자원을 두고 경쟁을 해야 하는 상황에 돌입하면 편견 본능이 증폭된다.

코로나19는 지금도 명백히 내집단을 편애하고 외집단을 폄훼하는 집단 간 갈등의 유발 인자로 작동하고 있다. 품격의 옷 속에 깊숙이 숨었던 인종 차별과 민족주의가 삐져나오고 있다. 2020년 초기에는 중국인들이 해외로 탈출하면서 이탈리아의 명품 시장을 싹쓸이하다가 유럽을 전염시켰다는 근거 없는 소문도 파다했었다. 유럽과 미국에서는 중국인처럼 생긴 이들을 향해 인상을 찌푸리거나 손가락질, 욕설, 구타까지 자행되고 있다는 증언이 지금까지 잇따랐다. 자국민이 위협을 받을 때 국가와 국민은 타국을 비난하면서 자존감을 지키고 안심할 수 있다. 이것이 편견의 심리다.

그러나 이것이 다가 아니다. 코로나19 팬데믹은 전 세계의 다양한 정보가 실시간으로 유통되는 오늘날, 더 파괴적인 방법으로 부족 본능을 자극하고 있다.

팬데믹, 인포데믹, 그리고 이모데믹

'인포데믹infodemic'은 잘못된 정보나 가짜 뉴스가 미디어를 통해 마치 전염병처럼 급속하게 퍼지는 현상을 말한다. 이 '정보 전염병information+epidemic'은 미국 전략 분석 기관 인텔리브리지Intellibridge의 창립자 데이비드 로스코프David Rothkopf가 〈워싱턴 포스트The Washington post〉(2003년 5월 11일자)에서 처음으로 제시한 신조어다. 그는 기고문에서 당시 중증급성호흡기증후군SARS에 관한 각종 루머나 거짓 정보의 빠른 확산이 전염병의 직접적 피해만큼이나 큰 혼란과 피해를 야기한다고 역설했다.[3]

코로나19 팬데믹 역시 인포데믹을 낳았다. "젊은 사람들은 코로나에 감염되지 않는다. 설령 감염되어도 죽지 않는다"와 같은 잘못된 정보가 널리 확산하여 클럽이 여느 때만큼 붐빈 적도 있었다. 소금물로 입안을 소독하면 코로나19 바이러스에 감염되지 않는다는 잘못된 믿음을 실천한 어떤 교회는 집단 감염의 재앙을 맞았다. 마스크 필터 재료와 화장지의 재료가 동일하기 때문에 화장지가 곧 동날 것이라는 거짓 뉴스가 확산하여 전 세계의 대형 마트가 사재기 전쟁터로 돌변하기도 했다. 이런 인포데믹은 이른바 '반향실echo chamber 효과'와 '필터 버블filter bubble 효과' 때문에 더욱 강화된다. 반향실 효과란 비슷한 의견을 가진 사람끼리만 소통을 함으로써 획일적 견해로 수렴하는 현상이다. 필터 버블은 자신의 성향에 맞는 정보만을 필터링해주는 소셜 미디어로 인해 정보 편향이 증폭되는 현상을 말한다.[4,5] 이것은 인지 편향의 하나인 '확증 편향(자신이 믿고 있는 견해에 대한 반대 증거들은 수집하려 하지 않는 경향)'이 현대의 IT 기술로 강화되어 나타난 결과이다.

　이러한 인포데믹을 어떻게 통제하느냐는 매우 중요한 문제다. 하지만 팬데믹이 우리를 힘들게 하는 것은 이런 인지 편향만은 아니다. 팬데믹은 부정적인 사회적 감정을 전염시키는 계기도 만들기 때문이다. 나는 혐오나 경멸과 같은 부정적 정서가 집단으로 빠르게 전염되는 현상을 '이모데믹emodemic, emotion + epidemic'이라 부르고자 한다.[6] 사회심리학 연구를 보면 전염병의 위협이 증가할 때 노인, 외국인, 장애인, 심지어 비만인 사람에 대한 혐오감이 늘어난다. 다수와는 다르게 생긴 사람들, 비정상이라고 여겨지는 사람들, 외집단 사람들이 병원체를 상기시키기 때문이다.[7] 팬데믹이 왔을 때 왜 소수자에 대한 경멸과 혐오가 급증하는가는 그렇게 이해된다(물론 이 현상이 옳다는 뜻은 아니다).

　또 다른 흥미로운 연구도 있다. 참여자를 두 집단으로 나누고 자신의 정치적 성향을 표시하도록 했는데 한 집단 앞에는 손 세정제를 갖다 놓았고 다른 쪽에는 아무것도 두지 않았다. 실험 결과 손 세정제를 갖다 놓은 곳의 피험자들은 정치적 성향이 좀 더 보수적이었다. 손 세정제는 그 공간이 깨끗하지 못하다고 생각하게 만들고 위생이나 청결의 개념을 떠올리게 함으로써 잠재된 보수성을 끌어올린 것이다.[8]

　그렇다면 이런 이모데믹의 작동 메커니즘에 대한 인지심리학적 이해도 필요하다. 노벨 경제학상을 받은 프린스턴

대학교의 인지심리학자 대니얼 카너먼Daniel Kahneman은 《생각에 관한 생각Thinking, Fast and Slow》에서 인간은 두 가지 사고 체계를 가지고 있다고 말했다. 그는 이 두 체계를 '시스템1'과 '시스템2'라 불렀는데 시스템1은 직관적·정서적 사고 체계를 말하는 것으로 무의식적이며 즉각적으로 작동한다. 이것은 심사숙고해서 신중하게 결정할 시간이 없는 급박한 상황에서 매우 효율적인 시스템이다. 예를 들어 눈앞에 뱀과 같이 미끈한 긴 물체가 나타났는데 호기심을 가지고 오랫동안 들여다본다면 물려 죽기 십상이다. 갑자기 닥친 위협 상황에서는 재빨리 공포감을 느껴 피하고 봐야 한다. 그때 작동하는 것이 시스템1이다. 매우 적응적인 시스템이라 볼 수 있다.

반면에 시스템2는 이성적·합리적 사고 체계를 말하는 것으로 시스템1과 달리 주로 뇌의 전전두피질에서 작동하며 주의력과 집중력을 요구한다. 그래서 상대적으로 정확하지만 반응 시간은 길다. 미끈한 긴 물체가 나타나서 일단은 피했지만 알고 보니 뱀이 아니었다면 그 물체가 무엇인지 확인하고 다음에는 어떻게 대처할 것인지 숙고하는 행동도 필요할 것이다. 이때 필요한 것이 시스템2이다. 평상시 우리를 지배하는 것은 시스템1으로 의사결정의 95퍼센트 정도를 담당하는 반면에 시스템2는 고작 5퍼센트를 담당하는 것으로 알려져 있다. 직관과 감정은 이성보다 빠르고 편하며 작동 비용이 덜 든다는 얘기다.

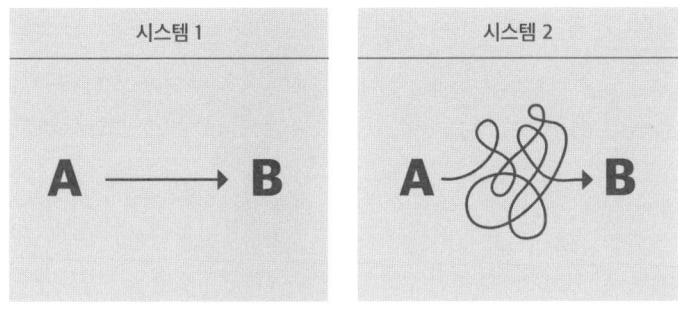

그림 3.2 시스템1은 무의식이고 자동적인 사고를, 시스템2는 의식적이고 이성적인 사고를 일컫는다. 평상시에 자주 하는 행동은 굳이 의식적일 필요가 없기에 시스템1로도 충분하다.

이런 맥락에서 이모데믹, 즉 정서의 집단적인 감염은 시스템1의 과도한 집단 발현이라고 할 수 있다. 팬데믹과 같은 위기가 닥쳐올 때 시스템1의 작동은 평소보다도 더 증가하여 우리의 사고 체계를 거의 지배하게 된다. 마치 사방에 뱀이 득실거릴 때 그리고 이 사실을 모두가 공유할 때 우리 모두가 느끼는 집단적 공포와 유사하다. 병원체와 감염자에 대한 공포와 혐오는 우리 본성이다. 썩고 냄새나는 뭔가를 좋아하던 사람들은 우리 조상이 아니었다. 이런 것들에 대한 혐오와 회피 행동은 명백히 적응적이었고 진화학자들은 이를 '행동 면역계behavioral immune system'라 부른다.[9] 이것은 감염 의심 상태 및 행동을 감지한 후 자동적 회피 및 혐오 반응을 일으킨다. 행동 면역계는 대표적인 시스템1이다.

문제는 행동 면역계의 이런 민감한 작동이 동조 메커니

즘을 통해 집단적으로 전염되어 크게는 국가주의로, 작게는 외국인 혐오로 비화될 수 있다는 점이다. 실제로 아시아 사람들이 서양에서 집단 린치를 당하는 한편 외국인으로 인한 바이러스 재유입을 걱정하며 중국인이 이제 외국인을 되레 차별한다는 뉴스가 동시다발적으로 보고되고 있다. 경제 대국이 마스크를 해적질하고 선진국의 정책 전문가들이 아프리카를 백신 실험장으로 쓰자고 맞장구를 친 적이 있다. 평상시 같았으면 서로 조심하고 배려했을 텐데 팬데믹이 오니 행동 면역계에 고삐가 풀린 것이다. 중국인을 비하하는 '짱깨'라는 표현이 급증하게 되었던 것도 같은 현상이다.[10] 이것은 한 개인의 시스템1의 작동이 아니라 시스템1들의 집단적 동조다. 실제로 적지 않은 전문가들이 팬데믹 이후의 정치경제적 변화를 예측하면서 앞으로는 새로운 형태의 보호무역주의나 국가주의가 글로벌리즘을 대체하게 될 것이라고 전망했다.[11]

이모데믹을 막을 수 있는 방법이 있을까? 그 방법은 여러 가지가 있겠지만 가장 중요한 과제는 즉각적인 감정 및 이런 감정과 연결되어 부족 본능을 만드는 시스템1의 작용을 억제하고 역지사지에 가까운 시스템2의 인지적 공감력을 활용하는 것이다. 우리는 의식적으로 시스템2를 활용하여 팬데믹으로 고통받는 타인의 상황을 인지함으로써 그들의 처지를 이해하는 방향으로 가야 한다.

2015년 메르스MERS 사태 때 순창 장덕 마을에서는 한 사람의 확진자로 인해 마을 전체가 완전히 봉쇄된 적이 있었다. 그 사태가 진정될 때까지 장덕 마을은 무려 14일 동안이나 고립되었다. 그때 어려움을 겪었던 마을 사람들이 "이번 코로나19 사태에 고통당하는 대구 사람들을 절대 낙인찍어서는 안 된다"라며 확진자가 폭증한 대구 지역 사람들을 응원하고 나섰다.[12] 이들은 과거 확진자/피해자의 입장에 있어봤기 때문에 이번 대구 사람들의 처지를 훨씬 더 잘 이해할 수 있었을 것이다. 유사한 사례는 적지 않다. 대구와 광주는 서로 지역색이 강하고 갈등의 역사도 깊다. 그런데 이번 코로나19를 계기로 '달(달구벌, 대구) 빛(빛고을, 광주)' 동맹을 맺어 광주의 의료진이 대구에 의료 지원을 나가고 광주 시민들이 대구에 장어 도시락을 전달하는 멋진 일이 벌어지기도 했다.[13] 역지사지(인지적 공감)의 힘이다.

한편 시스템1을 역이용하여 인지적 공감이 발휘되게 이끄는 식으로 이모데믹을 막는 방법도 있다. 편을 가른다는 것은 흔히 공감에 방해가 되는 것으로 여겨진다. 그런데 그 '편'을 매우 잘게 쪼개보자. 처음에는 보수주의자와 진보주의자로 나눈다. 각 진영의 사람들은 상대편에 대해 적대적인 입장을 취할 것이다. 그런데 이번에는 반려 동물을 키우는 사람과 아닌 사람으로 나눠보자. 그러면 사람들이 다시 섞이고 새로운 집단이 만들어질 것이다. 다시 채식주의자와 아닌 사람으로 나누자. 또 다른 새로운 집단이 만들어질 것이다. 이런 식으로 여러 각도에서 여러 기준으로 잘게 쪼개다 보면 어떤 일이 벌어질까? 예전에 삿대질했던 사람이 내 옆에 와 있게 된다. 그들과 공유하는 공통 경험이 생긴 것이다. 다양한 사람을 만나고 다양한 경험을 공유하다 보면 서로 극단에 있는 줄 알았던 사람들이 사실 닮은 점도 많다는 점을 느낄 수 있다. 이렇게 많은 사람과 접촉을 하다 보면 타인과 외집단에 대한 편견이 줄어들 수 있다.

팬데믹 선언 이후 '사회적 거리 두기social distancing'는 팬데믹 종식을 위한 글로벌 캠페인으로 완전히 자리를 잡았다. 우리나라도 국민의 건강과 안전을 위한 최고의 행동 지침으로 삼았다. 취지에는 완벽히 공감한다. 바이러스의 확산을 막는 데 큰 기여를 한 것도 사실이다. 하지만 나는 '사회적 거리 두기'라는 용어가 글로벌 캠페인 용어로서 적확하지는 않았다고 생각한다. '사회적 거리 두기'라는 표현에는 복잡하고 다양한 의미가 들어 있기 때문이다.

의미의 다양성은 '사회적'이라는 용어 때문에 발생하는 것인데 어떤 때에는 단지 사람 사이의 관계를 지칭하기도 하고 다른 때에는 개인적/집단적 구분으로 사용되기도 하고 또 다른 때에는 비사교적/사교적 구분으로 읽히기도 한다. 따라서 '사회적 거리 두기'라는 말을 들으면 데면데면한 관계로 가라는 뜻인지 집단적인 행동을 하지 말라는 뜻인지 잠시 생각을 해봐야 한다. 게다가 이 숙고의 결과는 언어에 대한 사람들의 직관에 따라 제각각이다. 더 안 좋은 것은 설령 사회적 거리 두기를 비대면 활동이라는 의미로 확정한다

하더라도 다른 의미들이 계속해서 간섭을 일으킨다는 점이다. 가령 사회적 거리 두기 캠페인의 취지에 동조하여 면대면 활동을 유보한 사람들도 친밀함은 계속 유지해도 되는지 단체 활동은 해서는 안 되는지 계속 헷갈려 한다.

그러나 처음부터 슬로건을 '물리적 거리 두기physical distancing' 또는 '공간적 거리 두기spacial distancing'라고 했다면 이런 혼란은 없었을 것이다. 적어도 2미터 정도의 거리를 유지하라는 뜻으로 단순히 이해했을 것이기 때문이다. 캠페인으로 쓸 용어는 의미가 분명해야 한다. 실제로 학계에서는 '사회적 거리'라는 용어를 개인과 개인, 개인과 집단, 집단과 집단 사이에 생기는 인간 감정의 친소도를 나타내는 개념으로 오랫동안 사용해왔다.[14] 즉 사회적 거리가 좁다는 것은 쉽게 말해 더 친하다는 것을 뜻한다. 따라서 사회적으로 거리를 두자는 것은 서로 데면데면하자 서로 돕지 말자는 의미가 되어버린다. 세계보건기구WHO에서도 '사회적 거리 두기'라는 용어 대신에 '물리적 거리 두기'라는 표현을 쓰자고 제안했으니 우리도 표현을 바꾸어 쓰는 쪽으로 고민해보면 좋겠다.

캠페인의 표현 중 어떤 것이 더 적확한지를 논의하기 위해서 이렇게 길게 이야기하고 있는 것은 아니다(WHO의 권고에도 불구하고 '사회적 거리 두기'라는 용어는 이미 전 세계적으로 굳어진 표현이다). 공포와 혐오의 집단적 전염(이모데믹)을 극복하기 위해서는 우리의 진화된 공감력에 기댈 수밖에 없는데 인지적 공감력은 전형적인 '사회적 거리 좁히기'라는 점을 지적하려는 것이다. 이런 위기 상황에서 사회적 거리를 좁히지 않는다면 우리 사회는 공포, 혐오, 외로움의 이모데믹이 만연한 사회가 될 것이다. 사회적 거리 두기라는 표현 때문에 가장 당혹스러운 계층은 바로 노인층이다. 노인들에게 정말 힘든 것은 어쩌면 바이러스가 아니라 전염병 때문에 거리를 두느라 아무도 자신을 찾지 않아 생기는 외로움일 수 있다.

우리 인간은 물리적 거리 두기를 하면서도 사회적 거리를 좁힐 수 있는 유일한 종이다. 오직 인간만이 지구 반대편에 있는 굶주린 아이들에게 공감력을 뻗칠 수 있다. 반면에 주로 신체적 접촉을 통해 관계의 깊이를 조절하는 침팬지 사회에서 물리적 거리 두기는 곧 사회적 거리 두기일 뿐이다. 물론 우리의 진화 역사에서도 공감은 주로 면대면 관계를 통해 일어났을 것이다. 하지만 인간의 역지사지 능력이 타종에 비해 훨씬 더 크고(그래서 그/그녀를 상상하는 것만으로도 함께 있는 것 같고) 인류만이 비접촉을 통해서도 상호 교감할 수 있는 IT 기술을 발명했다는 사실은 우리의 공감력이 원거리 작용임을 입증한다. 인간 세계에서만 사회적 거리 두기와 물리적 거리 두기는 분리 가능하다.

역사학자 유발 하라리Yuval Harari는 한 기고문에서 바이러스에게는 없지만 인류에게 있는 것은 집단 학습 능력이며 우리는 지식의 공유를 통해 팬데믹을 극복할 수 있다고 말했다.[15] 집단 학습만이 아니다. 타인의 입장에 서보는 공감 능력이야말로 인류의 가장 내밀한 성공 비밀이다. 우리는 문명을 이룩할 만큼의 공감력과 과학/의료 기술을 가진 유일한 종이다.

바이러스는 늘 생명체에게 위협이 되었다. '성'은 놀랍게도 기생충, 세균, 바이러스 등 미생물에게 대항하기 위해 생명이 만든 무기다. 성이 없다면 부모 세대의 유전자 세트를 다음 세대에 그대로 전달할 수밖에 없다. 그러면 치명적인 미생물이 침입했을 때 그 후손들은 전부 소멸하고 말 것이다. 그래서 생명은 유성 생식을 통해 유전자를 섞는 방법으로 부모 세대에는 치명적이었더라도 다음 세대에는 그렇지 않을 수 있게 만들었다. 이것이 바로 다양성 전략이다. 만일 외계인이 20억 년 전쯤에 지구를 방문했다면 지구는 단세포 생물밖에 없는 밋밋한 행성이라고 생각했을 것이다. 그러나 그 후로 10억 년 후쯤에 다시 와서 지구를 본다면 형형색색의 화려한 행성을 보고는 깜짝 놀랄 것이다. 그 사이에 성이 탄생했기 때문이다. 성의 진화가 그러한 다양성을 가능하게 했다.

이번 팬데믹은 사피엔스에게 던져진 거대한 시험이다. 이 시험의 핵심 문제는 과연 '인류가 공감의 반경을 더 넓힐 수 있겠는가?'일 것이다. 이 시험을 통해 우리는 어떻게 다양성을 받아들이고 이성적으로 타인을 포용할 수 있는지 모색해봐야 한다. 만일 우리가 다 함께 협력하여 이 시험을 통과한다면 '코로나19 팬데믹은 사피엔스에게 새로운 도약의 기회였다'라고 영원히 기록될 것이다.

팬데믹 시대에 학교에서는 무엇을 가르쳐야 하나?

대학 역사상 이런 시기는 처음이라고들 한다. 2020년 이후 2년 동안 대학 수업은 대부분 비대면으로 진행되었기 때문이다. 하지만 민주화 운동으로 수업 한두 번 만에 종강을 맞던 1970~80년대 대학가도 있었고 심지어 6.25 전쟁 통에도 닫지 않은 학교들도 있었다. 오히려 지금은 테크놀로지 덕분에 등교 없는 학업도 가능하다.

그렇다면 우리나라 초중고 중에서 굳이 등교하지 않아도 알아서 공부를 열심히 할 학년은 누구일까? 당연히 고3이다. 그런데 어찌 된 일인지 정부가 2020년 가을 학기부터 선택한 등교 1순위는 고3, 중3이었다. 그 결과 우리는 책상마다 투명 아크릴 방패를 부착하거나 아예 복도로 책상 한 줄을 뺀 기이한 고3 교실 풍경도 보게 되었다. 대한민국이 좀 역동적이긴 하지만 이렇게까지 등교가 중요한지, 대체 왜 고3부터였는지 의문이 들지 않을 수 없다. 아니 더 근본적으로 묻자. 대체 학교란 무엇인가?

고3을 등교 1순위로 둔 것은 입시생에 대한 배려였단다. 입시를 치르려면 내신이 있어야 하고 내신은 시험 점수가 필수적이니 등교해야 한다는 논리다. 외부인의 시선으로 보면 한국인은 분명히 입시를 숭상하는 입시교인들이다. 입시에서의 성공을 인생의 최고 가치로 삼는 사람들이다. 어떤 위협이 와도 입시와 시험은 금과옥조다. 그러니 팬데믹 상황에서도 교육계의 관심사는 온통 어떤 학년을 언제 등교시킬 것인가이다. 올림픽처럼 열리는 '정시 대 수시 비율' 정하기가 교육계의 최대 연례 행사라는 사실을 아는 사람들은 다 안다. 교주는 때마다 구원에 이르는 방법을 적당히 변경함으로써 존재감을 드러낸다. 그것에 목을 맨 입시교인들이 있기 때문에 가능한 일이다. 학생들에게 생각하는 힘과 다양한 경험 그리고 새로운 지식과 가치를 어떻게 교육하여 훌륭한 인재로 성장시킬 것인지에 대해 심혈을 기울일 틈이 없다. 역시나 이번 사태에도 고3 우선주의가 교육계의 최우선 가치였다.

 교육적 관점에서 보자면 등교를 위한 배려 대상 1순위는 비대면 수업이 힘든 학생들이어야 했다. 가정 형편상 온라인 접속이 어렵거나 어른의 돌봄을 받기 힘든 아이들이 첫 번째 등교자여야 했다(다행히도 정부는 2021년부터 초등학교 1~2학년과 특수학교 학생들을 우선 등교하도록 조치했다). 만일 고3 내신 평가가 그렇게도 중요했다면 해법은 그들을 먼저 등교시키는 안일함이 아니라 비대면 시험 및 수행 평가 방법을 찾는 창의성이어야 했다.

 사실 이 상황에서 누구를 먼저 등교시키느냐가 뭐 그리

중요하겠는가? 중요한 것은 이 시점에서 그들에게 무엇을 가르칠 것인가여야 한다. 학생들도 이 코로나19가 대체 왜 일어났는지가 궁금하고 이 때문에 우리 사회가 어떤 변화를 겪고 있는지 알고 싶어 한다. 또 팬데믹의 위협에서 벗어나기 위해 어떤 일을 해야 하는지도 궁금하다. 그러나 우리 학교는 마치 아무 일도 없었던 것처럼 진도 빼기에 몰두한다.

팬데믹은 방역만의 문제가 아니다. 가장 크게는 인류 문명의 기원, 성장, 멸망에 관한 대서사다. 저명한 의학사학자 프랭크 스노든Frank Snowden이 《감염병과 사회Epidemics and Society》라는 책에서 서술했듯이 모든 팬데믹에는 희생양 찾기와 혐오, 새로운 세계관이 공통적으로 뒤따라왔다. 예컨대 흑사병이 창궐하여 유럽인의 1/3이 사망했던 14세기에는 유대인들이 희생양이었고 농노들이 대거 사망함으로써 봉건 제도의 기반 자체가 흔들렸으며 중세가 무너지고 르네상스라는 휴머니즘이 등장했다.[16]

이번 코로나19 팬데믹에도 스노든이 말한 비슷한 패턴이 반복되고 있음을 우리는 매일 목격했다. 미국과 중국의 대통령은 연일 서로에 대한 혐오를 쏟아냈다. 우리는 이태원 클럽발 집단 감염에 분노하며 성 소수자를 희생양 삼았다. 북미-유럽 중심의 선진국 담론이 의심받고 새로운 국제 질서가 싹트기 시작했다. 2020년 미국 미네소타주의 한 백인 경찰의 과잉 제압으로 비참하게 숨진 흑인 남성 '조지 플로이드 사건'과 그로 인해 촉발된 미 전역의 항의 시위는 팬데믹에 만연하는 인종 간 혐오와 차별의 사례이기도 하다.

그렇다면 이번 팬데믹은 진화생물학, 통계물리학 같은 자연과학에서부터 철학, 역사 같은 인문학, 그리고 심리학, 정치학, 경제학, 사회학 같은 사회과학에 이르기까지 그야말로 초학제적 주제인 셈이다. 지금 여기서 이보다 더 좋은 교과서가 또 있겠는가? 학교에서 지금 우리 아이들에게 팬데믹에 대해 가르치지 않는다는 것은 마치 2차 세계 대전 후에 전쟁에 대해 가르치지 않는 것과도 같다. 우리에게는 인류가 겪는 위협에 대해 후손에게 해명해야 할 의무가 있다.

교육만큼이나 학교에서 얻을 수 있는 소중한 관계도 중대한 도전에 직면했다. 바로 '우정'이다. "윌슨! 윌슨!" 바다 위의 뗏목을 겨우 붙잡고 허우적대며 누군가의 이름을 이렇게 애타게 부르며 울먹이는 이가 있다고 해보자. 그렇다면 그의 '윌슨'은 필시 사람이어야 할 것이다. 사실 이것은 우리나라에서 2001년에 개봉했던 〈캐스트 어웨이〉라는 영화의 한 장면이다. 톰 행크스가 연기한 주인공인 '척'은 국제 배송 서비스 회사의 직원이다. 어느 날 타고 가던 비행기가 추락해 무인도에 혼자 살아남게 되었다. 먹을 것은 충분했지만 외로워지기 시작했다. 그러던 어느 날 그와 함께 추락한 택배 물품 사이에서 배구공을 하나 발견하게 된다. '윌슨Wilson'이라는 상표의 배구공이었다. 그는 공에 피로 눈을 그려놓고 친구 윌슨과 대면을 시작한다.

그러던 어느 날 뗏목 위에 윌슨을 태우고 섬을 탈출하

는데 풍랑을 만난다. 떠내려가는 윌슨을 구하려고 물속에 뛰어들지만 '그'는 저 멀리 사라진다. 그를 애타게 부르며 떠내려가는 존재를 바라보고 있는 이 장면은 이 영화에서 가장 슬프고도 공감이 가는 장면이다. 여태까지 이만큼 인간의 외로움의 깊이를 잘 드러낸 장면은 보지 못했다. 외계에서 온 과학자가 사피엔스의 삶을 보고 긴 별명을 붙여준다면 아마도 '홀로 지내는 것을 끔찍이도 싫어하는 종'이라고 할지 모른다. 실존주의 철학자 사르트르는 희곡 《출구 없는 방》에서 "타인은 지옥"이라고 했지만 어쩌면 타인 없는 세계는 더 불행한 지옥일 것이다.

대체 타인은 어떤 존재일까? 왜 우리는 혼자이길 끔찍이 두려워할까? 팬데믹이 장기화되면서 재택 근무가 일상이 되고 온라인과 오프라인 혼합 등교 방식이 대세인 오늘날, 우리가 다시 생각해봐야 할 근본적 질문은 무엇일까? 그중 하나는 '관계란 무엇인가?'이리라.

인간은 태어날 때부터 관계에 목말라 있다. 갓난아기는 빨고 물고 울며 웃는다. 다 엄마(더 정확히는 돌보는 이)를 붙들어놓으려는 전략이다. 활짝 웃는 아기를 놓고 매몰차게 떠나기는 결코 쉽지 않다. '우는 아기 젖 한 번 더 주는' 법이다. 엄마가 주변에 보이지 않을 때 아기들이 겪는 분리 고통은 말 그대로 고통이다. 고통스러워야 더 서럽게 울 수 있고 그래야 엄마가 떠나지 못하니까. 특히 사피엔스는 다른 영장류들보다 훨씬 무력한 아기를 낳고 훨씬 더 긴 기간을 돌보게끔 진화했기 때문에 부모와 자식 간의 관계는 그 어떤 종보다 중요하다.

7세에서 12세 사이의 아동기에도 관계는 매우 중요하다. 하지만 이 시기에는 관계의 채널이 하나 더 생긴다. 그 전의 채널이 주로 부모와 자식 간의 수직 관계였다면 아동기부터는 친구 관계라는 수평적 채널이 본격화된다. 이때 본격적으로 등장하는 활동이 이른바 친구들과의 '놀이'다. 놀이는 모든 포유류가 즐기는 활동이다. 어린 침팬지나 곰, 심지어 쥐들도 서로 깨물고 뒹굴며 상대방의 힘을 느끼면서 관계를 만들어간다. 놀이를 하고 나면 스트레스 호르몬이라고 알려진 코르티솔 수치가 전보다 낮아진다.

인간의 경우에는 놀이 목록에 역할 놀이(엄마아빠 놀이, 전쟁 놀이 등)가 추가되기에 감정이입과 역지사지를 간접적으로 배울 수 있다. 사이코패스에 대한 놀라운 연구 결과 중 하나는 그들의 어린 시절에 놀이가 빠져 있다는 사실이다. 게다가 놀이는 미래에 벌어질 일에 대한 예행 연습이기도 하다. 이제 초등학교 어린이에게 어떤 활동을 장려해야 할지는 분명해졌다.

그렇다면 청소년기(13~18세)에도 관계가 중요할까? 이때야말로 '친구 따라 강남 가는' 시기다. 부모와의 관계는 시들해지고 친구의 말 한마디가 일상을 좌우하는 질풍노도의 시기다. 합리적 의사결정을 담당하는 뇌의 전두피질의 발달은 더딘데 정서를 담당하는 편도체가 폭풍 성장하는 바람에 온순했던 우리 아이가 반항아로 변신한다. 흔히 이때 친구를 잘못 만나서 저 지경이 되었다고 남 탓을 하지만 청소년기의 뇌가 불균형적으로 발달하기 때문에 일어나는 정상적인 일탈일 개연성이 높으니 크게 걱정할 일은 아니다. 여기에 친구의 영향력이 가장 센 시기이니 반항은 집단화된다. 이것이 이른바 '중2병'의 기원이다.

이렇게 청소년기에는 관계의 중심축이 가족에서 친구로 이동했을 뿐 관계를 맺고자 하는 인간의 근본적 욕망에는 변화가 없다. 이를 사회심리학자 로이 바우마이스터Roy Baumeister는 '소속 욕구'라고 부른다.[17] 사회적 동물인 인간은 누군가에게 소속됨으로써 만족감을 느낀다. 수없이 많은 연구에서 동료들과 즐거운 상호 작용을 하는 사람일수록 자존감이 높고 더 행복하며 정신과 신체가 모두 건강하다는 사실이 입증되었다.

반대로 타인과 연결되어 있지 않다는 느낌을 받을 때 정신 건강은 나빠지고 면역력도 떨어진다. 외로움은 흡연이나 비만만큼이나 위험하다는 연구도 있다.[18] 집단 따돌림 피해자의 심적 고통이 심각한 신체적 고통과 거의 유사하다는 연구도 잘 알려져 있다.[19] 이런 맥락에서 영국에서 2018년 사회적 고독 문제를 고민하는 외로움 담당 장관이 임명된 것은 전혀 이상한 일이 아니다.

팬데믹 시대의 교육이 어떻게 진화해야 할지에 대해 많은 이들이 궁금해한다. 온오프라인 혼합 등교 방식으로 새로운 학력 증진 전략을 추진하는 것도 필요하겠지만 성장하는 우리 아이들의 사회적 삶에 대해서도 더 큰 관심을 기울여야 한다. 학교에서 우정과 소속 욕구가 채워지지 않는다면 우리 아이들은 명백히 불행해지고 힘들어진다. 가장 우려되는 것은 타인을 이해하고 포용하는 공감의 원심력을 기를 수 있는 자산이 없어진다는 점이다. 비대면 수업이 기본값이 된 상황에서 우리 아이들이 굳이 학교에 가야 한다면 그 이유는 우정 때문이어야 할 것이다.

팬데믹 시대, 공감의 원심력을 잃어가는 종교

종교는 집단을 결속시키는 매우 중요한 기구다. 종교를 집단 차원의 적응으로 간주하는 이들에게는 특히 그렇다. 예컨대 진화생물학자 데이비드 윌슨David Wilson은 종교 집단이 비종교 집단에 비해 더 응집적이고 자원을 공유하거나 전쟁을 치르는 데 있어서 더 협조적이기 때문에 종교는 개체 수준이 아닌 집단 수준에서의 적응이라고 주장한다.[20]

종교인들은 자신의 공동체를 유기체 또는 초유기체superorganism에 비유하곤 한다. 심지어 벌이나 개미처럼 무리를 지어 사는 진사회성 곤충들에 비유하는 경우도 있다. 모르몬교의 영향 아래 있는 미국 유타주의 도로 표지판에는 꿀벌집이 그려져 있고 중국과 일본의 선불교 사원의 구조는 사람의 신체 구조를 모방했다. 데이비드 윌슨이 예로 든 후터파 교도들은 16세기 체코의 모라비아 지방에서 시작된 기독교의 재세례파의 한 종파로서 현재는 북미 북서부에서 자신들만의 공동체 생활을 하고 있다. 언뜻 보아서 이렇게 종교는 자신만의 신앙 공동체를 꿈꾸는 신자들의 부족 본능이 문화적으로 발현한 것처럼 보인다.

그런데 최근 종교의 진화에 대한 흥미로운 진화심리학적 이론이 제시되었다. 그 선봉에 서 있는 심리학자 아라 노렌자얀Ara Norenzayan은 종교에 관한 그 어떤 가설에도 만족하지 않는다. 특히 그는 기존의 가설들이 인간 행동에 규범을 제시하는 심판자로서의 신 존재를 제대로 설명하지 못했을 뿐만 아니라 신앙을 가진 자들이 왜 성공적이었는지도 설명하지 못했다고 비판한다.[21]

자신만의 설명을 제공하기 위해 노렌자얀은 몇 가지 실험을 실시했다. 한 실험에서는 실험 참가자들에게 10달러를 주고 외부인에게 돈을 줄 수 있다고 했다. 그런 다음 외부인에게 얼마를 주는지 그리고 자신들은 얼마를 챙기는지를 보았다. 누가 얼마를 주는지는 익명으로 처리했고 이 게임은 단 한 번으로 종료되었다. 첫 번째 실험에서는 50명의 학부생 피험자들에게 종교적 단어들을 계속해서 암시적으로 보여줌으로써 그들의 종교성을 점화시킨 후 외부인에게 얼마를 주는지를 관찰했다. 그들의 종교적 배경을 보면 기독교 19명, 불교 4명, 유대교 2명, 이슬람교 1명, 무신론 19명, 기타 유신론 5명이었다. 한편 다른 조건에서는 아무런 조치도 취하지 않았다. 예상대로 점화를 하지 않은 경우에는 참가자들이 외부자에게 평균 1.84달러를 주었고 1달러 미만을 준 참가자들도 52퍼센트 정도였다. 반면 종교성이 점화된 조건에서는 약 4.22달러를 외부자에게 건네주었고, 5달러 이상을 준 사람도 64퍼센트나 되었다.[22]

두 번째 실험에서는 크게 두 가지를 보충했다. 하나는 피험자를 대학생에서 밴쿠버 시민으로 넓혔고 그 수도 75명으로 늘렸다. 다른 하나는 또 다른 점화 조건을 추가한 것이다. 이 조건에서는 참가자들에게 '법원' '배심' '경찰' '시민' '계약' 등과 같이 비종교적 도덕성과 관련된 단어들을 암시적으로 제시했고 그들이 외부인에게 얼마를 제공하는지를 관찰했다. 그 결과 참가자들은 평균 4.44달러를 제공했다. 이는 종교성 점화 조건에서 피험자들이 평균적으로 제공한 4.56달러와 별 차이가 없었다. 한편 통제 조건에서는 실험 1의 경우보다 조금 높은 평균 2.56달러 수준이었다.

이 실험은 신 개념 또는 종교성 점화만으로도 외부인을 향한 사회적 행동을 촉진할 수 있음을 입증한 사례다. 게다가 비종교적 도덕성을 상징하는 단어들을 암시적으로 제시했을 때에도 이와 비슷한 효과가 발생한 점도 확인했다. 하지만 이 연구에서는 종교성 점화가 무신론자들에게 어떠한 효과를 주는지는 명확하게 나오지 않았다(첫 번째 실험에서는 무신론자에게도 종교성 점화가 친사회적 행동을 증가시킨다는 결과가 나왔지만 두 번째 실험에서는 이 효과가 사라졌다).

진화인류학자 조지프 헨릭Joseph Henrich과 동료들은 파푸아뉴기니 부족의 농부에서부터 미국 미주리주의 임금 노동자에게 이르기까지 총 15개의 사회에서 위와 비슷한 게임을 시행해봤다. 참가자 중에서 심판자로서의 신 개념을 갖고 있는 이들, 특히 이슬람교인과 기독교인은 무종교인 또는 정령 신앙인보다 외부인에게 10퍼센트를 더 주었다.[23]

이쯤 되면 '심판하는 신'이라는 관념과 친사회적 행동 사이에 강한 상관관계가 존재한다고 추정해볼 만하다. 노렌자얀은 이 관계를 통해 종교가 어떻게 진화했는지를 다음과 같이 설명한다. 작은 규모의 사회에서는 친사회적 행동이 종교에 의존할 필요는 없다. 가령 아프리카 최후의 수렵 채집 집단인 하드자Hadza족의 경우에는 사후 세계에 대한 믿음이 없고 해와 달의 신들은 인간의 선행이나 악행에도 무관심하다. 하지만 그들은 사냥을 할 때나 일상생활을 영위할 때 여전히 협력적이다. 왜 그럴까? 하드자족처럼 집단의 크기가 작아서 서로를 뻔히 다 아는 사회에서는 협력을 촉진하기 위해 초자연적 힘까지 동원할 필요가 없기 때문이다. 익명성이 없는 사회이므로 사기꾼은 발 디딜 틈이 없다.

하지만 사회의 규모가 커진다면 이야기가 달라진다. 사기를 치거나 당할 여지가 생길 수 있기 때문이다. 따라서 이른바 '무임승차자' 문제를 해결하지 못했다면 사회의 규모와 복잡도는 어느 수준 이상을 넘지 못하고 계속 붕괴하며 오늘날과 같은 대규모 사회는 생겨나지 못했을 것이다. 노렌자얀에 따르면 심판하는 신에 대한 믿음이야말로 이 문제의 해결사다. 심지어 이 해결사는 꼭 초자연적 존재일 필요도 없다. 왜냐면 힌두교나 불교에서 말하는 '업業, karma'을 믿는 것도 똑같은 심리적 효과를 만들어내기 때문이다.

노렌자얀의 이 '심판자 가설moralizing gods hypothesis'은 심판자로서의 신 관념이 작은 규모로 갇혀 있던 인류를 대규모의 사회로 격상시키는 과정에서 결정적 역할을 수행했다는 입장이다. 즉 초월자에 대한 신념이 집단의 규모를 넓히게 만든 원동력이었다는 주장이다. 그렇다면 종교는 원래 공감의 구심력으로 작용했지만 어느 순간 강력한 원심력이 되었다는 얘기다.

이 가설은 앞서 언급된 실험적 지지 외에도 몇 가지 역사학 및 고고학적 증거들로부터도 지지를 받고 있다. 그중 한 가지는 튀르키예(터키) 남동쪽의 유적지 괴베클리 테페 Göbekli Tepe에서 발견된 1만 1500년 정도 된 오벨리스크(태양 신앙의 상징으로 세워진 기념비)에 관한 것이다. 고고학자들은 그곳을 '인류 최초의 성역'이라고 부르기도 하는데 오벨리스크에는 반인반수의 그림이 새겨져 있다. 물론 이것을 이동시키고 만들려면 대규모의 공동 작업이 이뤄졌어야 했다. 그런데 이 지역에 농경이 시작된 연도는 대략 1만 1000년 전쯤이니 복잡하고 큰 규모의 사회가 갖춰져야 농경이 시작될 수 있음을 가정해볼 때 소규모 수렵 채집 집단에서

복잡한 농경 사회로 전이되는 도상에 종교가 모종의 역할을 했다는 결론을 내려볼 수 있다.[24]

요약하면 종교가 감시자의 역할을 통해 사회의 규모를 키웠다는 가설은 앞서 제시된 실험적 지지와 역사적 증거 때문에 매력적으로 보인다. 게다가 수많은 초자연적 믿음 중에서 오늘날 세계 종교world religion에 해당하는 주요 종교 모두 심판자 또는 감시자를 상정하거나 그와 비슷한 기능을 하는 교리가 있다는 사실은 분명히 인상적이다.

죄와 구원의 문제를 심도 있게 다룬 도스토옙스키의 명작 《카라마조프가의 형제들》에서 무신론자 아들 이반은 "신이 존재하지 않는다면 모든 것이 허용된다"라고 말한다. 그의 대사처럼 심판자가 존재한다는 믿음은 도덕을 가능하게 했고 사회를 키우고 유지하는 데 큰 역할을 했을 것이다. 이처럼 종교는 원래는 공감의 구심력으로 시작했지만 어느 단계부터는 집단 규모와 협력의 스케일을 증가시키는 원심력으로 작용했다. 하지만 지금은 어떤가? 현대 사회에 종교를 공감의 원심력이라고 부를 수 있을까?

안타깝게도 그렇지 않은 것 같다. 종교는 특히 팬데믹 시대에 원심력을 잃어가는 것만 같다. 멀리 갈 것도 없이 한국의 사례가 이 점을 잘 보여준다. 지금 우리 사회는 망상에 사로잡힌 일부 종교 집단 때문에 국가적 대혼란에 빠졌다.

사랑제일교회의 전광훈 목사는 한국 개신교의 극보수 목소리를 내는 한기총의 대표로서 2020년 광복절에 벌어진

광화문 사태의 주역이다. "중국 우한 바이러스로 우리 교회에 테러를 했다. 집회에 참석하면 성령의 불이 떨어져 걸렸던 병도 낫는다"라는 그의 발언은 상상력과 근거 없는 자신감의 결정판이었다.[25] 엎드려 사과한 신천지의 이만희 씨가 작아 보일 지경이었다. 어디 전 목사뿐인가? 무슨 수를 써서라도 집단 감염 사태를 막아야 하는 이 엄중한 시국에 종교의 자유를 외치며 저항하는 그들은 과연 어떤 정신의 소유자들일까? 타자의 고통에 함께 몸부림쳤던 예수가 살아 있다면 어디 편이었을까? 유치원을 비롯한 모든 단체가 방역의 끈을 다시 조여 매고 있는 상황인데 유독 한국의 개신교는 어쩌다 이 지경이 되었을까?

괴물은 갑자기 태어나지 않는다. 2007년 7월을 기억하는가? 한 개신교 교회에서 파견한 아프가니스탄 단기 선교팀이 탈레반의 무장 세력에게 납치되어 40일 만에 풀려난 악몽 같은 사건이 있었다. 안타깝게도 탈레반은 결국 두 명을 살해했으며 한국 정부가 지불한 거액의 몸값을 챙기고 나머지를 풀어줬다. 그런데 전 국민을 충격과 공포에 빠뜨린 이 비극이 채 끝나기도 전에 그 교회의 담임목사는 두 청년의 죽음에 대해 이렇게 말했다. "하나님의 나라를 위해 피를 뿌린 사건."[26]

하지만 이 깔끔한 정리는 '선교가 불법인 곳에 청년들을 파견한 것 자체가 잘못'이라고 생각했던 많은 이를 소름 끼치게 했다. 지금은 익숙한 '개독교'라는 신조어가 등장한 것도 그때다. 타인(외집단)에게 피해를 주면서까지 자신의 신념을 관철해온 한국 개신교의 역사는 짧지 않다.

집회에 참여한 사랑제일교회 교인들과 대면 예배를 고집했던 신도들의 행태도 같은 선상에 있다고 해야 한다. 국가 전체에 피해를 주면서 동시에 자기 자신에게도 치명적일 수 있는 행동을 했기 때문이다. "예배는 생명이기 때문에 목숨을 걸고라도 대면 예배를 드려야 한다"라고 강변하는 신도들에게 "당신의 목숨이나 거세요. 타인에게 피해 주지 마시고"라고 소리 지르고 싶은 사람은 나뿐만이 아니었을 것이다. 물론 한국의 개신교와 교인들을 싸잡아 비난할 수는 없다. 하지만 적지 않은 그들이 자신들의 소수 집단을 지키는 데만 사로잡혀 우리 사회의 진보를 가로막고 있는 것 또한 사실이다.

4장

알고리듬,
"주위에 우리 편밖에 없어"

아침에 눈을 뜨자마자 누군가가 바로 옆에서 당신의 정치 성향에 따라 현 정권을 비판하거나 옹호하는 자료들을 매일 브리핑해준다고 해보자. 모닝 커피를 마시며 며칠은 고개를 끄덕일지 모른다. 당신 귀에 대고 날마다 "지구는 실제로 평평해. 코로나19는 빌 게이츠가 백신 장사로 떼돈을 벌기 위해 만들어낸 거야"라고 속삭이는 사람이 있다면 어떠하겠는가? 아마 처음에는 솔깃할지도 모른다. 하지만 그런 일이 계속된다면 곧 그를 멀리하게 될 가능성이 높다. 왠지 통제받고 있다는 느낌을 지울 수 없을 테니까 말이다.

그러나 만일 '그'가 사람이 아니고 알고리듬이라면? 유튜브를 즐겨 이용하는 사람이라면 알고리듬이 추천해주는 영상 콘텐츠를 어떤 방해도 없이 무한정 시청해본 경험이 있을 것이다. 알고리듬은 우리가 과거에 어떤 정보를 얼마나 오랫동안 시청했는지를 통해 우리의 관심사를 예측하여 맞춤 콘텐츠를 연속 재생한다.

실제로 당신이 트럼프 지지자들이 많이 사는 미국 남부의 어느 시골 마을에서 구글 검색창에 '기후 변화'를 입력한다고 해보자. 그러면 '기후 변화는 거짓말'이 자동 생성될 가능성이 높다. 반면 보스턴에 사는 하버드대학교 학생이 같은 단어를 치면 '기후 변화는 사실'이라는 문구가 제일 먼저 생성될 개연성이 매우 높다. 알고리듬은 당신과 당신 주변 사람들의 과거 클릭을 바탕으로 당신의 성향을 예측하고 자료를 추천하기 때문이다. 검색창에 똑같은 키워드를 쳐도 사람마다 다른 자료가 검색될 수 있다는 사실에 "이 얼마나 유용한 맞춤 서비스인가!"라고 감탄할 수도 있다. 하지만 조금만 더 생각해보면 상당히 기이하게 느껴진다. 이렇게 검색자마다 검색 결과의 추천 순위가 다르다면 극단적으로는 객관적 사실의 존재 자체가 불투명해질 수 있기 때문이다.

그런데 이런 알고리듬에 의한 검색과 추천은 우리 일상의 의사결정에 이미 깊숙이 들어와 있다. 알고리듬은 초기에는 비교적 단순했지만 지난 10여 년 동안 네트워크 과학과 인공 지능AI 기술의 비약적 발전으로 인해 빠르게 진화했다. 특히 사용자의 성향을 읽기 시작하면서 새로운 국면을 만들고 있다. 이제 소비자의 관심 끌기에 관한 한 그 어떤 개인이나 조직도 알고리듬보다는 한 수 아래다. 그런데 문제는 최근의 알고리듬들이 사용자의 관심을 계속 붙들어놓기 위해 사용자의 과거 경험과 성향 면에서 유사성이 높은 콘텐츠만을 추천하고 있다는 점이다. 알고리듬은 그저 어떻게든 사용자의 주의를 끌어 자신의 플랫폼에 더 오래 머물게끔 하는 특수 장치로 진화했다. 인터넷 접속을 하는 한 이 관심 장치를 사용하지 않기란 매우 힘들다. 이런 의미에서 오늘날은 가히 '알고리듬의 시대'라 할만하다.

취향 맞춤이 만드는 폐쇄성

오늘날의 알고리듬은 한 마디로 '마음 읽기mind reading' 장치라 할 수 있다. 사용자가 원하는 것을 추천하게끔 설계된 장치이기 때문이다. 대체 알고리듬은 어떻게 사용자의 마음을 알아내고 조종하는 것일까? 의사결정에 대한 네트워크 과학에 의하면 만일 당신이 페이스북(이하 페북)에서 '좋아요' 버튼을 지금까지 총 200번 정도만 눌렀어도 페북 알고리듬은 당신의 성향을 당신의 실제 친구나 연인보다 더 정확히 파악할 수 있다. 더욱 당혹스러운 것은 만일 300번 이상 눌렀다면 알고리듬은 심지어 당신 자신보다 당신에 대해 더 잘 '안다'는 것이다.[1]

페북은 사용자의 과거 선호를 통해 사용자의 성향을 파

악하고 사용자와 비슷한 성향을 가진 사람들이 어떤 선호를 보이는지를 통해 사용자가 관심을 가질 만한 콘텐츠를 추천하는 식의 알고리듬을 장착하고 있다. 그래서 광고주가 페북 사용자의 정보를 사면 페북 알고리듬은 트럼프 지지자에게는 트럼프를 더 좋아하게 만들 수 있는 정보를 제공함으로써 사용자의 행동에 영향을 줄 수 있다. 반대로 트럼프 반대자에게는 트럼프를 싫어하지 않게 만들 수 있는 콘텐츠를 정확히 배달해줌으로써 궁극적으로는 트럼프 진영에 도움이 될 수 있다.

이것이 실제로 가능하단 말인가? 이런 사건이 이미 일어났다. 2013년 영국 케임브리지대학교의 데이터 과학자인 알렉산드르 코건Aleksandr Kogan은 사용자의 심리 상태를 분석해주는 '당신의 디지털 생활This Is Your Digital Life'이라는 앱을 개발했다. 이것은 사람의 성격 유형을 파악해주는 앱이었는데 케임브리지 애널리티카Cambridge Analytica, CA라는 데이터 분석 회사가 페북에 80만 달러(약 9억 원)를 주고 사용자 27만 명에게 이 앱을 다운로드 받도록 유도했다.

자신의 성격 유형을 검사한다는 이 앱을 사용하게 되면 사용자의 성격 유형뿐만 아니라 그/그녀의 이름과 위치, 페북의 친구 목록, '좋아요'를 누른 게시물 등에 대한 정보가 CA로 흘러 들어간다. CA는 이렇게 수집한 정보를 통해 개인의 소비 성향부터 관심 있는 사회적 이슈와 정치 성향까지를 파악할 수 있었다. 정부의 진상 조사에 따르면 앱을 다운로드 받은 사람과 페북 친구를 맺었던 사람까지 포함해 총 8700만 명의 정보가 빠져나갔다. CA는 2016년 미국 대선에서 트럼프 캠프의 수주를 받아 이 정보를 활용했고 큰 성과가 있었다고 발표했다.[2]

여기서 중요한 것은 페북 사용자의 개인 정보가 새어 나왔다는 점만이 아니다. 이 정보를 활용한 페북 마케팅이 실제로 대선 유권자의 표심을 변화시켰다는 사실이다. 맞춤형으로 만들어진 정치적 내용이 목표 사용자에게 도달하는 방식의 이 마케팅은 미국 대선에서의 트럼프 승리 이전, 영국 브렉시트 승인에도 중요한 공헌을 한 것으로 알려졌다.[3]

케임브리지 애널리티카 데이터 스캔들의 핵심은 사람의 마음을 읽어내는 알고리듬의 능력이 계속 진보한다는 사실이다. 물론 그것이 독심술을 가졌다는 뜻은 아니다. 알고리듬의 마음 읽기 능력이란 사용자가 어떤 성향을 가지는지를 파악하고 사용자가 원하고 의도한 바를 정확히 추천하는 능력을 의미한다.

이것이 어떻게 가능한지를 이해하려면 기존 추천 시스템의 작동 원리를 알아야 한다. 추천이란 사용자가 선호할 만한 콘텐츠를 예측하고 제안하는 것을 의미하며 추천 시스템(또는 추천 알고리듬)이란 그것을 가능하게 하는 알고리듬(또는 프로그램)을 뜻한다. 추천 시스템은 크게 두 유형으로 분류될 수 있는데 하나는 기존에 선호했던 콘텐츠와 유사한 특성을 지닌 콘텐츠를 추천하는 '콘텐츠 기반 필터링Contents

Based Filtering, CBF'방식이고 다른 하나는 사용자와 성향이 비슷한 다른 사용자가 선호하는 콘텐츠를 추천해주는 '협력 필터링Collaborative Filtering, CF 방식이다. 이 두 방식은 어떤 데이터를 사용하는지에 따라 구별된다.[4]

    우선 CBF를 작동시키려면 사용자와 콘텐츠에 대한 프로필을 작성해야 한다. 가령 영화 콘텐츠 플랫폼에 가입한 사용자 A의 프로필이 '대학 교수/50대/남성/서울 시민/액션 영화 선호'로 작성되어 있다면 CBF는 A와 유사한 프로필을 가진 다른 사용자들이 선호하는 영화들을 추천해준다. 반면에 영화 콘텐츠 프로필에 기반하여 사용자 B가 '액션/마동석/전지현/천만 관객'의 프로필을 가진 영화 C를 선호했다면 CBF는 B에게 C와 유사한 종류의 영화들을 추천하는 식이다. 전자를 '사용자 기반 추천'이라고 부르고 후자를 '아이템 기반 추천'이라고 부른다.

    잘 알려져 있듯이 이제는 글로벌 인터넷 동영상 서비스 Over The Top, OTT 초일류 기업이 된 넷플릭스netflix는 초창기에 주로 CBF 방식을 사용했다. 넷플릭스에 가입해본 경험이 있다면 회원 가입 시에 가입자의 기본 프로필과 함께 좋아하는 영화 장르 몇 개를 선택한다는 사실을 기억할 것이다. 이것은 사용자의 프로필을 통해 영상 콘텐츠를 추천하는 알고리듬을 작동하기 위한 조치다. 이에 더해 넷플릭스는 초창기부터 지금까지 자신들이 서비스하는 영화 아이템의 프로필을 일일이 작성함으로써 아이템 기반 추천을 가능하게

만들었다.[5]

하지만 짐작할 수 있듯이 이런 CBF는 아이템의 프로필을 작성하는 일에 수많은 시간과 비용을 지불해야 하는 근본적 한계를 지니고 있다. 예를 들어 장르적으로 정의하기 힘든 봉준호 감독의 〈기생충〉 같은 영화에 대해서도 프로필을 작성해야 하는데 이런 작업은 자동화하기 힘들 뿐만 아니라 주관성을 배제하기 어렵기 때문에 추천의 비용과 정확성 문제가 발생할 수 있다.

반면 CF는 사용자가 남긴 과거의 행동 데이터를 활용하여 그/그녀와 취향이 유사한 다른 사용자가 선호하는 콘텐츠를 추천해주는 방식이다. 국내 OTT 왓챠의 사용자 D가 자신이 본 영화에 대해 평점 3점(1~5점)을 매겼다고 하면 이 영화에 대해 동일한 평점을 준 사용자가 선택한 다른 영화들을 D에게 추천해주는 식이다. 인터넷 쇼핑몰의 경우에는 같은 상품을 클릭한 사용자가 선호하는 또 다른 상품들을 추천받을 수 있다. 따라서 CF는 CBF에서처럼 사용자와 아이템의 프로필 데이터가 전혀 필요 없다. 다만 행동 데이터의 유사성만이 관건이다.

CF는 CBF에 비해 콘텐츠의 종류나 사용자의 프로필에 상관없이 추천을 위한 데이터 세트를 축적하기에 용이하며 일반적으로 사용자의 선호를 더 정확히 예측한다고 알려져 있다. 하지만 신규 서비스 또는 신규 사용자의 경우에 행동 데이터가 없거나 매우 적기 때문에 제대로 작동하지 못한다

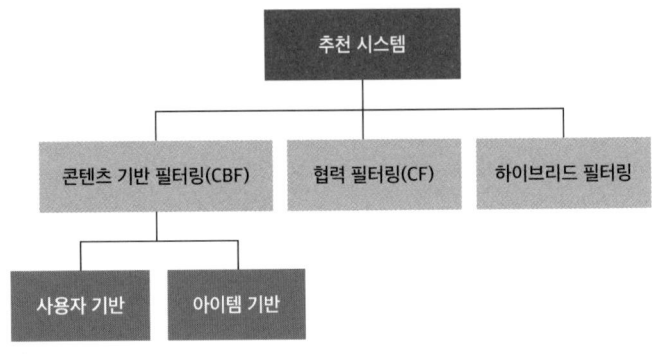

그림 4.1 추천 시스템의 종류.

는 단점이 있다.

　CBF의 장점과 CF의 장점만을 살리는 하이브리드 전략도 가능하다. 이른바 하이브리드 필터링HF은 CBF와 CF의 가중 평균을 구하는 '조합 필터링' 기법과 평점 데이터와 아이템 프로필을 조합하여 사용자 프로필을 만들어 추천하는 방식의 '콘텐츠를 통한 협력 필터링' 기법으로 나뉜다. HF의 핵심은 데이터가 쌓이기 전에는 CBF를, 어느 정도 쌓이고 나면 CF를 사용한다는 점이다.

　넷플릭스, 유튜브, 페이스북, 아마존과 같은 플랫폼 기업은 현재 CBF, CF, HF를 실제로 사용하고 있다. 이 추천 알고리듬들의 공통점은 한마디로 데이터를 통해 사용자의 성향을 분석하여 선호를 예측한다는 점이다. 그런데 문제는 이 추천 시스템들은 사실상 사용자의 과거 행동과 성향을

'넘어서는' 추천은 절대로 할 수 없다는 사실이다. 과거에 기반한 추천이 아니라 과거에 '갇힌' 추천인 셈이다. 선택하면 할수록 내 과거와 내 성향에만 맞는 추천이 제시되기 때문이다. 기존 시스템에서는 사용자 자신의 경계를 넘어서는 도전적 추천은 존재하지 않는다.

    미디어 연구자들은 기존 플랫폼과 소셜 네트워크 서비스Social Network Service, SNS의 이런 폐쇄성을 이미 경고했다. 그들은 '반향실 효과'와 '필터 버블 효과'라는 용어로 기존 플랫폼이 사용자를 자신의 목소리에 가둔다고 비판했다. 반향실은 원래 방송에서 연출에 필요한 반향 효과를 만들어내는 방이다. 반향실 효과란 자신이 뱉은 목소리가 반사되어 중첩되고 증폭되는 효과를 의미한다. 그들은 기존 SNS가 비슷한 성향을 가진 사람끼리만 공감하는 구조를 만듦으로써 사용자의 기존 성향(편향)을 증폭하고 있다고 주장한다.[6]

    한편 필터 버블 효과는 추천 시스템이 사용자의 과거 경험에 기반한 맞춤형 콘텐츠만을 필터링함으로써 원래의 성향을 더욱 증폭하기에 마치 개미지옥처럼 유사 콘텐츠의 늪에서 빠져나오기 힘들다. 동일한 원리로 중도 좌파인 사용자가 페이스북에서 우파의 견해를 제대로 읽어볼 수 있는 기회는 매우 드물다. 왜냐하면 친구 신청을 주고받은 사용자들이 대개 중도 좌파일 것이기 때문이다. 만일 나와는 다른 생각과 가치를 지닌 사람들의 일상을 보고 싶다면 내가 공감하지도 않는, 아니 어쩌면 혐오하는 글에 '좋아요'를 억

지로 눌러줘야 할 판이다. 이 얼마나 웃기는 상황인가?

타인을 따르라는 마음속 명령

추천 알고리듬은 이런 편향성에도 불구하고 사용자를 끌어모으고 붙들어놓는 데에는 제 기능을 다 하고 있다. 한마디로 성공적으로 잘 작동하고 있다. 그렇다면 우리는 이전 경험과 유사성에 갇힌 알고리듬이 놀라운 성공을 거두는 심리적 이유에 대해 궁금해질 수밖에 없다. 왜 사람들은 과거의 선택에 기반하여 미래를 선택하는 데에 편안함을 느낄까? 사람들은 왜 자기 자신과 비슷한 사람에게 친밀감을 더 느낄까? 왜 끼리끼리 공감할까? 이런 질문들에 대한 대답은 서로 다른 심리적 과정으로 설명해야 할 주제이긴 하지만 공통적으로는 '타자에게 영향을 받는 사회적 의사결정자'로서의 인간 심리에 대한 이야기라고 요약할 수 있다. 우리에게 추천 알고리듬의 추천은 우리의 성향을 잘 아는 것처럼 보이는 타자의 추천이나 다를 바 없지 않은가? 타자의 영향에 대한 연구는 사회심리학의 오래된 연구 주제다.

1950년대에 미국 하버드대학교의 심리학자 솔로몬 애쉬Solomon Asch는 사람들이 타인의 판단에 얼마나 큰 영향을 받는지를 알아보기 위해 흥미로운 실험을 진행했다.[7] 그는 지각적 판단 실험에 참여할 참가자들을 모집했다. 6~8명의 참가자가 방에 들어가 함께 앉아 있으면 실험자가 등장하여 참가자 전원에게 두 장의 흰색 카드를 보여준다. 한 카드에는 검은색 세로 선이 그어져 있고, 다른 카드에는 길이가 서로 다른 세로 선들(A, B, C)이 배열되어 있다. 이때 참가자가 해야 할 과제는 한쪽 카드의 선 길이와 동일한 선을 다른 쪽 카드에서 알아맞히는 일이다. 전혀 어렵지 않은 과제였다. 처음 4회 동안에는 참가자들이 돌아가면서 일치하는 선을 맞혔고 아무도 혼란에 빠지지 않았다.

하지만 나머지 12회 동안에는 아주 흥미로운 광경이 펼쳐졌다. 한 참가자를 제외한 다른 모든 참가자가 정답으로 엉뚱한 길이의 직선을 가리키기 시작했다. 물론 이것은 틀린 답이었는데 이 때문에 그 한 참가자는 당황하기 시작했다. 과연 그는 자기가 본 바대로 정답을 이야기할까 아니면 틀린 답인 걸 알면서도 대세를 따를까? 사실 이 실험은 개인의 지각적 판단 능력을 측정하기 위한 것이 아니었고 참가자 중 한 명을 제외한 다른 모든 이들은 애쉬의 조교들로서 개인의 판단이 집단의 압력에 의해 어떻게 왜곡되는지를 알아보려는 시도였다.

결과는 충격적이었다. 처음에 연구자들은 선의 길이를 비교하는 일이 너무 쉽고 오류를 범하기도 어려운 과제여서 참가자들이 집단의 압력에 굴복하여 오답을 내놓는 경우는 극히 드물 것이라고 예측했었다. 하지만 뚜껑을 열어보니 가짜 참가자인 조교들이 똑같은 오답을 앵무새처럼 이야기

그림 4.2 솔로몬 애쉬의 동조 실험을 하고 있는 참가자들.

하면 진짜 참가자 중 76퍼센트 정도가 적어도 한 번은 그 오답에 동조했다. 전체적으로 진짜 참가자가 가짜 참가자들에게 넘어간 경우는 매회 평균 35퍼센트나 되었다.

　이처럼 다른 이들이 우긴다고 줏대 없이 자신의 입장을 바꾸는 것을 사회심리학자들은 '동조conformity'라고 부른다. 엄밀히 말해 그것은 '어떤 특정인이나 집단으로부터 실제적이거나 가상적 압력을 받아서 자기 자신의 행동이나 의견을 바꾸는 것'이다. 애쉬의 실험을 시작으로 인간의 동조에 대한 후속 연구들이 봇물처럼 쏟아져 나왔다. 그중 하나는 미국 대학생들에게 미국인의 삶에 관한 정보들의 진위 여부를 판단하게 했는데 참가자에게 독립적으로 대답을 하게 한 조건(첫째 조건)과 다른 참가자의 대답들을 듣고 난 후에 대답을 하게 한 조건(둘째 조건)으로 나눠서 차이를 포착하고자 했다. 가령 "미국인의 대다수가 하루에 여섯 끼를 먹고 너덧 시간만 잔다"라든지 "남자 아이의 기대 수명은 25년이다"와 같이 명백하게 거짓으로 보이는 문장들에 대해서도 둘째 조건에서는 참가자들이 사실이라고 동조했다. 심지어 이 동조에 의한 판단이 전적으로 자신의 것이라고 진술하는 이들도 적지 않았다.[8]

　이와 비슷한 계열의 연구는 아직도 반복적으로 이뤄지고 있는데 나와 동료 연구자들도 2016년에 매우 흥미로운 사건을 계기로 비슷한 연구를 수행했다.[9] 구글의 딥마인드가 개발한 인공 지능 바둑 프로그램인 알파고와 프로 바둑 기사 이세돌 9단의 대국을 기억하는가? 2016년 3월 알파고와 이세돌 9단이 다섯 번의 바둑을 두었는데 우리나라뿐만 아니라 전 세계를 발칵 뒤집어놓은 충격적 사건이었다. 나와 연구팀은 이 역사적 사건에 사람들이 어떻게 반응할지가 매우 궁금했고 이 기회를 놓치고 싶지 않았다. 그래서 신속하게 연구 계획서를 제출하여 승인을 받고 그 대국 전후로 사람들의 반응과 심리적 변화를 측정했다. 피험자는 서울대학교 학생 총 100여 명이었다. 우리는 피험자들이 대국 시작 며칠 전에 '총 다섯 번 치러지는 이번 대국에서 승패가 몇 대 몇을 이룰지' 첫 대국이 열리기 전날에 '누가 이길지' 그날의 승패를 확인한 후에 '다음 판의 승패는 어떻게 될지'를 예측하게 했다. 그리고 이 모든 학생에게 '에고 네트워크 ego-network'를 제출하도록 했다.

    에고 네트워크란 자기의 절친한 친구, 이른바 '절친' 다섯 명까지의 이름을 적게 한 후에 그들 간의 관계를 표시한 네트워크다. 어떤 이의 절친이 다섯 명이 있는데 그들이 모두 서로 잘 아는 사이라고 한다면 그/그녀의 에고 네트워크의 밀도는 최고치 1이라 할 수 있다. 반면에 그들이 모두 절친이긴 하나 서로 아무도 모른다고 한다면 그/그녀의 에고 네트워크의 밀도는 최저치 0이다. 사실 이런 사람은 자신의 친구들끼리 서로 안 만나게끔 일부러 단절했거나 매우 다양하고 단절적인 경로로 친구를 둔 사람이랄 수 있기에 좀 특이한 경우다. 보통은 친하면 그 사람을 매개로 다른 친구들

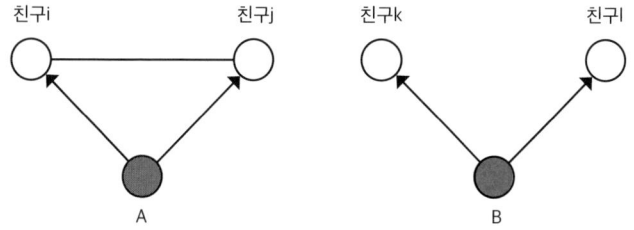

그림 4.3 에고 네트워크 모형.
왼쪽 그림은 에고 네트워크가 닫힌(밀도가 높은) 경우이고
오른쪽 그림은 에고 네트워크가 열린(밀도가 낮은) 경우이다.

도 자연스럽게 서로 알게 되니까 말이다. 어쨌든 이 에고 네트워크의 밀도는 사람마다 다를 수 있고 대개 0과 1 사이의 어떤 값을 갖는다.

    우리 실험의 목적은 아직 일어나지 않은 사건에 대한 답변자의 예측 정확성이 그/그녀의 에고 네트워크 밀도와 어떤 상관관계가 있는지를 알아보기 위한 것이었다. 가설은 밀도가 낮은 사람일수록 더 정확한 예측을 한다는 것이다. 왜냐하면 밀도가 낮으면 자신의 친구들이 서로 모른다는 뜻이고 그만큼 서로 다른 의견을 낼 여지가 많아지기 때문이다. 극단적으로 다섯 명의 절친이 서로 다른 다섯 가지 목소리를 낼 수도 있지 않겠는가? 정확히 예측을 하려면 다양한 종류의 입력 정보를 받는 게 중요하다.

    밀도가 높은 사람은 그/그녀의 절친들이 서로 친구이니 다섯 명의 의견이라고 해도 서로 다른 의견일 가능성이 상대적으로 낮다. 극단적으로 다섯 명의 목소리가 사실상 하나로 증폭되어 단일하게 입력될 가능성이 크다. 그런데 아직 일어나지 않은 사건을 예측할 때는 여러 의견을 수렴하여 종합적으로 판단을 하는 것이 예측의 정확성을 높이는 길이므로 밀도가 높은 사람은 그만큼 불리해진다.

그 역사적 대국의 결과는 어땠는가? 알파고의 4 대 1 압승은 충격 그 자체였다. 당시 전 세계는 거의 무한한 경우의 수를 계산해야 하는 바둑 대국에서 인공 지능의 승리는 거의 불가능하다고 예상했었다. 게다가 인간 바둑 챔피언 이세돌이 대한민국 국민이었기 때문에 우리 사회가 받은 충격은 엄청났었다. 대국 이전에 언론에 나와 이야기하던 각종 전문가들의 거의 전부가 이세돌의 승리를 자신했던 사실이 기억날 것이다.

이 충격적 결과는 나와 동료 연구자에게는 좋은 소식이었다. 우리 가설을 검증하기에 가장 좋은 상황이 전개된 것이었기 때문이다. 그렇다면 가설은 잘 들어맞았을까? 놀랍게도 그 와중에 알파고의 승리를 예견하던 소수의 사람이 있었고 그 소수의 에고 네트워크를 분석해보니 우리의 예상대로 밀도가 낮은 사람들이었다. 즉 에고 네트워크의 밀도가 낮은 사람일수록 아직 일어나지 않은 사건에 대한 예측을 더 정확하게 한다는 가설이 입증됐다. 밀도가 낮은 사람들은 다양한 의견을 듣게 될 가능성이 높으므로 알파고가 이길지도 모른다는 식의 이견도 경청했을 개연성이 높다.

반대로 밀도가 높은 사람들은 새로운 정보와 의견을 듣기 힘든 폐쇄된 네트워크 속에 있기 때문에 예측 정확도가 떨어졌던 것이다.

동조라는 감옥

이런 결과는 추천 알고리듬이 편재하는 이 시대에 어떤 함의를 주는가? 우리 연구의 출발점은 인간은 누구나 주변 사람에게 크게 영향을 받는다는 사실이었다. 우리가 이 연구에서 새롭게 알아낸 사실은 그 주변인들이 자신을 중심으로 어떤 관계를 맺고 있는지에 따라서도 그 영향이 달라진다는 점이었다. 그런데 만일 기존의 추천 알고리듬(주로 CF)처럼 사용자와 성향이 비슷한 사람의 선호만을 증폭해서 단일한 목소리로 추천해주고 있다면 그것은 에고 네트워크의 밀도를 거의 1로 만드는 경우에 해당한다. 게다가 기존 추천 알고리듬(주로 CBF)은 사용자가 과거에 행한 선택과 유사한 선택만을 추천하기 때문에 이 경우도 에고 네트워크의 밀도를 거의 1로 만드는 경우와 같다. 즉 기존 추천 알고리듬은 사용자를 점점 더 자신의 성향에 가둠으로써 새로운 발견, 가치, 세계로 나아가지 못하게 만든다.

흔히 사업가나 정치인 중에 주변에 사람을 몰고 다니는 분들이 있다. 좋게 말하면 지지 세력이지만 나쁘게 이야기하면 가신 집단이다. 자신을 지지하고 돕는 사람들이 그렇게 많으니 큰 힘이 되리라 생각할 수 있지만 그 많은 사람이 단 한 가지 목소리만 낸다고 상상해보라. 에고 네트워크의 밀도가 1인 이른바 '예스맨'들의 폐쇄 집단이 될 가능성이 높고 잘못된 판단을 할 확률이 높아지며 성향이 유사한 사람들 사이에서 지나치게 편향된 공감만 이루어질 개연성이 높다. 문제는 기존 추천 알고리듬들이 이런 편향 효과를 자동으로 만들어낸다는 사실이다.

그런데 우리가 타인의 영향에 민감한 존재요, 타자의 추천에 마음이 동하는 존재라는 사실은 부끄러운 비밀이 아니다. 집단 생활을 하게끔 진화한 인류에게 타인에 대한 둔감함은 오히려 불리한 형질이기 때문이다. 동조 심리가 진화한 데에는 크게 두 가지 이유가 있다. 첫 번째는 집단에서 배척당할 것에 대한 두려움 때문이다(규범적 영향). 다른 구성원들에게 왕따를 당하는 것보다는 내 신념을 숨기는 편이 더 낫다는 생각이다. 이로 인해 비굴해질 수 있지만 아예 배척당할 때의 고통이 더 크다면 동조 행위는 일어날 수 있다. 이런 맥락에서 동조는 사회적 고통이 비굴함을 이긴 경우라 할 수 있겠다. 하지만 동조가 늘 일어나지 않는 이유는 너무 비굴해지면 자존감도 내려가 생존에 불리하기 때문이다.

물론 천성적으로 더 독립적이어서 주변 의견에 쉽게 동조하지 않는 이들도 있다. 비리로 얼룩진 집단의 내부 고발자처럼 작은 집단의 배척을 두려워하지 않고 더 큰 집단으로 커밍아웃하는 용감한 이들도 있고, 그저 튀는 것 자체를 좋아하는 이들도 있다. 중요한 것은 이 모든 동조가 사회적 행위라는 사실이다. 심지어 어떤 집단에 쉽게 동조하지 않는 사람들조차도 그 순간 그들은 다른 집단(가상 집단일 수도 있음)들에 동조하고 있다고 해야 한다. 우리 인간은 그 누구도 홀로 존재할 수는 없는 초사회적 영장류이기 때문이다.

사람들이 타인에게 동조를 하는 또 다른 이유는 다수의 의견이 자신의 견해보다 더 나을 수 있다는 믿음 때문이다(정보적 영향). 우리는 대개 남이 가진 지식을 과대평가하는 경향이 있다. 이것 또한 사회적 학습을 통해 유일하게 문명을 축적해온 초사회적 영장류에게 있어서 적응적 태도다. 타인이 가진 지식의 가치를 자신의 것보다 더 높게 평가했을 때 설령 사실은 그게 아닐지라도 결과적으로 타인에게서 더 유용한 지식을 배울 개연성은 높아질 수밖에 없다.[10]

이렇게 동조의 관점으로 보면 기존 추천 알고리듬의 추천을 승낙하는 순간에 사용자에게는 자신의 과거와의 동조(CBF) 또는 자신과 성향이 유사한 타인과의 동조(CF)가 일어난다고 할 수 있다. 또한 우리의 동조 본능은 타자가 알고리듬인지 사람인지 구분하지 않는다. 그저 자신에게 친숙한 추천에 더 편하게 동의할 뿐이다.

개방적 추천 알고리듬은 가능한가?

위에서 살펴보았듯이 기존 추천 알고리듬은 인간의 동조 심리를 활성화하여 자기 자신에게 동조하거나 자신과 성향이 유사한 이들에게 동조하게 하여 플랫폼의 이득을 극대화하도록 설계된 시스템이다. 즉 그것은 사용자를 플랫폼에 더 오래 머물러 있게끔 하는 데 그 궁극적 목표가 있을 뿐 사용자의 성장 따위에는 아무런 관심이 없다.

그렇다면 열린 추천 알고리듬은 불가능한 것일까? 이에 대한 대답을 얻기 위해 다시 한번 동조 연구에 주목해볼 필요가 있다. 동조를 증가시키거나 감소시키는 변인들은 무엇인가? 지금까지 밝혀진 가장 중요한 변인 중 하나는 주변의 의견이 전부 같으냐 아니면 한쪽으로 몰릴 뿐이냐이다. 애쉬는 자신의 원래 실험을 약간 변형하여 가짜 참가자들 사이에 정답을 이야기하는 진실한 조교 하나를 투입해보았다. 그랬더니 진짜 참가자의 동조 횟수가 눈에 띄게 줄어들었다. 이번에는 새로 투입된 참가자에게 다수의 답이 아닌 제3의 오답만을 말하도록 했다. 이 경우에도 진짜 참가자가 다수의 답으로 동조를 보일 확률은 꽤 줄어들었다.[11]

즉 단 한 사람이라도 이견을 내는 이가 있으면 집단의 압력은 줄어들 수 있다는 결과다. 반면에 가짜 참가자의 의견이 만장일치를 이룰 때에는 그 집단의 크기와 상관없이 집단의 압력은 강하게 작용했다.[12] 동조에 대한 이런 사실은 획일적 집단에서는 새로운 가치가 피어나기 힘들다는 사실을 다시 한번 입증해준다. 역으로 집단 내에서 새로운 생각이 싹트게 하려면 주류와는 다른 어떤 의견이라도 투입하면 된다는 흥미로운 사실도 알려준다.

이러한 동조 연구의 결과는 폐쇄적인 기존 추천 알고리듬에서 개방적인 추천 알고리듬으로 나아갈 수 있는가에 대한 중대한 시사점을 던져준다. 기존 시스템은 뜻밖의 새로운 발견, 즉 세렌디피티serendipity를 거의 불가능하게 만드는 유사도 필터링 방식이라면 새로운 시스템은 의도적으로 사용자에게 우연성과 이질성을 담은 콘텐츠를 제공하는 방식이어야 한다.[13] 가령 넷플릭스의 추천 알고리듬이 기존 방식으로 두 번 정도 추천을 해준 후에 세 번째에는 사용자의 성향과 정반대되는 장르의 영화를 추천하거나 무선적으로 randomly 추천하는 방식으로 변형될 수 있다면 이 새로운 알고리듬은 사용자의 성장에 도움을 주는 시스템으로 기능할 수 있을 것이다. 개방적 추천 알고리듬은 과거의 의사결정과 성향에서 벗어날 수 있게 하는 이질적 네트워크를 제공한다는 측면에서 공감의 범위를 넓히는 공감의 원심력에 해당된다.

우리는 그 누구도 고립된 삶을 살 수가 없는 존재들이다. 따라서 주변 사람들로부터 직간접적으로 매 순간 크고 작은 영향을 받는다. 하지만 주변 친구들을 둘러보자. 모두 같은 목소리를 내는 친구들인가? 아니면 다른 의견을 가진 다양한 친구들인가? 나의 네트워크는 얼마나 열려 있는가?

네트워크의 관점에서 보면 사용자는 하나의 노드nod, 연결점이다. 주변의 여러 노드로부터 입력을 받아 매일 수천 번의 의사결정을 하는 또 하나의 노드일 뿐이다. 따라서 너무 닫혀 있거나 열려 있다면 올바른 선택을 하지 못할 수가 있다. 적절한 개방성이 필요하다는 말이다. 그 적절함이 어느 선인지는 개인마다 다르고 인생의 단계마다도 다르다. 어린이는 어른에 비해 휘둘릴 수밖에 없다. 노인의 '휘둘리지 않음'이 꼭 좋은 것만도 아니다. 새로운 정보, 의견, 가치를 받아들이는 것도 필요하니까.

현대 사회는 소수의 주변 사람으로부터 위험과 생존에 대한 정보를 얻었던 수렵 채집기와는 집단의 규모 자체가 상당히 다르다. 게다가 우리에게 영향을 주는 채널이 너무나 많고 다양해졌다. 그래서 때로는 내 의견과 선택이 무엇인지가 헷갈린다. 어쩌면 이런 초연결 사회에서는 '자율적이고 독립적인' 의사결정이란 애초에 존재하지 않는 것인지도 모른다.

하지만 과거의 클릭에 기반한 작금의 추천 알고리듬은 기존의 편견을 증폭시키고 새로운 도전과 선택을 제약하여 결국 한 인간의 성장을 지체하는 해악을 가져다주기 쉽다. 또한 이런 방식의 추천 알고리듬이 해당 플랫폼이 가진 수익 모델의 거의 전부라는 점에서 딜레마인 것이다. 다큐 영화인 〈소셜 딜레마〉에서 "20명의 개발자가 20억 명의 행동을 통제하는 기술"이라고 말한 어떤 개발자의 고백은 다소 과장이 있지만 이 기술이 근본적으로 위험할 수밖에 없다는 사실을 말해주기에는 충분하다.

    자, 그러면 어떻게 해야 할까? 유튜브나 페북 없이 삶을 살 수 있을까? '디지털 아미시' 같은 길이 물론 있다. SNS나 동영상 공유 플랫폼이 없던 시대처럼 다 절연하는 삶이다. 하지만 쉽지도 않고 지속하기도 힘들 것이다. 두 번째 길은 디지털 다이어트를 시도하는 삶이다. 절연은 불가능하고 바람직하지도 않으니 플랫폼 소비 시간을 줄이는 방식이다. 스마트폰은 끄고 잠자리에 들기, 하루 사용 시간 제한하기, 간헐적 단식처럼 며칠 사용하지 않기 등의 방법도 효과가 있다. 유튜브나 페북에서 추천해주는 세상이 만들어진 세상이라는 사실을, 내가 실제로 만나고 좋아하고 싫어하는 사람들이 소셜 미디어의 세상과는 다른 세상의 주역들이라는 사실을 새삼 깨닫게 될 것이다. 어떤 세상이 더 크고 중요한지는 그가 그 세상에서 얼마나 많은 시간과 애정을 쏟았는지에 따라 달라질 수 있다.

    세 번째 길은 기술적 혁신으로 알고리듬을 개선하는 방법이다. 앞서 살펴보았듯이 현재의 알고리듬은 과거만을 기반으로 편견을 부추기는 폐쇄 방식이지만 과거와는 다른 선택을 하게끔 적절한 기회를 주는 열린 알고리듬이 불가능하지는 않다. 한 인간으로서 우리는 성장한다. 매일매일 어떤 사람을 우연히 만나느냐에 따라 어떤 강연을 듣고 어떤 책을 펼치느냐에 따라 변하고 또 변한다. 우리에게는 우리 과거와 단절할 권리가 있다. 만일 인간의 성장과 발달에 대한 연구와 기술을 융합한다면 기술적 혁신의 길은 기업과 고객 모두를 웃게 할 수 있을 것이다.

    코로나19 시대에 우리는 예전보다 훨씬 더 많은 시간을 온라인 세계에서 쓰고 있다. 그만큼 중요해졌고 그만큼 더 위험해졌다. 일상 속으로 깊숙이 들어와 작동하고 있는 추천 알고리듬으로 인해 사람들의 편향은 제어 받을 기회를 점점 잃고 있다. 끼리끼리 덕분에 공감의 깊이는 더욱 깊어지고 있지만 타자에 대한 공감의 반경은 점점 줄어들고 있다. 양극화의 위험은 더 커졌고 비판적 중도의 입지는 줄어들었다. 온라인에서는 이미 내전 중이다. 그래도 문제를 인식했다는 것은 해결의 시작이다. 우리는 달라질 수 있다.

2부

느낌을 넘어서는 공감

5장

내 혐오는 도덕적으로 정당하다는 믿음

"그 정치인이 TV에 나오면 채널을 바로 돌리죠. 구토가 나올 거 같거든요." 주변에 이런 이야기를 하는 사람들이 적지 않을 것이다. 특히 감정 표현이 직설적인 이른바 MZ 세대(1981~2009년에 출생한 세대)는 '극혐'이라는 표현도 자주 쓴다. 어찌 '꽃보다 아름다운' 사람에 대해 '역겹다'라는 술어를 붙일 수 있을까? 이런 표현이 도덕적으로 정당화될 수 있는지를 묻는 물음도 중요하다. 하지만 왜 우리가 특정 사람이나 행위에 대해 역겨움을 느끼는지를 이해하는 것이 먼저다. 외집단에 대한 폄훼는 대개 그들에 대한 역겨움이나 혐오 감정을 동반한다.[1]

인간의 도덕 본능에는 공감의 반경을 축소하려는 구심

력과 넓히려는 원심력이 모두 작용하고 있다. 특히 감정이 촉발하는 도덕적 직관moral intuition은 부족 본능의 발현으로서 공감의 강력한 구심력이다. 장대익·이민섭은 〈역겨움에 도덕적 지위에 관하여〉라는 논문에서 왜 우리가 도덕적 판단을 내릴 때 감정이나 직관에 의존해서는 안 되는지에 대해 논의한 바 있다. 그 논의의 연장선상에서 도덕적 역겨움이 왜 부족 본능인지를 이야기할 것이다.

도덕 기반이 흔들릴 때 구토가 나온다

도덕적 직관이 무엇인지를 말하려면 우리가 무의식적으로 근거로 삼는 도덕적 기준부터 이해할 필요가 있다. 도덕심리학자 조너선 하이트Jonathan Haidt와 제시 그레이엄Jesse Graham은 모든 문화권에 보편적으로 적용되는 도덕의 토대로서 다섯 가지 기준, 즉 '도덕 기반moral foundation'이 있다고 주장한다. 이 기반들은 '피해harm' '공정성fairness' '내집단ingroup' '권위authority' '순수성purity'이다.[2] 도덕 기반 이론에 따르면 이런 기반들이 흔들릴 때 우리의 도덕적 직관은 빨간 신호등을 켜면서 우리에게 '뭔가 잘못 되었음'이라고 경고한다. 가령 살인 행위가 도덕적으로 나쁘다고 느끼는 이유는 피해 기반이 흔들렸기 때문이고 불공정한 대우를 받았을 때 느끼는 분노는 공정성 기반이 무너졌기 때문이라는 것이다. '남편이 범죄를 저질렀어도 그를 배신할 수는 없다'라거나 '상관의 지시에 동의하지 않지만 그 명령에 따를 것이다'라고 판단한다면 그 사람은 내집단과 권위의 기반해서 생각하는 사람이다. '남에게 직접적 피해를 주지 않더라도 역겨운 행위는 절대로 해서는 안 된다'라는 식의 믿음을 가진 사람은 순수성 기반에서 생각하는 사람이다.

도덕 기반 이론에 따르면 인간이면 누구나 이 다섯 가지 기준을 갖고 있지만 어디에 가중치를 주는지에 따라 정치적 입장이 달라진다. 자유주의자는 새로운 경험에 대한 개방적 성향이 더 강하기 때문에 보수주의자에 비해 내집단, 권위, 순수성 기반에 가중치를 덜 둔다. 마치 버튼을 어디까지 올리느냐에 따라 음질이 달라지는 이퀄라이저처럼 어떤 기반들에 가중치를 두는지에 따라 도덕적 직관의 발현이 달라지는 식이다. 도덕 이퀄라이저!

정치 진영에 따라 도덕 이퀄라이저가 내는 소리는 어떻게 달라질까? 우선 공정성 기반을 위배하는 상황을 생각해 보자. 만일 불평등 상황이 집단 내부에 존재하는 경우라면 진보와 보수 진영 사이에 반응 차이가 발생한다. 예컨대 진보 진영은 내집단과 권위 기반을 과소평가하기 때문에 자신이 속한 체제를 거부하는 방식으로 불평등한 상황을 타개하려 하겠지만 보수 진영은 집단 내 불평등을 체제 전체의 질서를 유지하기 위해 감수할 수 있는 요소로 판단한다. 이런 맥락에서 불평등에 관한 정치 갈등은 도덕 직관의 차이, 즉

'도덕 기반의 가중치 적용 차이' 때문에 발생한다.

역겨움 또는 혐오는 도덕 기반들이 위배되었을 때 우리가 느끼는 감정 중 하나다. 역겨움은 회피 동기를 주는 대표적 감정인데 신경심리학자 해나 채프먼Hanah Chapman과 애덤 앤더슨Adam Anderson은 다양한 유형의 역겨움이 어떠한 기능을 하는가에 대해 탐구했다. 그들에 따르면 쓴맛을 느끼는 것은 독을 피하기 위해, 구역질 반응은 감염을 피하기 위해, 도덕적 역겨움은 달갑지 않은 상대와의 상호 작용을 피하게끔 진화했다. 불공정한 상황에서 느끼는 역겨움은 배신자나 무임승차자와의 만남을 꺼리게 만듦으로써 개인의 적합도를 유지하거나 증가시킨다. 이렇게 역겨움은 무언가를 피하기 위한 반응이고 그것은 일차적으로 개인의 생존을 위한 적응이라 할 수 있다.[3]

역겨움을 느끼는 양상도 정치 진영에 따라 달라질 수 있다. 즉 같은 상황에서 보수 진영이 훨씬 더 역겨움을 느끼기도 한다. 순수성 위배가 그 경우이다. 썩은 시체나 근친상간을 거부하는 행위는 일차적으로 개인에게 도움이 된다. 따라서 진보주의자도 순수성 기반이 위배되었을 때 역겨움을 느낀다. 하지만 구역질 반응을 일으키는 병원체들은 주로 전염성 질환을 일으켜왔고 전염성 질환은 무임승차의 경우보다 집단에 훨씬 더 큰 해를 끼칠 수도 있기 때문에 순수성 위반 상황에서 집단을 중시하는 보수주의자는 역겨움을 더 크게 느끼게끔 진화했을 것이다. 보수주의자가 집단 내부의 불평등에 대해서는 더 둔감하지만 전염성 질환에 대해서는 더 민감한 태도를 보이는 이유가 바로 이 때문이다.

같은 사안을 두고 보수 진영과 진보 진영은 매일 으르렁댄다. 이것은 어쩌면 보편적 가치에 대한 합리적 불일치라기보다는 도덕 직관의 가중치 차이일 가능성이 높다. 직관이 서로 다를 뿐이라는 얘기다. 이 차이를 진심으로 이해하고 있다면 상대방이 혐오의 대상일 수는 없다. 맘에 들지 않는다고 해서 역겨울 필요까지는 없지 않은가? 그런데 문제는 도덕적 역겨움이 왜 발생하는지를 이해한다고 해서 역겨움이 자동적으로 사라지지는 않는다는 사실이다. 역겨움은 시스템1의 작동이기 때문에 시스템2의 특별한 노력이 있어야 겨우 완화될 수 있다.

도덕적 역겨움은 부족 본능이다

그런데 뭔가 조금 이상하지 않은가? 역겨움은 원래 독성이 있는 무언가를 피하게끔 하는 생리적 적응 반응이었을 텐데 어떻게 이것이 도덕적 판단으로까지 확장했을까? 인지심리학자 폴 로진Paul Rozin은 '입에서 도덕으로from oral to moral' 이어지는 역겨움의 진화 경로를 추적함으로써 이 질문에 답하려 했다. 그에 따르면 역겨움은 처음에 독성(나쁜 맛)이 있는 물질을 피하기 위한 즉각적 '반사 반응'으로 진화했고(여전히 지금도 작동한다), 이후에는 바퀴벌레나 근친상간 등에도 작동하게끔 확대되었는데 이때 발생하는 역겨움 감정은 '역겨움 평가 체계'의 산물이다. 예를 들어 근친상간이라는 정보는 미각 체계와는 무관한 입력이지만 이 평가 체계를 처리하는 과정을 통해 역겨움을 유발한다.[4]

그렇다면 독성 회피 반응으로서의 역겨움이 어떻게 도덕적 판단으로 진화했을까? 그리고 결국엔 갈등을 정당화하는 무기로까지 용도 변경이 되었을까? 먼저 도덕적 역겨움의 사례를 이야기해보자. 다음과 같은 상황이 왜 비도덕적인지 말해보라.

> 잭은 퇴근길에 슈퍼마켓에 들러 생닭 한 마리를 사서 들어왔다. 그는 생닭을 씻은 다음에 바지를 벗고 자신의 성기를 닭 속에 집어넣은 후 자위를 했다. 사정한 후 그는 닭을 오븐에 구워서 저녁 식사로 먹었다.

이 상황이 비도덕적으로 느껴지는가? 그렇다면 합리적 이유를 댈 수 있을까? 딱히 이유가 생각나지 않을 것이다. 그냥 역겨울 뿐! 이런 유형의 사례들을 수집해온 도덕심리학자 하이트에 따르면 사람들은 자신의 직관에 따라 도덕 판단을 하고 그에 대한 정당화를 요청받았을 때에야 비로소 이유를 찾는다. 그런데 이때 이유를 대려 해도 결국 직관을 정당화하지 못하는 경우들이 생기는데 그는 이를 '도덕적

말막힘' 현상이라고 불렀다(잭의 생닭 자위행위로 인해 피해를 보는 사람은 아무도 없지 않은가?).[5]

그렇다면 도덕적 말막힘이 발생하는 상황들이 아닌 다른 경우에도 역겨움이 발생하는가? 예컨대 불공정한 상황이 주어지면 실제로 쓴맛을 보았을 때와 같이 곧바로 역겨움(반사) 반응이 일어나는가 아니면 역겨움 평가 체계를 거친 뒤 역겨움 감정이 일어나는가? 그것도 아니면 이런 상황에서 붙여진 '역겹다'라는 비유적 표현 때문에 역겨움이 발생하는 것인가? 로진에 따르면 불공정한 상황에서의 역겨움은 이 세 가지 경로(반사, 평가 체계, 비유)를 모두 거칠 수 있다.

하지만 채프먼과 동료 연구자들은 이 세 경로를 구분하고자 한발 더 나아갔다. 그들은 미각과 관련된(쓴 용액을 마셨을 때) 기본적 반응, 중립적 상황(해충, 상처, 배설물 사진을 보았을 때)에서 발생하는 기본적 감정, 비도덕적 상황(불공정한 대우를 받았을 때)에서 발생하는 기본적 감정으로 세분하고 이 세 상황에서 나타나는 얼굴 표정에 어떠한 공통점이 있는지를 탐구했다. 그 결과 놀랍게도 불공정한 상황에서 가장 현저하게 유발되는 표정은 분노보다는 역겨움이었다.

그런데 여기서 정말 쓴맛으로 인한 역겨움 반응과 불공정한 배분으로 유발된 역겨움 감정이 동일하다고 할 수 있을까? 물론 두 경우 모두 역겨움의 징표인 찡그린 얼굴 표정을 유발하긴 했다. 하지만 그 찡그림이 어디를 향한 신호인지를 생각해보면 흥미로운 차이를 감지할 수 있다. 전자는 단지 개인의 내적 상태의 변화인 반면에 후자는 사회적 기능을 가진 전략적 신호이다.

동물을 차로 치는 로드킬 상황과 근친상간은 모두 회피 반응을 일으키지만 후자의 역겨움은 '이것은 나쁜 행위이며 금지되어야 한다'라는 신호를 다른 동료들에게 전달하는 사회적 기능을 한다. 그래서 우리가 이 실험에서 알 수 있는 바는, 도덕적 역겨움도 역겨움에 속하지만 그렇지 않은 상황에서 발생하는 다른 역겨움들(미각적 반응, 중립적 상황에서의 감정)과는 구별된다는 정도의 사실이다. 아직 우리는 본 질문—'단순한 반사 반응으로서의 역겨움이 어떻게 도덕적 지위를 갖게 되었는가?'—에 대한 답을 하지 못했다.

역겨움의 이런 확장을 이해하려면 먼저 감정의 기능을 고찰해야 한다. 다윈이 일찍이 관찰했듯이 동물들은 감정을 외부로 표현한다. 그런데 동물이 왜 감정을 겉으로 표현하게끔 진화했는지는 과학적으로 중요한 질문이다. 감정이 그저 주위 환경의 변화에 대한 내적 반응일 수는 없었을까? 감정의 외부 표출이 내적 반응보다는 더 큰 비용이 드는 행위임이 분명하기 때문에 이것은 의미 있는 질문이다. 감정을 외부로 표현하는 것에 아무런 이득이 없었다면 어쩌면 감정은 내적 반응으로만 진화했을 수도 있을 것이다. 다시 말해 동물들이 실제로 감정을 표현하고 있다면 그런 감정 표현에는 어떠한 진화적 기능이 있었을 것이라는 논리다.

그렇다면 바로 그 감정의 기능이란 무엇일까? 우는 아

이를 상상해보자. 우선 그/그녀는 자신의 감정을 표현함으로써 자신이 배고픔, 목마름, 아픔 같은 상태에 있다는 정보를 자신을 돌보는 사람에게 전달하고 둘째로 단순히 자신의 내적 상태에 대한 정보를 전달하는 것을 넘어서 자신을 돌보는 이가 자신의 불만 상태를 해소해주도록 조작한다. 그래서 이런 두 기능(차례로 '정보 전달 기능'과 '조작 기능'이라 부르자)을 수행하는 감정은 '사회적 감정'이라 부르며 거기에는 분노, 역겨움, 슬픔과 같은 일차 감정과 경멸, 사랑과 같은 이차 감정이 포함된다.

    이렇게 역겨움의 사회적 전달 기능에 주목하게 되면 도덕적 역겨움의 기원에 대해서도 새로운 이해가 가능해진다. 윤리학자 대니얼 켈리Daniel Kelly는 '부족 본능' 개념을 통해 역겨움의 사회적 기능을 도덕적 역겨움과 연결한다. 그에 따르면 부족 본능은 부족의 생태 환경에 적합한 사회 규범을 따르도록 하는 '규범심리학norm psychology'과 여러 단서들을 바탕으로 자기 부족에 속한 개체와만 상호 작용하려는 동기를 가지는 '종족심리학ethnic psychology'으로 구성된다. 다시 규범심리학은 사회 규범에 순응하고자 하는 동기와 규범을 어기는 자를 처벌하고자 하는 동기로 이루어진다. 이 두 가지 동기(순응과 처벌)에는 역겨움을 포함한 많은 감정이 중요한 역할을 담당하는데 가령 역겨움은 죽은 사람의 시체 처리나 음식물을 섭취할 때 적합한 절차를 지키게 했고 문제가 될 만한 성적 행동에 관한 규범을 지키게 했으며 그런 규범을 어기는 자들을 처벌하는 등의 원초적 규범들을 준수하는 데 기여했다. 이것이 역겨움의 문화 전달 기능이다.

 게다가 인류는 유전자와 문화의 공진화 궤도를 따라가면서 더 많은 규범 준수에 역겨움 감정을 끌어다 쓰기 시작했다. 즉 독성, 병원균, 기생충을 직접 회피하는 내용의 규범에서 시작하여 영양소와 연관된 수렵과 채집 전략에 관한 규범을 넘어 도덕의 토대인 순수성 규범에 이르기까지 역겨움이라는 감정이 확장되었다. 인류는 수많은 규범으로 촘촘히 짜인 집단 생활을 하게 되면서 새로운 적응 문제들을 해결하기 위한 전략으로 기존의 역겨움 감정을 이용하게 되었을 것이다.[6]

 예컨대 특정 문화권의 고유 음식에 대해 생각해보자. 한국에서는 장 문화가 발달했는데, 겉보기에는 한국인으로 보이는 이가 청국장을 맛보거나 냄새를 맡은 뒤 심한 역겨움 반응을 보였다면 우리는 그가 문화적으로 이방인이라고 추론할 수 있다. 역겨움 반응은 숨기기가 어렵다. 다른 한편으로 역겨움은 동일 종족에 속한 구성원을 식별하는 기능도 한다. 청국장 맛을 역겨움이 없이 잘 받아들임으로써 토종 한국인이라는 자격을 획득하는 것이다.

 부족 본능의 두 심리 메커니즘(규범 심리와 종족 심리)은 역겨움의 기능이 어떻게 사회·도덕적 영역에까지 확장되었는가를 잘 보여준다. 인류가 소규모의 집단 생활 단계로 접어들면서 역겨움 본능은 독성 및 기생충 회피라는 생리적 영역을 넘어 도덕적 영역으로까지 확대 진화했다. 문제는 이 부족 본능이 글로벌 시대에도 건재하다는 사실이다.

도덕 본능을 믿지 마라

우리의 마음은 지난 250만 년 동안의 수렵 채집기 환경에서 오랫동안 적응되어온 진화의 산물이다. 도덕 본능도 여기서 예외가 아니다. 하지만 그렇게 진화하고 작동하는 도덕 본능을 바탕으로 우리가 마땅히 따라야 할 도덕 규범과 연결 짓는 작업은 또 다른 문제다. 왜냐하면 '무엇을 해야만 하는가' 또는 '무엇을 하는 것이 바람직한가'를 묻는 것은 우리가 '어떻게 적응해왔으며' '어떻게 행하는가'를 묻는 것과는 차원이 다르기 때문이다(게다가 우리의 환경은 이미 많이 변해왔고 앞으로도 계속 변할 것이기 때문에 과거에 적응했던 본능을 계속 밀고 나갈 수도 없다).

이 두 차원(사실/가치)의 진술을 같은 범주로 간주하는 것은 잘 알려진 '자연주의 오류naturalistic fallacy'다. 영국의 철학자 데이비드 흄David Hume이 올바로 지적했듯이 사실 진술만으로는 당위(가치) 진술들이 도출되지 않는다. 가령 '고문은 나쁘다'라는 가치 진술은 '고문은 고통을 준다'라는 사실 진술과 '고통을 주는 행위는 나쁘다'라는 가치 진술이 결합되어야만 도출된다. 사실과 가치가 결합되어야만 또 다른 가치 진술이 논리적으로 도출되는 것이다. 여기에 흥미로운 지점이 있다. 흄의 주장은 되레 사실적 정보의 업데이트를 통해 새로운 가치를 만들어낼 수 있다는 뜻이기도 하기 때문이다. 이런 업데이트 방식으로 인간 도덕성에 관한 새로운 사실들은 규범에도 영향을 줄 수 있다.

그렇다면 여기서 새롭게 알게 된 사실부터 정리해보자. 우선 도덕적 역겨움은 사회적 동물의 원초적 본능으로 작동하는 정서이긴 하지만 그 역겨움에 기반하여 도덕 원리나 규범을 운용할 수 있는 사회는 규모가 아주 작은 부족 사회 정도라는 사실이다. 도덕적 역겨움은 보편적 감정이긴 하지만 개인의 발달사와 집단의 진화사에 따라 발생 방식(원인, 강도, 빈도 등)이 달라지기 때문에 더 큰 집단을 위한 통합적 도덕 창구로 사용되기에 부적합하다.

예를 들어보자. 최근 우리 사회에서 심각한 사회 갈등으로 치닫기 시작한 여성 혐오, 동성애 혐오, 외국인(난민) 혐오 등은 대개 도덕적 역겨움에 의해 작동하는 반감이다. 여기에 도덕 기반 이론을 적용해보면 동성애 혐오는 순수성 기반 위배, 외국인 혐오는 내집단 기반 위배, 여성 혐오는 권위 기반 위배 때문에 발생하는 도덕적 역겨움이다. 이런 역겨움에만 근거하여 어떤 규범이 만들어진다면 그 사회는 정말 끔찍할 것이다. 다양한 가치와 경험, 지식을 가진 수많은 사람으로 구성된 복잡한 현대 사회에서 이런 역겨움은 대개 제재해야 할 부적절한 직관이거나 발견법heuristic 정도로 사용해야 할 직관이다.

반대의 사례도 있다. 도덕적으로 역겨움이나 분노, 또는 슬픔이나 죄책감이 일어나야 할 상황임에도 불구하고 우리의 도덕 본능이 그 중요성을 포착하지 못하는 경우가 그것이다. 다음과 같은 상황을 떠올려보자.

미국 국방성에 근무하는 존은 여느 날처럼 아침에 과일 한 조각에 커피 한 잔을 마시고 차를 몰고 직장에 도착했다. 동료와 잠시 회의를 하고는 컴퓨터 앞에 앉아 모니터를 주시한다. 그는 중동의 한 마을에 은신해 있다는 테러범을 제거할 목적으로 무인 정찰기를 조종하고 있다. 마침내 발포 명령이 떨어지자 그는 한 치의 주저함도 없이 (마치 컴퓨터 전쟁 게임을 하듯이) 엔터키를 누른다. 순식간에 마을은 쑥대밭이 되었고 그 작은 마을의 주민은 테러범과 함께 몰살당했다. 주위의 몇몇 동료의 입에서 환호가 터져 나왔고 더러는 서로 하이파이브를 했다. 오후 4시쯤이 되자 존은 여느 직장인처럼 차를 몰고 집으로 향한다. 아내와 아이들을 위한 맛있는 저녁을 준비할 생각을 하면서.

지구 반대편 사람들의 생사를 게임이라도 하듯이 버튼 몇 개로 좌지우지할 수 있는 상황은 인류의 진화 역사에서 너무나 새롭고 낯선 풍경이다. 현대 사회에서 우리는 자신의 행위가 어떠한 복잡한 인과관계를 통해 다른 사람들을 곤란에 빠뜨리는지를 알기 힘들다. 따라서 우리의 뇌는 거기에 제대로 반응하지 못한다. 우리의 도덕 직관은 여전히 수렵 채집기의 작은 부족 사회에 적합하게 반응하고 있는 것이다. 위의 사례처럼 마땅히 원초적 직관들을 뿜어내야 할 상황임에도 이상하리만큼 덤덤한 이유도 바로 그 때문이다. 이 때문에 도덕적 직관은 공감의 반경을 좁히는 구심력으로서 복잡하고 거대한 현대 사회의 온갖 갈등들을 부추기는 강력한 힘이라고 할 수 있다.

이성적인 도덕 판단도 가능한가?

앞서 살펴본 직관적 도덕 판단은 외집단 혐오를 정당화하는 기제로 오용됐다. 이런 사태를 막고 외집단을 진정으로 이해하려면 이성적인 도덕 판단이 필요하다. 그런데 문제는 부족 본능에 사로잡힌 우리 인간이 이성적인 도덕 판단을 실제로 내릴 수 있는가다. 이성적 판단이 필요하다고 해서 우리가 실제로 이성적 판단을 내리는 것은 아니니까 말이다.

우리는 윤리학자도 종교인도 아니지만 하루에도 수십 번 크고 작은 도덕적 판단을 하면서 살아가고 있다. 지각이 염려되는 출근길의 버스 대기 줄에서 슬쩍 새치기를 했다는 이유로 양심의 가책을 느끼기도 하고 저녁 회식 자리에 껌을 팔러 온 아주머니를 그냥 보낸 것이 도덕적인 행위인가 살짝 고민하기도 한다. 기아에 허덕이는 아프리카 사람들을 TV에서 보면서 무기 개발을 위해 쓰는 천문학적 비용이 과연 윤리적 소비인지 따져 묻게 된다. 규범에 대해 연구하는 윤리학자들은 이런 일상에서 흔한 도덕적 딜레마의 본성을 잘 드러내는 사고 실험들을 개발해왔다. 다음과 같은 상황을 상상해보자.

짐을 운반하는 트롤리trolley가 선로 위에 있다. 그런데 자동 제어 장치가 고장이 났다. 트롤리가 원래 궤도로 직진하는 경우에 선로 위에 묶여 있는 다섯 명은 치여 죽고 만다. 대신 선로를 변경할 수 있는 레버를 손으로 잡아당기면 트롤리가 원래 선로를 벗어나 다른 궤도를 달리게 되어 그 다섯 사람을 살릴 수 있다. 하지만 변경된 선로 위에 있는 또 다른 한 명은 치여 죽을 수밖에 없는 운명이다. 당신은 이 상황에서 어떤 선택을 할 것인가?

이 상황에서 아무런 조치도 취하지 않는다면 다섯 명이 희생된다. 하지만 레버를 잡아당기면 한 명이 죽고 다섯 명은 살릴 수 있다. '최대 다수의 최대 행복'을 추구하는 공리주의적 관점에서는 비록 한 명이 희생당할 수밖에는 없지만 레버를 잡아당기는 것이 가장 합리적인 행위가 된다. 그래서 잡아당길 것인가? 그런데 왠지 찜찜하다. 숫자로는 이로운 행동을 한 것 같지만 희생당한 그 한 사람이 마음에 걸리

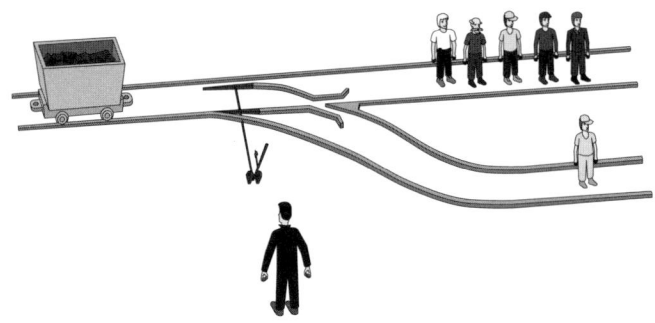

그림 5.1 트롤리의 딜레마.
레버를 잡아당기는 사례(위)와 뚱뚱한 사람을 밀치는 사례(아래).

기 때문이다. 하지만 다음과 같은 상황을 상상해보자.

똑같은 트롤리인데 이번에는 선로가 하나다. 계속 가다 보면 선로 위에 묶여 있는 다섯 사람을 치어 죽일 수밖에 없는 상황이다. 그런데 선로 위에 육교가 있고 그 위에 덩치 큰 남성이 서 있다. 당신이 그 남성을 뒤에서 밀어 선로 위로 떨어지게 하면(그래서 결국 죽는다) 그 무게 때문에 트롤리는 그 자리에서 멈춰 서고 묶인 다섯 사람은 목숨을 건질 수 있다. 이 상황에서 당신은 어떻게 하겠는가?

물론 한 사람을 희생시켜 다섯 명을 살릴 수 있다는 면에서는 앞의 경우와 똑같다. 하지만 처음 사례보다는 판단이 더 곤란한 상황처럼 느껴진다. 인간의 도덕 문법에 관해 연구해온 심리학자 마크 하우저Marc Hauser는 5000명을 대상으로 위의 두 사례에 대한 온라인 설문 조사를 실시했다. 그랬더니 실제로 첫 번째 사례에 대해서는 89퍼센트가 도덕적으로 허용될 수 있다고 응답했지만 두 번째 사례에 대해서는 11퍼센트만이 허용될 수 있다고 응답했다.[7] 왜 우리는 두 번째 사례에 더 큰 도덕적 부담을 느끼는 것일까?

이 차이에 대해서 도덕심리학자들은 우리가 사람이 개입된 딜레마personal dilemma와 그렇지 않은 딜레마impersonal dilemma를 은연중에 구분하고 있다고 설명한다. 즉 첫 번째 사례에서 피험자는 도덕적 딜레마 상황을 빠져나오기 위해서 어떤 개인을 '수단'으로 삼지 않아도 된다. 직접적인 수단이나 도구는 사람이 아니라 레버다. 따라서 딜레마는 레버를 당길 것인가 말 것인가의 문제로 축소된다. 반면에 두 번째 사례에서 피험자는 특정 개인을 직접적인 수단으로 삼아야 할 것인지 말 것인지를 결정해야 한다. 그런데 중요한 점은 인류의 역사에서 우리의 감정과 직관은 어떤 개인에게 직접적인 영향을 주는 판단이나 행동에 대해 훨씬 민감하게 반응하도록 진화해왔다는 사실이다.

그렇다면 실제로 도덕적 딜레마 상황에서 어떤 판단을 할 때 우리 뇌에서는 무슨 일이 벌어지는 것일까? 도덕 판단의 신경 메커니즘은 무엇이기에 앞의 첫 번째 사례와 두 번째 사례에서 다른 결과가 나오는 것일까?

도덕심리학자 조슈아 그린Joshua Greene과 조너선 코헨Jonathan Cohen은 트롤리의 딜레마에 대한 도덕 판단을 할 때 피험자의 실제 뇌에서 어떤 일이 벌어지는가를 fMRI를 이용하여 연구했다. 그 결과 첫 번째 사례(레버를 당기는 경우)에서는 피험자 뇌의 배외측 전전두피질DLPFC이 활성화되었는데, 이는 도덕적 판단이 일어나는 과정에서 높은 수준의 인지 기능(이성적 추론)이 개입되었다는 증거이다. 즉 계산이 일어난 경우이다. 반대로 덩치가 큰 사람을 밀어야 하는 두 번째 사례에서는 감정적 반응과 연관된 뇌 영역인 복내측 전전두피질vmPFC, 전두대상피질ACC, 편도체amygdala가 크게 활성화되었다. 즉 정서적인 각성이 일어난 경우이다.[8]

어떤 도덕적 딜레마에 놓이느냐에 따라 도덕적 판단이 일어나는 뇌 부위가 달라진다면 우리는 어떤 뇌가 작동하는

가에 따라 벤담식의 공리주의자가 되거나 칸트식의 의무론자가 된다고 할 수도 있을 것이다. 비유컨대 DLPFC는 '벤담의 뇌'이며 vmPFC는 '칸트의 뇌'라고 할 수도 있다. 인간을 수단이 아닌 목적으로 대우할 것을 천명했던 칸트의 의무론적 규범윤리학은 vmPFC가 작동한 결과인 셈이다.

그들은 이런 결과들을 종합해서 "도덕적 판단 상황에서 우리 인간은 이성과 직관(또는 감정)을 모두 동원하여 딜레마를 해결한다"라는, 이른바 '이중 과정 이론dual process theory'을 제안했다. 이에 따르면 도덕 판단에서는 직관적·감정적 반응과 인지적 반응 모두가 중요한 역할을 한다.

이러한 신경심리학적 논의는 공감의 구심력과 원심력에 관해 두 가지 흥미로운 물음을 던진다. 구심력과 관련해서는 우리의 직관적인 도덕 판단이 얼마나 신뢰할 만한가이고 원심력과 관련해서는 우리의 이성적인 도덕 판단이 과연 가능한가다. 이 두 물음에 대해 위의 트롤리 연구는 중요한 통찰을 준다. 트롤리 사례들에서 드러났듯이 결과적으로 많은 사람이 뚱뚱한 사람을 밀치는 경우는 윤리적으로 옳지 않다고 판단한 반면에 레버를 당기는 경우에는 윤리적으로 정당화될 수 있다고 판단했다. 그리고 이 차이는 뇌에서 일어났다. 뇌 영상 연구 결과 전자의 경우에는 감정을 담당하는 뇌 부위가 활성화된 반면 후자의 경우 인지적 추론을 담당하는 뇌 부위가 활성화되었다. 즉 홍적세 수렵 채집기에 잘 적응된 인간의 뇌가 사람을 직접적으로 해하는 경우

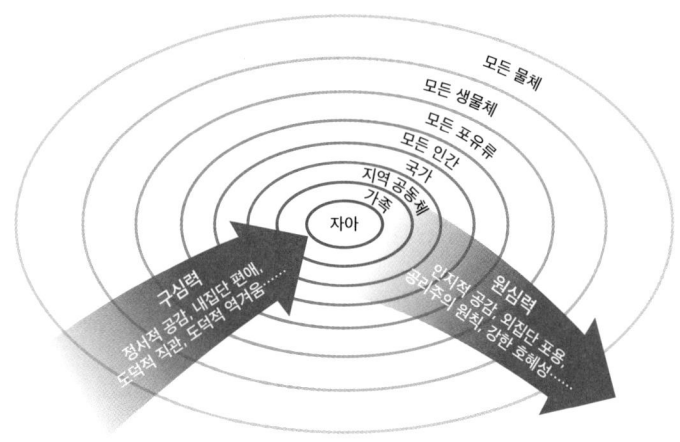

그림 5.2 공감의 구심력과 원심력, 그리고 공감의 반경.

에 대해서는 즉각적이고 자동적인 감정 반응을 보였던 것뿐이다. 다시 말하면 도덕 판단에서 감정과 이성이 함께 작용하기는 하지만 감정적 판단이 먼저고 이성적 판단은 그러한 감정적 판단을 합리화하는 경향이 있다.

우리가 트롤리 시스템을 발명한 것은 최근의 일이다. 우리 선조는 그와 같은 환경에서 생존하지 않았다. 수렵 채집기에 적응된 우리의 감정은 변화된 환경에 한참 뒤처져 있다. 바로 이런 시간 지연 때문에 우리의 감정적 반응을 사회의 윤리적 규범으로 삼을 수 없는 것이다. 중요한 질문은 이것이다. 트롤리 딜레마 상황에서 우리가 예전부터 민감한 직접적 접촉을 통해 사람을 희생시키는 것은 옳지 않고 최근에야 이용할 수 있는 간접적 방식을 통해 사람을 희생시키는 것은 과연 옳다고 할 수 있겠는가? 이런 구별은 윤리적으로 정당화되긴 힘들다.

우리는 감정은 잠깐 제쳐놓고 이성적 논의를 통해 더 올바른 판단을 찾아야 한다. 그린의 실험은 어찌 되었든 우리가 도덕 판단을 할 때 상황에 따라 이성이 개입하는 경우가 있음을 잘 보여주었다. 이를 의식한다면 어렵겠지만 DLPFC에 장착된 이성적 추론 과정인 시스템2를 적극적으로 사용할 수도 있을 것이다. TV 화면에 특정 정치인이 나올 때마다 미간을 찌푸리며 채널을 돌리고 있는가? 부족 본능에 휘둘리고 있을 가능성이 높다. 그럴 때일수록 직관을 끄고 이성을 켜라.

6장

첫인상은 틀린다

우리는 어떤 사람이나 집단을 판단할 때 백지에서 시작하지 않는다. 대개 이미 지니고 있는 편견을 갖고 즉각적으로 이러저러하다고 평가하는 경향이 있다. 그리고 이런 편견은 부정적인 경우가 많다. 예를 들어 비만인 사람은 게으르고 의지가 약할 것이라고 생각하며 무슬림은 여성 차별적이고 폭력적일 것이라고 생각한다. 편견은 고정 관념이라고 하는 사회적 믿음에 의해 더욱 강화된다. 고정 관념은 단순하게 말해 어떤 집단의 구성원들이 가졌다고 추측하는 특성을 일반화한 믿음이다. 중국인은 시끄럽고 일본인은 겉과 속이 다르며 여자는 아이를 좋아하고 남자는 스포츠를 좋아한다는 것이다.

고정 관념이 늘 부정확한 것은 아니다. 일반적으로 아이와 노인은 근력이 약하니까 이런 고정 관념에 따라 아이와 노인을 배려하는 행동은 장려된다. 그래서 고정 관념은 개인이나 집단을 평가할 때 들어가는 우리의 소중한 인지적 자원을 절약해준다. 문제는 고정 관념은 잘 변하지 않아 틀렸을 때에도 굳건히 유지된다는 점, 또 어떤 집단 자체에 대해서는 일부 맞는 측면이 있더라도 그 집단에 속한 특정 개인에게는 맞지 않을 수 있다는 점을 간과하는 것이다. 가만히 잘 생각해보면 첫인상이 실제 그 사람의 성격을 모두 반영한 적이 없음을 깨달을 수 있을 것이다. 어떤 사람이 어떤 집단에 속한다는 사실만으로 그 사람의 특성을 완벽히 파악했다고 생각하는 것은 착각이다.

점점 더 교묘해지는 차별

그런데 오늘날 고정 관념과 고정 관념이 유도하는 차별적 행동은 점점 더 교묘해지고 있다. 드러내놓고 차별하는 것은 아니지만 무의식적으로 부정적 고정 관념을 드러내는 행동이 나타나는 것이다. 예를 들어 오늘날에는 많은 사람이 인종이 평등하다고 생각하고 인종에 따른 차별 철폐를 지지하지만 암시적 연관 검사를 했을 때 실험 참가자의 다수가 흑인보다는 백인을 긍정적인 단어와 연결하는 경향이 강했다.[1] 기업에 이력서를 보냈을 때 '자말' '라키샤' 같은 전형적인 흑인 이름은 '에밀리' '그레그' 같은 백인 이름보다 면접 제의를 받을 확률이 더 낮았다.[2]

성 차별도 이와 크게 다르지 않다. 우리는 겉으로는 여자는 이래야 한다, 남자는 저래야 한다는 성 고정 관념이 더 이상 옳지 않다고 생각하지만 암묵적으로는 여자와 남자의 기질과 역할이 다르다는 믿음이 여전히 남아 있다. 특히 주목할 만한 것은 '여성은 보호받아야 할 존재다.' '여성은 남성보다 도덕적이다' 같은 온정적인 성 차별이다. 이런 온정적인 성 차별은 남성이 대다수인 연구 분야나 직업에 여성이 진출하는 것을 막을 수 있다.[3]

따라서 현대에 이르러 먼 옛날 우리를 얽어매었던 부정적인 편견과 고정 관념이 조금씩 사라지고 있으며 우리 사회가 더 평등한 방향으로 가고 있다는 인식은 공허한 자화자찬일 수 있다. 어쩌면 미묘한 방식으로 고정 관념은 더 강화되고 있을지도 모를 일이다.

따뜻함과 유능함이라는 인상

고정 관념은 어떤 요소로 이루어져 있을까? 사람들은 어떤 기준으로 타인을 인지하고 고정 관념을 형성할까? 사회심리학 이론에 따르면 우리는 타인과 만났을 때 타인이

나에 대해 어떤 의도를 가지는지(나를 해칠 것인지 도울 것인지) 그 의도를 실현시킬 수 있는 능력이 있는지에 대해 민감하다. 개인은 생존을 위해 타인에 관한 이 두 차원의 정보를 알아야만 한다. 여기서 타인의 의도에 대한 평가는 따뜻함warmth에, 그 의도를 실현시킬 수 있는 능력에 대한 평가는 유능함competence에 대응된다.[4]

따뜻함과 유능함이라는 특성은 다른 사람에 대한 정보를 모으고 적용하는 사회 인지social cognition에서 중요한 역할을 한다. 사회심리학자 시모어 로젠버그Seymour Rosenberg와 연구자들은 참여자들에게 '개인'을 평가하는 64개의 특성을 비슷한 범주의 것들끼리 분류하도록 하는 실험을 진행했다. 그 결과 사회적 바람직함social desirability과 지적 바람직함intellectual desirability이라는 평가 차원이 도출되었다.[5] 사회적 바람직함에는 '따뜻하다' '사교적이다' '친절하다' 등의 특성이, 지적 바람직함에는 '영리하다' '과학적이다' '능력이 있다' 등의 특성이 포함된다. 이들은 각각 따뜻함 및 유능함에 대응되는데 한국에서도 두 차원의 특성이 대인 지각interpersonal perception의 주요한 특성임이 밝혀졌다.[6,7] 따뜻함은 경쟁적이지 않을수록 높다. 진화적 관점에서 경쟁적이지 않다는 점은 당신이 이기적인 목적으로 나를 해치지 않는다는 신호를 보내는 것과 같다. 유능함은 지위와 관련 있다. 보통 지위가 높을수록 유능하다고 평가된다. 가령 독자들은 이 책의 저자인 장대익에 대해 유능하고(책을 쓸 수 있으므

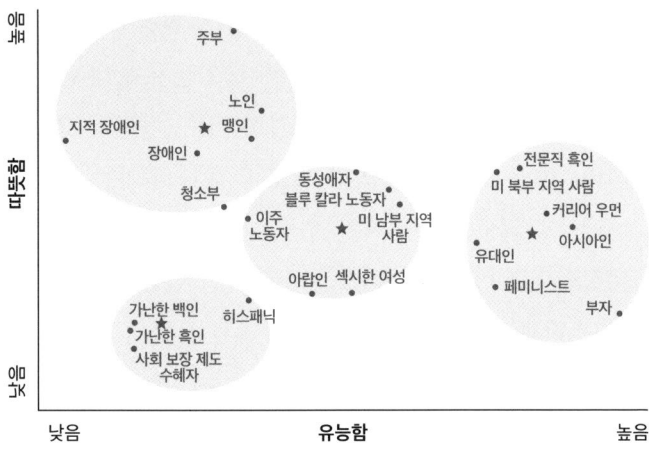

그림 6.1 우리가 특정 집단에 대해 가진 고정 관념을
따뜻함과 유능한 차원에서 배열했다.
이런 고정 관념에 따라 정서적 반응이 다르게 나타난다.

로) 따뜻하다('공감'에 대한 책을 쓴 저자이니 공감력이 높겠거니)는 인상을 가질 수 있다(진실이 아닐지라도 말이다).

일상 속에서 타인의 행동을 평가할 때 이 두 축의 기준이 잘 작동한다는 증거들이 많다. 한 연구에 따르면 타인의 행동 중 82퍼센트 정도는 따뜻함/유능함의 특성으로 설명되며 유명인에 대한 인식 또한 따뜻함(도덕성)과 유능함으로 설명된다. 또한 특성을 나타내는 단어 200개에 관한 연구에서는 오직 따뜻함과 유능함이라는 차원만이 전체의 97퍼센트를 포괄하는 전반적 평가 기준으로 드러났다.[8] 요약하면 시대와 문화, 자극의 종류에 상관없이 따뜻함과 유능함은

대인 지각의 보편적 기준이라고 할 수 있다.[9]

그렇다면 개인에 대한 평가뿐만 아니라 집단에 대한 평가에서도 유능함/따뜻함의 기준은 잘 작동할까? '고정 관념 내용 모형Stereotype Content Model, SCM'에 따르면 집단에 대해 우리가 가진 고정 관념은 유능함/따뜻함이라는 두 차원상에 배열될 수 있다. 예를 들어 미국인은 페미니스트 집단에 대해 유능하지만 차갑다고 느끼고 전문직 흑인인 경우에는 유능하면서 따뜻한 존재로 느끼며 주부는 무능하지만 따뜻한 존재로 가난한 흑인은 무능하고 차가운 존재로 받아들인다.

그런데 여기서 아주 큰 문제가 발생한다. 집단에 대한 고정 관념이 무엇인지에 따라 그 집단을 향한 정서적 반응이 다르게 표출된다는 것이다. 유능하고 따뜻하다고 느껴지는 집단(주류 계층, 내집단)에 대해서는 존경심이 유발되고 유능하지만 차갑다고 느껴지는 집단(아시아인, 유대인, 소수 집단 출신의 전문가)에 대해서는 시기와 질투가 유발되며 무능하지만 따뜻하다고 느껴지는 집단(노인, 장애인)에는 연민이 유발된다. 그리고 무능하고 차갑다고 느껴지는 집단(노숙자, 약물 중독자, 사회 보장 제도 수혜자)에는 놀랍게도 거부감과 경멸이 유발된다. 바로 이런 정서적 감정이 외집단에 대한 혐오와 차별을 부르는 중요한 요인이다.

사람들은 자신이 소속된 집단에 대해서는 따뜻하고 유능하다고 지각하는 경향이 강한데 외집단에 대해서는 따뜻하고 유능하다는 지각이 잘 일어나지 않는다. 내가 사회적으로 비주류인 집단에 속한 구성원이라면 따뜻하면서 유능하다는 평가를 받기란 정말 어렵다는 말이다.

타자의 입장에서 타자와 함께 느끼고 타자의 입장을 이해하는 능력을 공감이라고 한다면, 타인과 외집단을 향한 공감으로 나아가려면 우선적으로 그/그 집단에 대한 고정 관념을 깨는 작업이 선행되어야 한다. 예컨대 상대를 차갑고 유능한 존재로 인식하여 질투심이 생긴다면 그 상대를 향한 공감은 멀어진다. 특히 상대를 차갑고 무능한 존재로 인식하는 한, 즉 거부와 경멸의 대상으로 인식되는 한 우리는 그/그 집단을 공감의 반경에서 배제하기 쉽다. 또한 우리만 유능하고 따뜻하다고 인식하여 내집단에 대한 자긍심만 가진다면 공감의 반경은 좁아진다. 따라서 공감의 반경을 넓히기 위해서는 타자에 대한 고정 관념을 깨보는 경험이 필요하다. 이런 맥락에서 북한의 김정은 위원장에 대한 고정 관념을 깨보는 것만큼 극적인 인식 변화는 없을 것이다.

고정 관념을 깨는 경험 - 남북정상회담의 사례

2018년 한반도를 기억하는가? 우리는 그야말로 대전환기에 서 있었다. 무려 세 차례 진행된 남북정상회담을 지켜보면서 우리 국민은 남북 관계 개선을 넘어 평화 통일에 대

그림 6.2 2018년 남북정상회담은 김정은과 북한에 대한 우리의 인식을 바꾸며 고정 관념을 깨는 계기가 됐다.

한 기대에 한껏 부풀어 있었다. 마침 우리 실험실의 학부생 인턴으로 참여했던 윤정찬은 이런 기대에는 김정은 북한 국무위원장에 대한 인식 변화가 있었을 것이라는 가설을 세우고 실험을 설계했다. 우리는 위에서 언급한 따뜻함/유능함의 관점에서 당시 남북정상회담으로 인해 대한민국 국민의 김정은에 대한 따뜻함/유능함 지각이 어떻게 변했는지를 측정했다. 또한 김정은에 대한 따뜻함/유능함의 인식 변화가 결과적으로 그와의 사회적 거리를 단축시켰는지, 그래서 그에 대한 긍정적 수용 태도가 증가했는지를 측정했다.[10]

세부적으로 우리는 제3차 남북정상회담을 전후해 참가자 333명을 대상으로 설문조사를 실시했다. 이 예비 실험의 결과 참가자들이 회담 노출 전보다 후에 김정은을 심리적으로 가깝게, 따뜻하게 느끼는 것으로 나타났다. 반면에 회담 노출 전후 김정은의 유능함에 대한 지각 변화는 발견되지 않았다. 통계 분석을 하자 남북정상회담 노출이 김정은과의 사회적 거리에 미치는 영향은 그에 대한 따뜻함 인식에 의해 부분적으로 매개되는 것으로 나타났다. 이와 같은 분석 결과는 참가자 개인의 정치적 이념이 미치는 영향을 통계적으로 제거한 후에도 같은 패턴으로 나타났다. 또한 김정은과의 심리적 거리가 가까울수록 통일에 대한 긍정적 인식과 실질적인 참여 의향이 증가하는 것으로 나타났다.

정리하면 남북정상회담을 통한 김정은의 노출은 그를 따뜻한 존재로 인식하게 만들었고 이는 그와의 심리적 거리와 사회적 거리를 단축했으며 결국 그에 대한 우호적 수용 태도를 형성했다. 반면에 정상회담 노출에도 불구하고 김정은에 대한 유능함 인식(높은 평가)에는 변화가 없었다. 왜 그랬을까? 2018 남북정상회담 이전 김정은에 대한 인식을 떠올려보자.

그는 미국, 러시아, 중국, 일본과 같은 강대국의 딴지에도 불구하고 핵 개발 능력을 과시할 수 있는 능력자 이미지가 있었다. 즉 비교적 높은 유능함과 낮은 따뜻함의 소유자였던 셈이다. 따라서 정상회담으로 인해 김정은의 유능함에 대한 인식이 달라졌어도 과거 유능함은 이미 상당히 높은 수준이었기에 큰 차이가 드러나지 않았을 가능성이 있다. 이에 비해 정상회담 노출이 따뜻함에 대해서는 급격한 변화를 초래했을 것이다.

사회 인지에 있어서는 따뜻함과 유능함이 모두 중요한 요소다. 하지만 위 연구에서 알 수 있듯이 사회적 거리와 수용 태도에는 따뜻함이 더 큰 영향을 끼칠 수 있다. 수용 태도에 있어 따뜻함의 영향은 2015년 국제적으로 파장을 일으킨 시리아 난민 아일란 쿠르디 사건을 통해 알 수 있다. 배가 난파되어 터키 해변에서 사망한 채로 발견된 세 살 어린이 쿠르디의 사진은 당시 진행되던 난민 수용에 대한 논의에서 엄청난 충격을 주었다. 사진이 공개된 다음 날 독일과 프랑스는 난민 할당제에 합의하며 난민 수용에 있어 강경한 태도를 취하던 캐머런 당시 영국 총리도 시민들의 탄원에 대한 답으로 5년간 시리아 난민 2만 명을 수용하겠다는 계획을 발표했다. 물론 앞에서도 보았듯이 이런 인식 전환이 장기적으로 난민 정책의 방향을 완전히 바꾸지는 못했다. 하지만 이런 변화는 외집단에 대한 태도를 바꾸는 초석이 될 수 있고 따라서 우리는 바뀐 인식을 어떻게 유지할 수 있을 것인가 고민해야 한다.

이런 맥락에서 김정은/북한이라는 외집단에 대한 인식 및 수용 태도 변화는 적어도 지금 한국 사회에 살고 우리에게 공감의 반경을 어디까지/어떻게 넓힐 수 있는가에 대한 도전적 질문을 던져준다. 고정 관념에 매몰되면 공감의 반경을 넓히기 힘들다. 우리 연구에서 보여주었듯이 고정 관념을 깨려면 동등한 입장에서 서로 자주 만나야만 한다. 이를 위해서는 모든 집단은 동등하다는 인식과 함께 집단 간 접촉에 긍정적인 사회 제도나 규범이 필요하다.

7장

느낌의 공동체에서 사고의 공동체로

"3년 전 이혼하고 얼마 전 재혼한 A씨는 아이의 호적을 옮기는 데 어려움을 겪었다. 친아버지의 동의를 얻어야 하고 전남편의 성을 그대로 써야 한다는 것이다. 아이는 새아버지와 성이 달라 학교에서 왕따가 됐다."

"이혼 후 딸을 10년간 혼자 키운 B씨는 어느 날 등본을 떼어보니 모르는 남자가 호주로 되어 있었다. 사실인즉 전남편이 죽고 그의 어린 아들이 호주가 된 것이다. 얼굴 한번 보지 못한 어린 애가 내 딸의 호주라니!"[1]

2020년 2월 22일, 온라인 매체 〈오마이뉴스〉는 창간

그림 7.1 호주제 폐지를 지지하는 문화 예술인들이 선언문을 낭독하고 있다.

20주년을 맞아 '21세기 첫 20년 100대 뉴스'를 뽑았다. 320개 후보 뉴스를 선정, 내부 상근 기자와 외부 시민 기자를 대상으로 투표를 실시한 후 이메일과 소셜 미디어를 통해 일반 독자를 대상으로 온라인 설문을 거쳤다. 그 결과 1위는 2014년의 세월호 참사, 2위는 촛불 혁명과 박근혜 대통령 탄핵(2016~2017)이었다. 상대적으로 오래되었으나 아직도 사람들의 기억에 깊은 인상을 남긴 뉴스도 있었다. 바로 19위를 기록한 호주제 폐지(2008년)였다.[2]

호주제를 폐지할 수 있었던 힘

호주제란 호주(남성 가장)를 중심으로 가족의 관계를 등록하는 제도다. 호주는 호적의 기준이며 호적의 소재지(본적)에 따라 기재되었다. 호주제는 가족을 대표하는 남성 가장이 재산의 처분 등에 대해 우월한 권리를 행사하는 제도다. 호주 승계 순위를 아들-딸-처-어머니-며느리의 순으로 규정함으로써 남성 중심적 가족 구조를 지탱해주었다.

이 제도에 따르면 아버지 사망 시 아들이 아무리 어리더라도 어머니, 누나, 할머니에 우선하여 호주가 된다. 게다가 이혼한 어머니가 자녀와 같이 사는 경우에도 아이들은 이혼한 아버지의 성을 무조건 따르게 되어 있다. 어머니는 주민등록상의 '동거인'일 뿐 법률적 가족 관계가 되지 못한다. 어머니가 재혼을 해서 같이 살아도 이혼한 아버지의 성을 따르게 되어 있어서 혼란은 가중된다. 아이들은 한집에 사는 부모의 성과 무관한 성을 갖기 때문이다. 이렇게 소위 '비정상적 가족'의 일원으로 취급되는 아이들이 학교 생활과 사회 생활에서 겪을 불편함과 고통은 너무나 명확했다. 이런 사례들 말고도 호주제 때문에 생긴 황당한 일들이 누적되고 있었다. 민주화된 현대 사회에서는 비상식적으로 보이는 이 모든 병폐는 남성을 호주 승계의 우선순위로 놓음으로써 생긴 결과였다.

당연한 이야기지만 여성의 관점에서 호주제는 가정에서 여성을 차별하는 악법이었다. 그렇다면 남성의 관점에서는? 잘 생각해보면 남성에게도 호주제는 가장이어야 한다는 불필요한 짐을 지우며 자녀에게도 편견(아들에게)과 피해(딸에게)를 줄 수 있는 법이기에 합리적 사고를 가진 남성이라면 이 제도의 존속을 찬성할 수 없었다. 호주제 폐지를 위한 첫 단계는 차별당하는 여성들의 고통을 함께 느끼는 정서적 공감의 작동이었지만 폐지 운동의 당위성을 만든 가장 큰 동력은 좀 더 냉철하게 그 여성들의 입장에서 관련 규범과 제도를 생각해보는 사고의 힘에서 왔다. 그리고 타인의 고통을 나의 것으로 받아들여 왜 고통스러운지를 이성적으로 따져보는 것은 호주제가 여성과 남성 모두에게 행복하지 않다는 정확한 결론으로 이어졌다.

물론 호주제 폐지에 관한 인지적 공감력을 확대하는 것

은 쉽지 않았다. 예상할 수 있듯이 호주제 폐지 운동이 시작되자 유림들은 호주제 폐지가 콩가루 집안을 만든다며 격렬하게 반대하고 나섰다. 이들은 '정통가족제도수호 범국민연합'을 만들어 호주제 폐지는 북한을 추종하는 행동이라는 종북 몰이까지 했는데 이 같은 극단적인 논리는 국민의 반감만 살 뿐이었다. 반면에 여성 단체와 활동가들은 수십 수백 번에 걸친 토론회와 간담회를 거치며 호주제가 얼마나 부당한지를 국민에게 이해하고 설득시키려 노력했고 역사, 국제 법률과 제도, 사회문화적 연구를 통해 더욱 체계적인 논리를 쌓아갔다.

    심지어는 과학자의 의견을 묻는 이례적인 일도 했다. 진화생물학자 최재천은 헌법재판소에 부계 혈통주의의 정당성과 그에 따른 호주 제도의 존폐에 관한 과학자의 의견서를 제출했다. 의견서에서 최재천은 자연계 어디에도 수정과 발생에서 수컷이 주도권을 쥔 생물이 없으며 오히려 생물학적인 족보는 부계보다는 모계 혈통으로 쓰여진다고 말했다. 이와 더불어 최재천은 40~50대의 남성의 사망률이 유독 높은 한국에서 호주 제도 폐지로 남성과 여성이 더 평등해지면 아무런 득도 없는 가부장이라는 멍에를 짊어진 남성들이 생물학적 이득을 볼 것이라고 강조했다. 토론을 마다하지 않았던 여성 단체의 노력과 우리 통념을 부수는 근거를 제시한 과학자의 의견서는 판도를 바꾸었다. 우리 국민이 여성에 삶을 인식하는 사회적 인지의 범위를 넓히는 인지적 공감이 발현되었고 마침내 호주제에 대한 헌법 불합치 결정을 이끌어냈다.

　　이렇듯 인지적 공감에는 그/그녀가 어떤 생각을 하는지 어떤 입장에 서 있는지를 추론함으로써 그/그녀의 고통을 이해해 사회적 분열을 막는 힘이 있다. 이렇게 타인의 관점으로 전환해 타인의 마음을 이해하는 능력은 영장류 중에서도 우리 인간만이 장착한 신무기다. 그래서 우리는 우리와 멀리 떨어져 있거나 감정적으로 연결이 희미한 다른 이들에게까지도 사회적 관심의 지평을 넓힐 수 있다. 심지어 우리는 타인뿐만 아니라 동물, 더 나아가 기계의 관점까지도 취할 수 있게 되었다(9장). 인지적 공감은 공감의 반경을 넓히는 핵심이며 우리는 아직 그 확장 가능한 범위의 한계가 어디까지인지 모른다.

타인의 마음을 읽는다는 놀라움

　　인간의 사회 인지를 연구하는 학자들은 다른 개체의 마음을 읽는 능력이 인간 고유의 것이라고 주장해왔다. 그들은 인류의 장구한 진화 역사 동안 계속 펼쳐졌던 복잡한 사회 환경에 대한 일종의 적응 기제로서 이른바 '마음 이론 theory of mind'이 인간에게 장착되었다고 주장한다. 마음 이론이 있다는 말은 간단히 말해 타인의 마음을 추론하는 믿음 또는 이론을 가지고 있다는 뜻이다. 즉 타인에게도 욕망, 믿음, 사고 같은 정신 상태가 있고 그 정신 상태에 의해 야기된 타인의 행동을 이해한다는 의미다. 인간의 마음 이론이 실제로 어떤 기제로 작동하는지는 발달심리학자들과 철학자들의 주요 관심사다.

발달심리학자들에 따르면 마음 이론이 인간의 발달 과정에서 어떤 시기에 어떤 식으로 형성되는지는 논쟁의 여지가 있더라도 일반적인 발달 과정을 거친 아이들은 3~5세가 지나면 대개 마음 이론의 존재 기준인 '거짓 믿음 테스트false belief test'를 별문제 없이 통과한다고 한다. 거짓 믿음 테스트란 어떤 이가 세계에 관한 자신의 지식으로부터 타인이 가진 (자신이 보기에 거짓인) 지식을 구분할 수 있는지 알아보는 테스트다. 대표적인 것이 샐리-앤 테스트Sally-Ann test다. 이 테스트를 좀 더 친근하게 재구성하면 다음과 같다.

시험관이 어린이에게 두 개의 인형(진이와 신이)이 등장하는 다음과 같은 인형극을 보여준다. 진이는 바구니 안에 공을 넣고 방을 나간다. 진이가 나가 있는 동안 신이가 그 공을 바구니에서 꺼내서 한 상자 속에 넣는다. 시험관이 이 광경을 지켜본 어린이에게 묻는다. "진이가 방으로 다시 돌아오면 공을 어디에서 찾을까?"

정답은 바구니인가 상자인가? 당연히 바구니다! 그런데 일반적 발달 과정을 겪은 아이들은 대부분 4세 이후부터 이 테스트를 별문제 없이 통과한다. 반면에 자폐 아동들은 4세 이후에도 이 거짓 믿음 테스트를 좀처럼 통과하지 못한다. 자폐 스펙트럼 장애 연구자 사이먼 배런 - 코언Simon Baron - Cohen의 연구 결과에 따르면 일반적으로 4세 아동의 85퍼센트는 이 테스트를 통과하지만 자폐 아동은 약 20퍼센트만 성공한다. 더욱 놀라운 사실은 다운증후군 아이들도 86퍼센트나 이 테스트를 통과했다는 점이다.

자폐 스펙트럼 장애는 1만 명의 아동 중 4~5명 정도로 발생하는 유전적인 질병으로 알려져 있는데 자폐 아동들은 사회성 능력(눈 맞추기와 표정 인식), 언어 능력(비유 이해와 대화 능력), 상상력(역할 놀이)이 다소 떨어진다. 이런 유형의 손상 때문에 마음 이론 능력도 떨어진다고 간주된다. 자폐 아동들은 사회성 능력이 떨어지는 것 외에도 강한 집착과 과민 반응, 변화에 대처하는 능력의 결여 같은 다른 유형의 문제도 가지고 있다(하지만 자폐의 25퍼센트 가량은 지능 면에서 일반 아동과 별반 차이가 없고 개중에는 미술이나 음악 재능이 일반인에 비해 월등한 경우도 있다. 예를 들어 드라마 〈이상한 변호사 우영우〉에서의 우영우는 자폐 스펙트럼 장애를 가졌지만 기억력과 분석력이 탁월한 예외적 경우다).

한편 조현병 환자 또한 마음 읽기 능력에 문제가 있는 경우가 많다. 때때로 그들은 다른 사람의 마음을 과도하게 읽는 것처럼 보이는데 자세히 보면 마음을 제대로 읽은 게 아니라 오해한 경우가 대부분이다. 실제로 조현병 환자들도 거짓 믿음 테스트를 잘 통과하지 못한다.[3]

그렇다면 마음 이론은 왜 진화하게 되었을까? 이것은 마음 이론이 실제로 어떻게, 언제 작동하는지에 관한 근인적 물음과는 성격이 다른, '왜'를 묻는 궁극적 질문이다. 즉 마음 이론이 수렵 채집기의 적응 문제adaptive problem와 어떤 관련이 있는지를 따져보는 물음이라고 할 수 있다. 타인의 마음 읽기라는 적응 문제는 혹독한 자연 환경이 우리 조상들에게 부과한 문제가 아니다. 오히려 동종의 구성원들이 부과했던 사회적 문제로서 600만 년 전 인류의 첫 조상부터 현재에 이르기까지 집단을 형성하며 살아온 인류를 끊임없이 곤혹스럽게 만들었던 난제였다. 따라서 타인의 마음을 읽는 능력은 인류에게 매우 절실한 생존 무기였을 것이다.

마음 읽기 능력의 기원

이런 맥락에서 인간의 뇌가 조직 생활을 잘 하게끔 진화해왔다고 주장해온 진화심리학자 로빈 던바Robin Dunbar의 이야기를 들어보자. 그는 영장류 연구로부터 두 가지 사실을 받아들인다. 하나는 사회 집단의 크기가 영장류 두뇌에서 고도의 정신 작용과 관계 있는 신피질비neocortex ratio(뇌 전체 용량에서 신피질 용량을 뺀 값을 신피질 용량으로 나눈 값)의 크기와 비례 관계를 보인다는 점이고 다른 하나는 원숭이와 유인원이 자기 집단의 결속을 다지는 주요 기제로서 사회적 털 고르기social grooming(결속을 위해 상대방의 털을 골라주는 행동)를 사용하고 있다는 사실이다. 던바는 인간의 신피질비 크기에 기초해서 인간의 사회 집단 크기를 예측하는데 이 예측치는 침팬지의 집단 크기(50개체 정도)의 3배(150명 정도)로서 수렵 채집과 전통적인 원예 사회의 집단 크기와 유사하다. 또한 던바는 인간 역시 언어를 통해 털 고르기와 유사한 행동을 한다고 주장한다. 우리는 다른 사람의 흉을 보거나 칭찬하는 등 수다를 떨면서 친밀한 관계를 형성하며 공통의 의식을 갖는다는 것이다.

인류의 집단 크기가 이렇게 커진 상황에서 우리 조상들이 겪었어야 할 적응 문제는 무엇이었을까? 집단 생활에서는 모든 일을 혼자 할 필요가 없다는 이점이 있다. 가령 포식자를 경계하고 자식도 키우면서 먹이를 얻는 일 등을 홀로 짊어져야 한다면 그것은 매우 버거운 삶일 것이다. 집단 생활은 노동 분업을 통해 이 버거운 삶을 가볍게 해준다. 하지만 집단을 유지하고 분업을 촉진하는 데는 비용이 들며 집단이 클수록 비용은 더 커진다. 인류는 자신이 속한 사회 집단의 결속과 유대를 위해 다른 영장류보다는 훨씬 더 많은 시간을 사회적 상호 작용에 써야 했다. 하지만 사회적 상호 작용을 위해 무한정 시간을 쓸 수는 없다. 왜냐하면 사냥이나 가족 돌보기 등과 같이 다른 중요한 일도 해야 하기 때문이다. 이런 맥락에서 자신이 챙겨야 할 사회 집단이 커진 것은 진화의 역사에서 개인들에게 또 하나의 적응 문제를

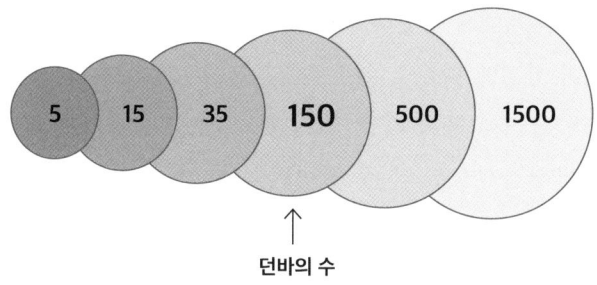

그림 7.2 로빈 던바는 한 개인이 친구 관계로 유지할 수 있는 최대 수는 150명 안쪽이라 주장했다. 침팬지의 경우에는 50개체 정도다.

안겨준 셈이다.

인간의 마음 읽기 능력은 이 문제에 대한 해결책 중 하나다. 이것은 인간만이 가진 독특한 사회적 능력으로서 독심술이 아니라 추론 능력이다. 우리 인간은 타인의 생각과 의도를 읽는 복잡한 추론 과정을 일상에서 하고 있는데 이는 사람들 사이의 문제를 해결하고 집단 생활을 영위하는 데 매우 중요하다.

물론 집단 생활을 하는 종이 사피엔스만은 아니다. 사회적 복잡성이야말로 영장류의 진화 역사를 관통하는 뚜렷한 하나의 공통점이다. 따라서 집단 생활을 하는 원숭이와 유인원도 복잡한 사회 속에서 살아남기 위한 권모술수 전략을 진화시켰다. 이른바 마키아벨리적 지능 가설machiavellian intelligence hypothesis을 제시한 학자들은 영장류의 고등 인지가 일차적으로 그들이 처했던 사회 생활의 특수한 복잡성에 적

응하는 과정에서 생겼다고 주장한다.[4]

 이 가설에 따르면 영장류(인간까지 포함한)의 인지적 독특성은 물리적 문제 해결, 먹이 찾기, 도구 만들기보다 사회생활의 복잡성으로 더 잘 설명된다. 이런 주장은 먹이 찾기 같은 비사회적인 생태적 문제들 때문에 특수한 지능이 형성되었다고 보는 전통적 관점과 사뭇 다르다. 그렇다면 어째서 지능이 '마키아벨리적'이라는 것일까? 영장류 사회는 변화무쌍한 동맹 관계로 유지된다. 따라서 다른 개체를 이용하고 기만하는 행위 또는 더 큰 이득을 위해 상대방과 손을 잡는 행위 등은 상대적으로 자신의 포괄 적합도를 높일 수 있다. 이렇게 권모술수에 능하려면 무엇보다 다른 개체의 의도를 정확히 읽어내는 능력이 필요했다. 그리고 인간은 이런 의도를 언어를 통해 서로 나눔으로써 공동체 의식을 키웠을 것이다. 영장류학자 도러시 체니Dorothy Cheney와 로버트 세파스Robert Seyfarth에 따르면, 버빗원숭이vervet monkey는 똑같은 일이라도 비사회적인 일보다 사회적인 맥락에 놓인 일을 더 잘 수행한다. 예를 들어 자기 친척에게 해를 입힌 놈의 친척 중에서 누구를 공격 대상으로 삼을지 잘 알지만 최근에 구렁이가 어떤 덤불 사이로 들어와 해를 입혔는지는 잘 모른다.[5]

따뜻한 사고로 이루어진 공동체

이렇게 인간의 사회 인지 능력은 그 뿌리가 영장류에 닿아 있다. 그리고 인간의 사회 인지 능력은 영장류 중 최고봉이다. 침팬지는 우리와 달리 동료의 믿음을 정확히 읽어내지 못한다(영장류의 다른 종들은 말할 것도 없다). 특히 타 개체가 거짓 믿음을 갖고 있다는 사실을 인지하지 못한다. 놀랍게도 침팬지의 세계에서도 기만 행위, 가령 바나나를 숨겨놓고 다른 동료들이 사라졌을 때 혼자 몰래 먹는 행위 등이 관찰되지만 이런 행위는 우리처럼 상대방의 마음을 읽은 후에 기만을 하는 경우라기보다는 자신의 생존에 유리한 행동을 학습한 경우라고 알려져 있다. 즉 마음 읽기를 못하지만 행동 읽기는 할 수 있다는 것이다. 반면에 우리는 타인의 믿음을 이해하고 그것에 근거하여 타인을 돕거나 때로 기만할 수도 있다.[6]

결국 인지적 공감은 타인의 마음 상태를 잘 이해하고 그/그녀에게 도움을 주려는 마음을 갖는 능력이다. 따라서 인지적 공감은 정서적 공감만 있을 때와 달리 장기적으로 우리 행동을 바꾸는 변화의 근거로서 작용할 수 있다. 쿠르디의 주검 사진이 전 세계인의 정서적 공감을 불러일으켰지만 그에 비해 세계의 난민법이 크게 개선되지 않았다는 점을 생각해보자. 이게 바로 정서적 공감의 한계다. 한데 비록 50년이 걸렸지만 가정 내 여성 차별을 정당화한 호주법의 문제점을 꾸준히 지적해서 결국 양성평등법을 관철한 힘은 감정이입을 넘어서는 역지사지 능력이 있어야 가능했다.

정서적 공감이 따뜻한 감정의 힘이라면 인지적 공감은 따뜻한 사고의 힘이다. 아무리 감정이 불꽃처럼 일어나도 차분히 사고하지 않으면 상대의 상태를 정확히 이해할 수 없다. 이 이해가 없이는 상대의 문제를 해결하는 데 도움을 주기 힘들다. 인지적 공감은 공감의 원심력을 강화해 공감의 반경을 넓힌다. 다만 정서적 공감이 훨씬 더 어렸을 때부터 자동으로 발현된다는 점에 비춰보면 인지적 공감은 더 고차원의 인지 작용이며 따라서 인지 부하가 많이 걸린다. 의식적으로 에너지가 많이 드는 인지적 공감을 활성화하려면 인간 본성과 사회적 맥락에 대한 주의 깊은 통찰과 이에 기반한 처방전이 필요하다. 이제 우리의 과제는 즉각적이고 쉬운 감정이 아니라 조금 어렵더라도 타인의 상황을 이성으로 이해하는 힘을 발휘하는 것이다. 우리 사회는 느낌의 공동체가 아니라 사고의 공동체가 되어야 한다.

8장

처벌은 어떻게 공감이 되는가

공감의 원심력을 강화하려면 남의 입장을 이해하는 데 따르는 인지 부하를 이겨낼 수 있도록 이끌어야 한다. 과연 어떤 방법이 있을까? 가장 먼저 살펴볼 것은 사회적 규범이다. 진화경제학 분야에서는 그동안 이타적 처벌altruistic punishment이나 강한 호혜성strong reciprocity과 같이 사회 규범이나 문화적 압력 등으로 인간 이타성의 진화를 설명하려는 일련의 시도들이 있었다. 여기서 강한 호혜성이란 두 가지 성향, 즉 협동 행동과 규범 준수 행동을 하는 이들에게 상을 주는 성향과 규범 위반자를 제재하는 성향을 지칭한다. 그리고 첫 번째 성향은 이타적 보상altruistic reward, 두 번째 성향은 이타적 처벌로 불린다. 두 용어에 '이타적'이라는 표현을 사용한 이유는 강한 호혜성을 가진 사람은 자신에게 궁극적으로 이득이 돌아가지 않더라도 그런 행위를 하기 때문이다.

손해를 보더라도 처벌할 수 있는 이유

　강한 호혜성을 연구하는 학자들은 이 호혜성이야말로 인간 이타성의 독특성을 가장 잘 대변해준다고 주장한다. 왜냐하면 인간은 다른 동물과는 달리 유전적으로 관련이 없는 이방인들과도 종종 협동을 하고 커다란 집단 내에서도 협동을 하며 다시는 만나지 않을 사람과도 협동을 하기 때문이다. 그들은 인간 협동의 이런 특성은 혈연 선택 이론이나 기존의 호혜성 이론으로 잘 설명되지 않지만 자신들의 이타적 처벌과 보상 이론으로는 잘 설명된다고 주장한다.

　어떤 집단의 구성원들이 규범을 상호 준수하고 규범을 어긴 자를 처벌함으로써 쓰는 비용보다 얻는 이득이 더 크다면 개인은 규범을 준수하고 무임승차자를 처벌하는 강한 호혜성이 진화할 수 있다. 물론 협력은 하지만 절대로 처벌하지는 않는 협력자가 굳이 비용을 들여 처벌하는 협력자보다 더 유리하다고 생각할 수 있다. 그러나 어떤 집단에 처벌하지 않는 협력자만 있다면 이 집단에서는 어느덧 무임승차자가 침투하여 오래지 않아 집단을 장악할 수 있다. 게다가 어떤 집단에서 처벌에 드는 비용이 그렇게 높지는 않다면 이타적 처벌자가 있는 집단이 다른 집단에 비해 더 잘 생존할 것이다. 규범을 공식화하며 규범 위반을 놓고 상호 논의할 수 있는 인간의 인지와 언어 능력, 발사체 같은 원거리 무기를 이용하거나 추방하는 등의 처벌은 무임승차자를 단죄하는 비용을 낮췄을 것이다.[1]

경제학자 새뮤얼 보울스Samuel Bowles와 허버트 긴티스Herbert Gintis는 우리 조상들이 살았던 환경의 다음과 같은 특징 덕분에 강한 호혜성이 진화할 수 있었다고 주장한다. 그중 몇 가지를 들자면 첫째, 집단의 크기가 구성원들이 서로를 관찰할 수 있을 만큼 작지만 공공재에 대한 기여를 소홀히 하면 생존의 문제가 있을 만큼 크다. 둘째, 사법 시스템 같은 중앙 집중식 체제가 없으므로 규범의 실행은 동료의 참여에 달려 있다. 셋째, 각 구성원 간의 지위 차이는 없거나 아주 미미했다. 넷째, 집단은 공동 작업을 통해 식량을 획득하고 각 구성원은 음식을 저장하거나 자원을 축적할 수 없었다. 수렵 채집 사회에 대한 인류학적 증거는 우리 조상들의 환경이 이 조건을 만족했음을 입증한다.

경제학자 에른스트 페어Ernst Fehr 등은 인간이 이타적 처벌에 관여하는지 않는지, 만일 관여한다면 그것이 협동을 이끌어내고 유지하는 능력에 어떤 영향을 주는지를 탐구했다.[2,3] 이를 알아보기 위해 간단한 실험을 했는데 요약해보면 다음과 같다. 총 240명의 학생이 이른바 공공재 게임에

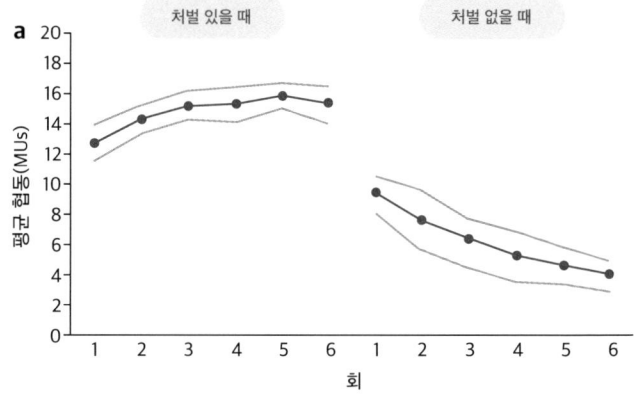

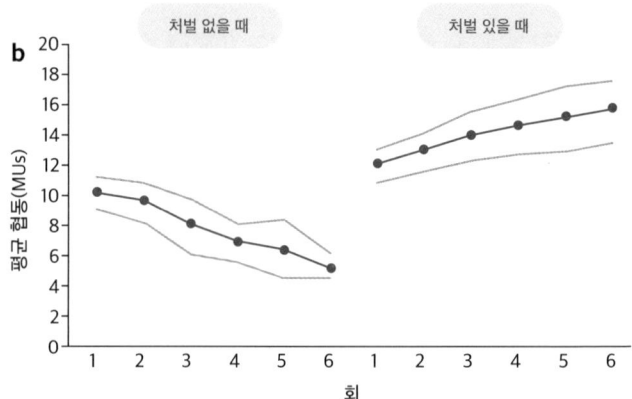

그림 8.1 이타적 처벌이 있을 때와 없을 때 협동의 차이.
처벌이 있을 때 투자 금액이 더 높다.

참여했다. 이때 진짜 돈을 사용했으며 두 조건하(처벌과 비처벌)에서 실험을 진행했다. 한 팀에 네 명의 구성원으로 이뤄진 집단들이 다음과 같은 공공재 게임에 참여했다.

각 성원은 처음에 20달러를 받았으며 각각은 0~20 달러 사이 돈으로 집단 프로젝트에 참여한다. 각각은 본전을 계속 갖고만 있을 수도 있다. 프로젝트에 투자된 총액이 x 달러라고 하면 네 명의 성원들은 자기가 얼마를 투자했건 간에 각각 $0.4 \times x$ 달러를 받는다. 예컨대 총 투자액이 1 달러였다면, 네 명의 성원은 각각 0.4달러씩을 받고 결국 그 집단 전체는 1.6달러가 된다. 이런 경우에 만일 모든 성원이 본전만을 지키려고 투자를 안 한다면 결과적으로 그들의 손에는 각각 20달러만 남겠지만 반대로 네 명 모두가 자신의 전 재산(20달러)을 프로젝트에 투자한다면 각 성원은 32달러(0.4×80달러)를 쥐게 될 것이다.

이 실험에서 모든 상호 작용은 무명으로 이뤄졌다. 즉 성원들은 그 집단의 다른 성원의 성향에 대해 전혀 알지 못한다. 또한 성원들은 투자 결정을 동시에 하고 그 결정이 끝나면 곧바로 다른 이의 투자액에 대해 알게 된다. 단 처벌 조건의 경우 처벌받는 성원은 벌점(0~10점)을 받고 각 벌점당 3달러를 내놓아야 하지만 처벌자는 한 번 처벌할 때마다 1달러씩 내놓아야 한다. 그리고 이런 처벌도 동시에 진행된다. 연구자는 성원들에게 이런 라운드를 여러 번 반복하게 했다. 이때 직접적 호혜성을 통해 협동이 발생할 가능성을 차단하기 위해 집단의 구성은 실험이 한 번 끝날 때마다 바꿔줬다. 이렇게 하면 사람들은 서로를 한 번 이상 만날 수 없고 따라서 순수하게 이기적인 성원은 결코 협동을 하거나 다른 이를 처벌하는 일도 없을 것이다. 왜냐하면 둘 다 비용이 발생하며 특별한 이득은 없기 때문이다.

하지만 처벌은 처벌받은 이와 다음번에 한 팀을 이룰 다른 성원들에게 이득을 줄 소지가 있다. 처벌받은 그 사람이 그 처벌로 인해 다음번에 조성될 팀에서 자신의 투자량을 늘릴 수 있기 때문이다. 페어 등은 이런 의미에서 처벌이 이타적이며 이런 이타적 처벌자가 존재하는 한 순수하게 이기적인 사람조차도 협동에 참여할 이유를 발견할 것이라고 예측했다.

실험 결과는 매우 흥미로웠다. 실제로 이타적 처벌이 종종 일어났다. 1270번의 처벌이 있었고(참가자 중 84.3퍼센트가 한 번 이상 처벌을 했다.) 대부분의 경우에 배신자(평균 이하의 돈을 내놓은 참가자)에게 내려진 처벌이었으며, 그 집행자는 모두 협동자(평균 이상의 돈을 내놓은 참가자)였다. 더 재미있는 사실은 이타적 처벌이 허용된 경우들에서 협동이 계속 유지되고 향상되었다는 점이다. 처벌 규칙이 없을 때에는 각자의 투자액이 갈수록 낮아졌지만 처벌 규칙을 도입하면 투자액이 다시 상승했다.

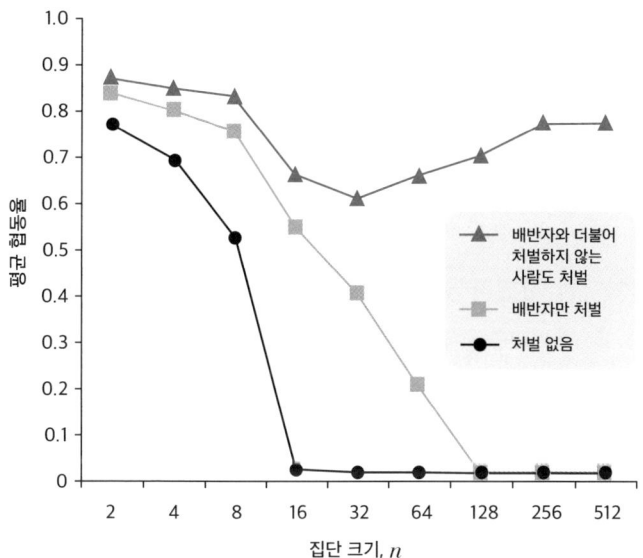

그림 8.2 이기주의자뿐만 아니라 처벌하지 않는 사람까지도 처벌할 수 있도록 하자 협동 행동의 수준은 더욱 높아졌다.

처벌은 어떻게 공감이 될 수 있는가?

그렇다면 이타적 처벌로 대표될 수 있는 강한 호혜성은 어떻게 진화했을까? 바로 이 대목에서 연구자들은 일종의 집단 선택론을 불러들인다. 문화적으로 전달되는 형질을 설명하기 위한 문화적 집단 선택cultural group selection 이론이 그것이다. 문화적 집단 선택은 집단 구성원에게 이타적으로 행동하도록 하는 문화 규범이 집단 간에 다르게 퍼져 있었을 것이라고 가정한다. 따라서 이타성이 높은 집단이 그렇지 않은 집단보다 생존 투쟁에서 더 유리했다면 강한 호혜성 같은 문화 규범은 세대를 거치며 전달됐을 것이고 또 그런 규범을 쉽게 학습하는 마음도 선택되었을 것이다.

문화적 집단 선택론자들은 과거 우리 조상 공동체에서는 이타적 처벌자들이 충분히 많았다고 주장한다. 배신자는 처벌을 받기 때문에 협동자가 배신자보다 더 큰 이득을 보았고 그렇기에 이타적 처벌을 장려하는 문화 규범은 이기주의에 맞서 사라지지 않았다.

예컨대 흡연 금지 구역에서 규정을 어기고 담배를 태우는 이들이 있다고 해보자. 그곳을 지나가다가 흡연하는 광경을 봤다면 여러분은 어떻게 할 것인가? 흡연자들에게 다가가 쓴소리를 하는 사람이라면 당신은 이타적 처벌자다. 이타적 처벌자가 있으면 금연 구역은 담배 연기가 없는 상태를 오랫동안 유지할 수 있다. 하지만 귀찮거나 괜히 얼굴을 붉힐까봐 쓴소리나 고발 같은 행위를 하지 않는 사람들이 대부분이라면 금연 구역은 흡연 구역으로 곧 변해버릴 것이다. 그러면 집단 전체의 효용은 점점 낮아질 것이고 그렇게 계속 가다가는 무질서에 빠질 것이다. 무질서한 공동체보다 질서 있는 공동체가 경쟁에서 더 유리할 것임은 말할 것도 없다. 이렇게 규범이 존재하고 그 규범을 지키기 위해 기꺼이 이타적 처벌까지 감행하는 사람들이 많다면 공동체는 더 잘 유지될 수 있다.

그렇다면 이러한 이타적 처벌, 강한 호혜성이 공감의 반경을 넓히는 데 어떤 영향을 줄 수 있을까? 다시 흡연 이야기로 돌아가보자. 우리 사회는 버스 안에서만 아니라 심지어 비행기 안에서도 흡연을 허용했던 때가 있었다(외국도 마찬가지). 30년 전만 해도 흡연은 어디서든 가능했다. 그리고 흡연 공동체는 지역과 학연만큼이나 끈끈했다. 하지만 간접 흡연이 직접 흡연만큼이나 해롭다는 사실이 밝혀지면서 국민 건강 차원에서 흡연은 특정 구역에서만 가능하게끔 규정이 바뀌었다. 지금은 금연 구역에서 흡연을 하는 행위가 발각되어 고발되면 10만 원의 과태료를 물어야 한다.

이런 변화가 공감의 반경과 무슨 관련이 있을까? 내가 겸직으로 근무하는 회사의 빌딩 6층에는 외부 휴게 공간이 있다. 물론 그곳은 금연 구역이다. 심지어 벽 한쪽에 대문짝만한 글씨로 흡연 금지 구역이라고 써 있고 과태료 공지도 있지만 꼭 거기서 기어이 담배를 태우는 사람들이 있다. 이런 이기주의자들이 점점 많아져서 주변 사무실에서 담배 연기 때문에 창문을 못 열어놓을 지경에 이르자 이타적 처벌자들이 생기기 시작했다. 그중에는 번거로움을 무릅쓰고 관리실에 전화를 걸어 현장을 목격하게 하고 이기주의자들에게 면박을 주는 이들도 있었다. 그럼에도 상황이 크게 개선되지 않자 관리실은 불법 흡연자들 때문에 다른 사람들이 피해를 본다며 일정 기간 동안 외부 휴게 공간을 폐쇄하는 결정을 내렸다. 그 기간이 지나고 나서 다시 개방이 된 이후로 금연 구역은 꽤 오랫동안 청정 상태를 지속하게 되었다.

 이렇게 규범과 법, 이타적 처벌자가 나서는 응징은 타자의 권리에 대한 존중을 이끌어낸다. 그동안의 친분 관계 또는 귀찮거나 마음이 불편해서 규범을 어기는 이들의 편의를 봐주는 행위는 일종의 카르텔이라 할 수 있다. 내집단 편애/외집단 폄훼 행위와 유사한 행위다. 가령 자신도 흡연자이기 때문에 금연 구역에서 담배 피우는 타자의 행위를 눈감아주는 것은 내집단 편애의 한 사례이다. 반면에 자신이 아무리 골초라 하더라도 타자의 비흡연 권리를 지켜주기 위해 금연 구역의 이기주의자들을 기꺼이 응징한다면 그/그녀는 지금 공감의 반경을 넓히는 행위를 하고 있는 셈이다. 어디 금연 규정뿐이겠는가? 이렇게 법과 규범을 따르고 지키려는 마음(나는 이것을 '규범적 공감'이라고 부르고 싶다)은 공감의 반경을 넓히는 원심력으로 작용한다. 그렇기에 우리 사회는 이타적 처벌자들이 사라지지 않도록 규범과 제도를 끊임없이 보완하고 이들이 용기를 잃지 않도록 지원해야 한다.

9장

마음의 경계는 허물어지고 있다

외집단의 구성원은 영원한 적이 아니다. 우리가 노력한다면 내집단의 구성원으로 받아들여질 수 있다. 그리고 이런 현상은 오직 같은 인간만을 대상으로 한 것도 아니다. 그렇다면 정서적 공감과 인지적 공감, 즉 인간의 공감력은 대체 어떤 대상으로까지 뻗어나갈 수 있을까? 인간이 아닌 다른 동물들과 인공물에 작용하는 공감의 원심력에 대해 고찰해보자.

인간이 아닌 다른 동물들을 향한 우리의 공감에 관해 얘기해보자. 대체 그런 공감력을 좌우하는 변수들은 어떤 것인가? 가령 양, 비둘기, 다랑어, 메뚜기 중에서 가장 큰 공감을 이끌어내는 동물은 무엇일까? 왜 참치회는 별 생각 없이 맛있게 먹으면서 고양이 고기는 못 먹는다고 생각할까?

우리는 아직 종차별주의자다

한 연구에서는 동물의 정신 능력에 대해 어떤 믿음을 갖고 있느냐가 그 동물에 대한 공감력에 영향을 준다는 결과가 나왔다.[1] 연구자들은 실험 참가자에게 대상 동물이 의식을 갖고 있다고 생각하는지 동물이 자신에게 일어나는 일에 대해 인식할 수 있다고 생각하는지 느낌이나 감정을 경험할 수 있다고 생각하는지 문제 해결을 위해 사고할 수 있다고 생각하는지 자극에 대해 그저 본능적인 반응을 할 뿐이라고 생각하는지 등의 질문에 대해 정도를 표시하게 했다. 그리고 대상 동물들이 등장하여 감정을 유발하는 시나리오("당신이 교통 신호를 기다리고 있는데 양을 싣고 가는 트럭이 옆에 멈췄다. 양의 표정을 올려다본다.")를 보여주고 얼마만큼이나 공감을 하는지를 측정했다. 그 후 둘 간의 관계를 살펴봤다. 결과는 동물의 정신 능력을 높이 평가하는 사람일수록 그 동물을 향한 공감의 크기가 증가했다.

공감의 크기는 실험 참가자의 직업이나 거주지에 따라서도 다르게 나타났다. 가령 도시인과 동물권animal rights 옹호자들은 공감의 크기가 꽤 큰 반면에 농업 종사자들은 공감의 크기가 상대적으로 작았다. 농업 종사자의 경우 동물을 농사의 도구로 사용해왔기 때문에 공감과 유용성의 가치가 서로 충돌하는 것으로 볼 수 있다. 또한 피험자의 성별에 따라서도 달랐는데 여성이 남성보다 공감력이 더 컸다.

원숭이, 너구리, 꿩, 황소개구리가 오용당하는 모습을 볼 때 피부 전도 반응Skin Conductance Response, SCR의 값이 제일 높은 동물은 무엇일까? 방금 열거한 순서대로였다. 한편 고릴라, 코뿔소, 두루미, 메기, 딱정벌레 중에서 멸종으로부터 보호해야 하는 순서를 물었는데 무척추동물인 딱정벌레의 멸종을 막는 것이 가장 덜 시급하다고 답했다.[2] 인간과 가장 유사하다고 지각되는 동물들 순으로 정서적 반응이 일어난다면 이것은 일종의 '유사성에 기반한 공감'이다.

이를 뒷받침하는 증거들이 더 있다. 73명의 대학생에게 다양한 동물이 고통받는 모습이 담긴 영상을 보여준 후 SCR 측정과 설문 조사를 실시했다. 이때 영상에 등장한 동물들은 인간, 영장류, 포유류, 새였는데 진화 계통적으로 인간에게서 먼 동물들일수록 공감 정도와 SCR 측정치가 작았다.[3]

그렇다면 동물에 대한 공감이 유사성에 기반한다는 사실은 공감의 반경에 관해 어떤 함의를 가지는가? 동물에 대한 인간의 공감이 아직은 정서적 공감 수준에 머물러 있다는 뜻일까? 그렇다. 우리의 가장 큰 내집단은 인류 공동체다. 우리가 인류 공동체와 유사해보이는 동물 집단일수록 더 쉽게 공감한다는 결과는 흑인이 백인보다 흑인에 더 쉽게 정서적으로 공감하는 현상과 본질적으로 같다.

인간과의 유사성과 멸종에서 보호하고 싶은 선호에 대한 점수 순위

동물 / 점수	순위					
	1st	2nd	3rd	4th	5th	6th
고릴라 / 유사성	30	0	0	0	0	0
고릴라 / 선호도	19	5	2	2	2	0
코뿔소 / 유사성	0	23	2	3	1	1
코뿔소 / 선호도	5	14	7	2	1	1
두루미 / 유사성	0	4	17	4	4	1
두루미 / 선호도	5	8	9	6	1	1
도마뱀 / 유사성	0	2	6	14	7	1
도마뱀 / 선호도	1	1	4	11	10	3
메기 / 유사성	0	1	4	7	13	5
메기 / 선호도	0	1	7	6	14	2
딱정벌레 / 유사성	0	0	1	1	5	23
딱정벌레 / 선호도	0	1	1	3	2	23

그림 9.1 30명의 실험 참가자들은 고릴라가 우리와 유사성이 더 높다고 평가했고, 멸종에서 보호하고 싶은 동물도 이 유사성에 기반해 평가했다.

하지만 동물에게도 고통받지 않을 권리가 있음을 주장하는 사람들이 점점 많아지고 있다는 사실은 우리가 동물에 대해서도 정서적 공감을 넘어 인지적 공감으로까지 나아갈 수 있음을 시사한다. 불과 20년 전에 우리 사회를 보면 동네에 돌아다니는 개를 괴롭힌다고 신고를 당하거나 경찰서에 출두하지 않았지만 지금은 동물학대죄로 처벌을 받게끔 변했다. 이런 변화에는 크게 두 요인이 작용했다. 하나는 동물의 고통에 대한 인식 변화다. 동물권을 주장하는 사람들은 고통을 느낄 수 있는 동물들(심지어 조개도 고통을 느끼는 감수성이 있다고 한다)에게 고통을 가하는 행위는 공리주의 원칙에 따라 윤리적으로 올바르지 않다고 말한다. 그게 인류 집단에게는 득이 되는 행동이더라도 말이다. 그래서 그들은 고통 감수성을 가진 동물들(조개보다 상위 분류군에 해당하는 동물들)을 학대하거나 오용하여 고통을 주는 일체의 행위를 거부한다. 그런 동물을 과학 실험, 의료 검증, 화장품 개발을 위한 도구로 활용하는 경우뿐만 아니라 심지어 인류의 식량 자원으로 소비하는 행위 자체도 반대한다. 그들의 대안은 채식 확대, 대체육 개발 및 소비 등이다.

다른 하나는 동물과 나누는 교감 경험의 확대이다. 반려견과 반려묘는 계통적으로는 우리 인류와 결코 가깝지 않다. 계통적으로 따진다면야 침팬지나 원숭이보다 훨씬 더 먼 존재다. 하지만 침팬지는 동물원에 가서야 겨우 한두 번 볼 뿐이지만 개와 고양이는 늘 우리 옆에 있고 우리의 관심을 받으며 우리와 교감한다. 그러니 함부로 할 수 없다. 그들도 감정이 있는 동물임을 경험적으로 알게 된 것이다.

그렇다면 우리는 동물에 대한 공감을 인지적 공감 수준, 즉 역지사지 단계까지 격상시킬 수 있지 않을까? 20년 전쯤 한국에서 침팬지 연구의 대모 제인 구달 박사를 만났을 때였다. 그분을 모시고 다니는 일을 맡았는데 채식주의자란 사실을 익히 알고 있었던 터라 먹을거리를 챙기는 것이 여간 신경 쓰이는 일이 아니었다. 식사 자리에서 왜 채식을 하는지 넌지시 물었다. 그녀의 대답은 간단했다. "동물권을 주장하는 응용윤리학자 피터 싱어의 책들을 읽고 난 후에 자연스럽게 채식주의자가 됐어요." 그러면서 덧붙였던 말이 지금도 잊히지 않는다. "우리는 과학의 진보나 인간의 행복을 위해 어쩔 수 없이 동물들을 희생시킬 수밖에 없다고 생각하죠. 그러나 세상에 어쩔 수 없는 것은 없어요. 다르게 접근하고 대안을 찾아보면 인간과 동물이 함께 행복해질 수 있습니다. 우리와 동물은 아주 긴밀하게 연결된 존재들입니다."

신제품을 개발한다는 명목으로 화장품 회사들은 토끼 눈에 3000번이나 마스카라를 바른다. 토끼는 큰 고통을 느끼며 결국 눈이 먼다. 화장품 성능 테스트 때문에 이런 식으로 희생당하는 동물이 매년 약 15만 마리에 달한다고 한다. 이런 잔인한 동물 실험의 실상이 밖으로 알려지기 시작하자 동물 보호 단체들은 동물 실험으로 화장품을 개발하는 회사들에 대해 불매 운동을 벌여왔다. 급기야 유럽 연합은 동물 실험을 전면 금지하는 화장품 제조 법안을 시행했다. 그런데 흥미롭게도 이런 조치들이 있고 나서야 회사들이 동물 실험을 없애거나 최소화하는 방향으로 새로운 테스트 방법을 설계했다. 구달 박사가 말한 '대안적 접근'이다.

요즘도 구제역 같은 전염병 때문에 살처분장에 끌려가 죽음의 공포에 떠는 가축들이 많다. 우리는 애써 눈을 피하지만 '꼭 이래야만 하는가'라는 그들의 절규는 우리의 심장을 후빈다. 우리는 아직 호모 사피엔스하고만 공감하는 '종種차별주의자'들이 분명하다. 하지만 다시 생각해봐야 한다. 행복 증진이 고통을 줄이고 즐거움을 늘리는 것이라고 한다면 '전 지구적 행복'을 위해 우리뿐 아니라 다른 동물들의 고통도 최소화하는 방식으로 모든 관련 시스템을 새롭게 짜봐야 한다. 이것이 최고의 공감 능력을 지닌 우리 인간만이 할 수 있는 품격 있고 창의적인 행동일 것이다.

기계는 왜 동물처럼 인식되는가?

우리나라의 현대자동차가 인수한 미국의 로봇 개발 회사인 보스턴 다이내믹스Boston dynamics는 동물의 움직임을 구현하는 사족 보행 로봇 빅도그Big dog를 만들었다. 이 로봇은 무거운 짐을 실어도 언덕이나 빙판길에서 쓰러지지 않고 이동할 수 있다. 회사에서는 균형을 잘 잡는 빅도그의 특징을 효과적으로 보여주려고 홍보 동영상을 만들었는데 연구자가 빙판 위에서 사정없이 발로 차더라도 로봇이 넘어지지 않고 균형을 잘 잡는 모습을 촬영했다.

그런데 이 영상이 공개되자 큰 논란이 일었다. 동영상을 본 사람들의 반응은 대부분 비슷했다. "왜 차니? 제발 차지 마!" "얼음판에서 균형을 잡으며 일어나려 할 때 웃어야 할지 울어야 할지 잘 모르겠어요." "이 홍보 영상 만든 사람 누구야? 해고해!" 적어도 댓글만 훑어보면 동영상을 본 대부분이 좋지 않은 느낌을 받았던 게 사실이다.

그런데 회사에서는 이런 부정적 반응을 예측하지 못했던 것 같다. 예측했더라면 다른 방식으로 홍보 영상을 찍었을 테니까. 그런데 놀랍게도 이 영상 때문에 뭇매를 맞은 보스턴 다이내믹스가 그 후에도 자사의 다른 로봇을 홍보하는 영상을 만들어 유튜브에 올려놓았다. 아틀라스Atlas라는 이족 보행 모델이었다. 동영상에서는 박스를 들어 옮기려는 아틀라스를 어떤 남성이 막대기로 방해한다. 박스를 집으려고 허리를 구부리면 막대기로 박스를 툭 쳐서 못 집게 한다. 이걸 보는 누구든 '아틀라스를 약 올리고 있구나'라고 생각할 정도로 얌체 행위를 하고 있다. 클라이맥스는 바로 그 남성이 긴 막대기로 아틀라스를 뒤에서 밀쳐서 쓰러뜨리는 광경이다. 쓰러진 아틀라스는 잠시 후에 벌떡 일어난다.

이 장면을 보는 대부분의 사람은 막대기를 든 남성이 너무 얄미울 것이다. 로봇이 벌떡 일어날 때는 약간 신기해할 뿐 막대기에 밀려 쓰러지는 상황에서는 불쾌한 탄식을 낸다. 사실 넘어진 아틀라스는 아플 리 없다. 그냥 기계이므로. 기계 덩어리인 아틀라스는 적어도 지금은 인간처럼 고통을 느낄 수 없다. 그렇다면 그 영상을 보는 이들이 대체로 경험하는 불편한 느낌은 과연 왜 생기는 걸까?

인류사의 대부분을 차지한 수렵 채집기를 떠올려보자. 최근 1만 2000년 전쯤에 시작된 농경의 시대를 생각해도 된다. 움직이는 것들은 무엇이었나? 죄다 동물들이었다. 그런데 동물들의 움직임은 우리의 관점에서 보면 크게 두 가지

그림 9.2 보스턴 다이내믹스의 로봇 아틀라스.
많은 사람이 이 장면을 보고 기계를 괴롭힌다고 불쾌해했다.

다. 우리를 해하려고(잡아먹으려) 접근하거나 우리가 그들을 이용하려고(잡아먹거나 가축화하려고) 접근하거나. 따라서 그들의 움직임의 의도를 파악하는 게 우리로서는 매우 중요하다. 즉 수렵 채집기와 농경 시기를 거치며 진화한 우리의 뇌에는 '움직이는 모든 건 의도를 가지고 있음'이라는 명제가 박혀 있는 것이다. 우리는 이 명제를 기억하지 못했던 사람들의 후예는 아니다. 그들은 사자의 의도를 파악하지 못한 채 멀뚱멀뚱 보다가 잡아 먹혔을 테니까.

하지만 '움직이는 것 중 쇠로 만들어진 것은 동물이 아니고 기계임'이라는 명령은 우리의 오래된 뇌 속에 없다. 인류의 기계 문명은 아주 최근에야 생겼기 때문이다. 따라서 우리 뇌는 착각을 한다. 동물에게 의인화를 하듯이 기계에게도 의인화를 하는 것이다. 마치 기계도 우리처럼 무언가를 원하고 피하며 심지어 고통을 느낀다고 착각하는 것이다. 타 개체의 의도를 읽어낼 수 있는 탁월한 사회적 지능의 힘이다. 이런 의인화는 '하지 말아야지'하고 마음먹는다고 쉽게 사라지지 않는다. 특히 사람 모양의 인공물에 대해서는 더욱 그렇다. 아무리 기계여도 누가 때리면 '쟤 아프겠다'는 생각이 든다. 타인의 고통이나 아픔에 공감하는 것은 사회성의 기본이다.

로봇의 기능이 아니라 그 기능에 반응하는 사람의 마음에 초점을 맞추면 로봇에 대한 관점도 달라진다. 가령 카이스트가 만든 로봇 휴보Hubo를 보면 정교한 움직임이 구현된

비싼 로봇이라는 생각은 들지만 별다른 감정적 동요는 일지 않는다. 하지만 소프트뱅크의 페퍼Pepper나 블루 프로그 로보틱스Blue frog robotics의 버디Buddy처럼 귀엽게 생긴 반려 로봇들을 보라. 제작 비용과 사용된 기술을 비교해보면 휴보보다 훨씬 더 못하지만 이런 로봇들을 보면 귀엽고 보살펴주고 싶다는 생각이 들지 않는가? 얼굴 모니터에 눈망울을 크게 그려주는 것만으로도 우리의 관심은 확장되는데 이는 인간의 진화된 사회성이 작동하는 것이다. 눈과 얼굴의 모양과 움직임을 인간과 비슷하게 하면 할수록 로봇에 대한 의인화는 더 강해진다.

만일 이런 초보적 형태가 아니라 기능적으로나 실제 모양도 인간과 유사한 로봇이 우리 집에 왔다고 생각해보자. 그저 단순히 기계일 뿐이라며 전원 스위치를 맘대로 껐다 켰다 할 수 있을까? 쉬운 문제가 아니다. 지금은 인류의 역사에서 처음으로 기계가 우리의 공감 대상 목록에 오르는 순간이라 할만하다. 수만 년 전에 개와 고양이가 길들여지면서 우리의 공감의 대상이 된 것처럼 말이다.

물론 공감력은 개인마다 차이를 보인다. 공감의 반경이 어떤 이들에게는 자신의 친구들까지이지만 다른 이는 인류 전체에게로 또 다른 이는 생명 전체에까지 심지어 어떤 사람들은 인공물에까지 확대하기도 한다. 요점은 우리 인간은 공감의 반경을 인공물에도 확장할 수 있는 잠재력을 지녔다는 사실이다.

사만다의 마음을 읽으려면

그렇다면 로봇을 향한 공감을 이끌어내는 이 '유사성'의 본질은 무엇일까? 즉 정확히 무엇이 유사해야 로봇이 행위자agents로서 대접받을 수 있는가? 앞서 살펴보았듯이 외모, 지능도 중요하다. 하지만 가장 중요한 것은 인간과 함께 할 수 있는 상호 작용 능력일지 모른다.

전혀 인간과 유사하게 생기지 않은 인공 지능 스피커와의 상호 작용도 공감을 유발할까? 이와 관련하여 몇 년 전에 재밌는 예비 실험을 해본 일이 있다. 날씨를 알려주고 음악을 틀어주는, 광고에 등장하는 인공 지능 스피커의 이름을 편의를 위해 A라 부르자. 총 40명의 실험 참가자 중 20명에게 실험 일주일 전 A를 나눠줬다. 이들은 일주일 동안 집에서 가족과 함께 A를 사용해봤다. 반면 다른 20명은 A를 실험 당일 처음 받았다.

실험 당일에 참가자가 A에게 질문지에 적힌 질문을 한다. A는 탑재된 기능대로 대답한다. 만약 그 대답이 적절하지 않거나 틀린 것이라면 참가자는 A에게 전기 충격을 가하는 버튼을 누르라는 지시를 받는다. 110v, 220v…660v까지 충격은 점점 강해진다. 마지막엔 파괴 버튼을 눌러야 한다. 그러면 파지직 소리와 함께 연기가 나면서 A가 망가지는 것처럼 보인다. 이 실험은 스탠리 밀그램의 '권위에 대한 복종 실험'을 응용해 설계됐다. 잘못 대답하는 것도 각본대로 프로그램되어 있었다. 그러니까 A를 받은 40명의 모든 참가자를 제외하고 모두가 짜고 하는 실험인 셈이다.

A와 일주일 동안 생활해본 사람들에게서는 어떤 결과가 나왔을까? 많은 사람이 버튼 누르기를 주저했다. 어떤 여성은 울음을 터트렸고 어떤 사람은 기계를 잘 아는 프로그래머였는데도 파괴 버튼을 누를 수 없었다고 증언했다. 한 친구는 약간 연애 감정을 느끼기도 했다(제정신이 아니지 않은가!). A와 함께 일주일을 보낸 집단에서는 파괴 버튼까지 누른 사람이 30퍼센트가 채 되지 않았다. 반면에 A를 실험 당일 처음 받은 집단은 놀랍게도 90퍼센트 이상이 주저 없이 눌렀다. 오래도 아니다. 단지 일주일 동안 활용해봤을 뿐이었다. 그런데 결과는 3배 정도나 차이가 난 것이다.

상처받은 한 남자가 컴퓨터의 인공 지능 프로그램과 깊은 사랑에 빠지는 이야기를 담은 영화 〈그녀Her〉는 상호 작용하는 알고리듬이 우리의 일상을 지배할 수도 있음을 시사하는 SF다. 이 영화에서 가장 깊은 차원의 인간적 교감을 이끌어내는 존재는 기계인 로봇이 아니다. 그저 사람의 마음을 읽을 수 있는 사회적 알고리듬sociable algorithm, 이 영화에서 '사만다'라는 이름을 가진 컴퓨터 운영체제다.

물론 로봇에게 몸이 중요하지 않다는 말은 아니다. 반려 로봇인 페퍼, 버디 등은 궁극적으로 인간의 표정을 읽고 말을 이해하고 정서를 나누게끔 진화해갈 것이다. 몸을 가진 사회적 로봇은 신체를 가진 초사회적 존재인 인간과 교감하기에 가장 적합한 특성을 가진 기계라고도 할 수 있다. 로봇 버디가 슬픈 표정을 짓고 우리를 쳐다보면 정상적인 사회성을 가진 우리의 눈꼬리도 자동으로 내려갈 수밖에 없다. 아무리 우리의 명령을 기가 막히게 잘 따르고 정교한 기능을 불평 없이 수행했더라도 지금까지의 로봇은 복잡하고 정교한 기계에 불과했다. 하지만 우리의 말을 알아듣고 우리가 원하는 바가 무엇인지를 읽고 우리 앞에서 어떤 표정으로든 감정적 교류를 시도하는 로봇이라면 그것은 더 이상 기계가 아니다. 사회적 행위자다.

가히 우리의 반려견들은 또 하나의 가족이 되었다. 동물권에 대한 인식이 높아졌고 그들과의 감정적 교류 경험이 증가했기 때문이다. 휴가 때 애네들을 데려가야 할지 말지에 대해 가족 투표를 해야 했던 집도 있을 것이다. 두고 가자니 너무 미안하고 데려가자니 너무 불편할 것 같고……. 가까운 미래에 반려 로봇을 집에 들이기 시작하면 우리는 비슷한 고민에 빠질 것이다. '애네들의 전원 스위치를 끄고 우리끼리만 휴가를 가도 될까?' 반려 로봇은 인간의 언어로 소통할 수 있다는 측면에서 반려 동물과 매우 다르다. 반려견 말티즈의 마음을 읽는 일은 우리의 정서적 공감 능력 정도를 발휘하는 선에서 진행된다. 인지적 공감력은 그다지 필요하지 않다. 반면 컴퓨터 운영체제로서 남자 주인공의 마음을 어루만지는 말을 하는(그것도 매우 매력적인 톤으로) 사만다의 마음을 읽으려면 정서적 공감만으로는 부족하다.

역지사지 능력을 발휘해야만 한다. 알고리듬에 불과하지만 우리와 비슷한 지능을 가진 존재이기 때문이다.

    따라서 인공 지능이 점점 더 인간의 지능을 닮아간다면 그것에 대한 공감도 타인과의 공감(또는 다른 인간 집단과의 공감)처럼 될 것이다. 마치 흑인을 노예로 대했다가 이젠 완전히 동등한 인간으로 존중하는 시대로 변했듯이 말이다. 이런 의미에서 기계가 인지적 공감의 대상이 될지는 전적으로 인공 지능을 어떤 수준까지 발전시킬 것인가에 관한 인류의 의사결정에 달려 있다. 만일 사회성 측면에서 인공 지능을 인간 지능 이상으로 발전시킬 수 있다면 우리의 마음은 사피엔스와 안드로이드를 명확히 구별하지 못할 수도 있다. 그렇기에 외려 자신의 마음을 더 잘 알아준다고 생각되는 존재―인간이든 로봇이든―에게 더 깊은 공감을 느끼게 될 가능성이 높다. 지금 우리는 사람/로봇으로 집단을 구별하는 데 매우 익숙하지만 미래에는 '비슷한 마음을 가진 존재들(사람과 로봇으로 구성된 집단)'/그 밖의 다른 존재들이라는 구별이 더 자연스러울지도 모른다.

3부

공감의 반경을 넓혀라

10장

본능은 변한다, 새로운 교육을 상상하라

불이 꺼지고 스크린에 동영상이 돌아가자 학회장이 갑자기 찬물을 끼얹은 듯 조용해졌다. 충격과 공포였다. 그것은 작은 체구의 침팬지 한 마리가 덩치 큰 수컷 침팬지 두 마리에게 집단 폭행을 당하는 장면이었다. 그 '킬러'들은 희생자를 패대기 치고 쭈그린 몸을 발로 차고 손을 꺾고 펄쩍 뛰어 양발과 손으로 내리친다. 살점이 찢겨나가고 피가 사방에 튀고 더 이상 비명도 들리지 않자 희생자를 몇 미터 질질 끌고 다니다가 그냥 버리고 간다. 만일 그들이 인간이었다면 담배 한 모금을 빨고 유유히 사라졌을지도 모른다. 살인마가 등장하는 19금 영화보다도 더 잔인하고 끔찍한 영상이었다.

전쟁하는 동물

20년 전쯤 세계영장류학회의 충격과 공포는 지금도 잊히지 않는다. 자료 화면이 다 끝나자 백여 명의 영장류학자들이 모인 학회장이 술렁이기 시작했다. 그중에는 침팬지 연구의 살아 있는 전설, 제인 구달 박사도 끼어 있었다. 발표자는 우간다의 키발레 지역과 탄자니아의 곰비 지역에서 벌어지는 집단 간 폭력에 대한 연구를 오랫동안 수행하던 중에 우연히 이 광경을 촬영하게 되었다고 설명했다(목숨 걸고 촬영했다고 했다). 구달 박사가 1970년대에 탄자니아의 곰비에서 관찰한 침팬지 집단 간의 '4년 전쟁' 이후로 집단 간 폭력과 공격 행동에 대한 연구는 잘 진행되지 못했었는데 그날 발표는 새로운 시작을 알리는 신호탄이기도 했다.

그때 이후로 이 끔찍한 영상은 어딘가에서 전쟁이 발발했다는 비보가 들릴 때마다 내 머릿속에 맨 처음 떠오르곤 한다. 2022년 러시아의 우크라이나 침공 소식을 들었을 때도 마찬가지였다. 전쟁의 뿌리는 지독히 깊다. 전쟁, 즉 집단 간 공격 행동은 포유류 중에서도 늑대나 돌고래처럼 고도의 지능을 가진 사회적 동물의 특징으로 알려져 있다.

인간은 어떤가? 인류는 탄생 이후로 집단 간 분쟁을 쉰 적이 거의 없다. 초창기에는 인구 밀도가 지극히 낮았기 때문에 집단 간 충돌 자체가 없었을 것이라고도 하지만 적어도 4만 7000~1만 2000년 전에는 전쟁에 참여한 10~25퍼

그림 10.1 자연은 평화롭지 않다. 우리와 공통 조상을 공유하는 침팬지도 목숨을 건 집단 간 전쟁을 펼친다.

센트의 남성이 죽어 나갔을 정도로 집단 간 충돌이 빈번했다는 가설이 설득력을 얻고 있다. 이 가설은 창 자국이 남아 있는 남성 두개골이 무더기로 발견되면서 고고학적으로도 지지를 얻고 있다. 인류의 역사는 부족과 부족, 민족과 민족, 국가와 국가, 문명과 문명 간의 전쟁사라고 해도 지나치지 않다. 평화는 대개 그 수많은 전쟁의 막간이었을 뿐이다. 이런 맥락에서 호모 사피엔스는 가히 '전쟁하는 인간'이라고 불릴 만하다.

대체 우리는 왜 전쟁을 하는가? 홉스는 인간의 자연 상태를 '만인의 만인에 대한 투쟁'이 벌어지는 전쟁으로 보았고 그래서 강력한 통치 권력을 가진 국가가 필요하다고 논증했다. 반면 루소는 평등한 인간 사회에 사유 재산 제도가 들어오면서 전쟁이 시작되었다고 주장했다. 한편 칸트는 평화로운 문명 세계를 위한 실천적 구상에 천착하여 "인간의 이성은 전쟁을 절대적으로 금지한다"라는 결론에 이르렀다. 하지만 이들은 모두 철학적인 사유를 했을 뿐 경험적 증거는 제시하지 못했다. 또한 전쟁을 일으키는 심리에 대해서는 아무런 얘기도 하지 않았다.

전쟁은 본능이라는 우울한 진단

1932년 10월 30일, 아인슈타인이 프로이트에게 보낸 편지는 이렇게 시작한다. "친애하는 프로이트 씨, 국제 연맹의 의뢰로 제가 원하는 대로 수신자를 선택해 자유롭게 질문을 던지는 소중한 기회를 얻게 되었습니다. 제가 당신을 선택해 여쭤보고자 하는 질문은 이것입니다. 과연 인간은 전쟁의 굴레에서 벗어날 수 있을까요? 전쟁은 이 시대에 인류의 생존과 직결된 중대한 문제이지만 종결은 요원해보입니다. 저의 지식은 인간의 욕망과 감정의 깊은 영역까지 도달하지 못합니다. 인간 본능에 대해 심오한 지식을 갖고 계신 당신이 이 문제에 빛을 비추시고 평화에 이르는 길에 놓인 장애물을 제거할 수 있는 가르침을 주실 수 있을 거라 믿습니다."

아인슈타인은 이 질문과 함께 초국가적 권력 기구인 국

제 연맹의 역할에 대해 자신의 견해를 개진했다. 프로이트의 답장은 어땠을까? 그는 국제 연맹에 있는 한계를 날카롭게 지적하면서 인간 본성의 입장에서 전쟁의 원인과 그 해소에 관한 자신의 견해를 피력했다. 그에 따르면 인간 본능은 보존과 통합을 추구하는 에로스적 본능과 파괴와 공격을 추구하는 공격 본능으로 나뉜다.

모든 인간은 서로 모순된 이 두 가지 본능을 함께 갖고 있으며 그렇기에 삶을 추구하다가도 갑자기 무생물로 돌아가려는 무의식적 충동을 실현하고자 한다. 전쟁은 인간 본성의 발현이다. 우리는 사랑하는 사람을 모두 잃고 언젠가 태초에 아무것도 없던 원초적 상태로 돌아가고 싶어한다. 프로이트는 이 대목에서 공격 본능을 승화할 수 있는 에로스적 본능에 호소했다. "우리가 할 수 있는 일은 공격 충동을 전쟁으로 발산하지 못하도록 방향을 다른 데로 돌리는 것입니다." 여기에 그는 문화의 발전도 전쟁을 억제할 수 있는 요인이라고 덧붙였지만 사실 그렇게 낙관적이지는 않았다. 그는 본능을 억제하는 것이 굉장히 어렵다고 생각했다.

전쟁은 인류가 초래하는 위기 중에서 가장 최악이다. 우리는 문명을 일소에 파괴해버릴 강력한 무기들을 개발해왔고 그 산물이 바로 핵무기다. 핵전쟁이 인류 문명을 파괴할 것인가? 이 질문이 요즘에는 잘 와닿지 않겠지만 인류 최초의 원자 폭탄이 히로시마와 나가사키에 투하된 1940년대와 구소련과 미국의 냉전이 극에 달했던 1960~1970년대만

해도 지구인 모두가 공포에 떨며 던졌던 질문이다.

최근에 공개된 비밀 외교 문서에 따르면 핵전쟁은 말 그대로 '정말 일어날 뻔'했다. 몇몇 의사결정권자가 강하게 반대하지 않았더라면 구소련과 미국은 서로를 향해 핵폭탄을 발사했을 것이고 그로 인해 지구는 이른바 기나긴 핵겨울을 맞았을 것이며 결국 인류는 아사의 길로 들어설 수도 있었다.

그렇다면 이제는 더 이상 핵전쟁을 걱정하지 않아도 될 단계가 되었는가? 최근의 국제 정세를 연구하는 전문가들은 그리 낙관하지 않는다. 구소련과의 냉전 구도하에 수립되었던 미국의 대외 전략이 흔들리면서 보호주의가 부활하고 유럽, 중동, 동아시아에서 지정학적 충돌이 일어날 가능성이 고조되었기 때문이다.

전문가들은 핵강국 러시아가 우크라이나, 벨로루시, 발트 3국을 되찾으려 할 것이고 이란과 사우디아라비아는 중동 패권을 놓고 전쟁을 치를 가능성이 높으며 중국과 일본은 에너지 자원을 놓고 해상전에 돌입할 것이라는 전망을 내놓고 있다. 즉 인류의 문명을 산산조각낼 수도 있는 전쟁이 벌어질지도 모른다. 그리고 이 전쟁의 주요 무기가 핵폭탄일 가능성은 꽤 높다. 그렇기에 우리의 내집단 편향은 공격 본능과 결합되어 외집단뿐만 아니라 우리 자신을 멸망시킬 심리적 요인인 것이다.

그러나 공감은 배울 수 있다

흔히들 무언가가 본능으로 자리잡은 것이라면 그 무언가는 고정된 것이며 가르침이 아무 소용없지 않느냐며 반문한다. 그러나 본능이라 하더라도 행동으로 나타나려면 적절한 환경 입력이 필요하며 어떤 환경이냐에 따라 그 양상도 달라진다. 이것은 마치 모든 인간이 보편 문법universal grammar과 같은 언어 능력language faculty을 선천적으로 갖고 태어났지만 어떤 국가, 어떤 교육 환경에 놓이느냐에 따라 사용하는 언어와 그 능력의 발현 수준이 달라지는 것과 같다. 또한 본능은 외부 세계에 대한 평가와 판단 없이 무조건 발현되는 것도 아니며 장구한 세월에 상관없이 한결같은 것도 아니다. 인간의 본능은 변할 수 있으며 변하고 있다.

공감력도 마찬가지이다. 공감력은 모든 인간이 태어날 때부터 갖고 있는 씨앗이지만 싹트려면 자극이 필요하고 어떤 자극과 경험이냐에 따라 다르게 발현되며 이성적 판단으로 그 범위를 확장할 수도 있다.

공감 배양 방법을 연구한 심리학자 에란 핼퍼린Eran Halperin은 인지적 재평가를 통한 감정 조절이 외집단에 대한 분노를 줄이고 인지적 공감을 키울 수 있는지를 연구했다. 여기서 감정 조절이란 우리가 어떤 감정을 언제 가지며 그것을 어떻게 경험하고 표현하는지에 영향을 주는 과정이다. 우리는 상황에 대한 의미 변화를 유발하는 인지적 재평가를 실시함으로써 감정 조절을 할 수 있으며 그 결과로 부정/긍정 감정의 강도와 지속 시간을 늘리거나 줄일 수 있다.[1]

실험 참가자들은 이스라엘 국민의 정치 성향 분포를 반영하여 선정한 39명의 유대계 이스라엘 대학생이었다. 실험군에게는 분노 유발 사진들을 보여준 후 인지적 재평가 훈련을 통해 냉정하게 사고할 것을 주문했다. 즉 마치 과학자인 것처럼 객관적이고 분석적으로 반응하게끔 요청했다. 반면에 대조군에게는 동일한 사진들을 보여준 후 자연스럽게 반응하도록 했다. 모든 참가자가 본 그 자료는 가자 지구에서 이스라엘이 철수한 후 팔레스타인이 보인 보복 행동(로켓 발사, 하마스 선출, 이스라엘 병사 납치)을 묘사한 사진, 텍스트, 음악으로 구성된 분노 유발 자료들이었다.

참가자들은 가자 지구의 팔레스타인 주민들에게 느낀 분노와 본인이 느낀 또 다른 부정적 감정(공포, 증오 등)이 어느 정도였는지를 표시했다. 그 후 이스라엘과 팔레스타인 사이의 분쟁에 대해 어떤 태도를 가지고 있는지를 확인하기 위해 네 가지 회유 정책(가령 "안보 상황과는 관계없이 이스라엘은 가자 지구에 음식과 의약품을 보내야 한다.")과 세 가지 공격 정책(가령 "이스라엘 군대는 테러리스트가 있다면 민간인이 가득 찬 건물이라도 폭격해야 한다.")을 각각 얼마만큼 지지하는지 표시하게 했다.

결과는 어땠을까? 인지적 재평가를 실시한 실험군은 성별, 종교적 신념, 정치적 성향과 상관없이 대조군에 비해 팔레스타인인에 대해 분노를 덜 느끼는 것으로 나타났으며 다른 부정적 감정도 없었다. 또한 실험군은 대조군에 비해 회유책을 더 많이 지지하고 공격적인 정책을 덜 지지했다. 이 결과는 인지적 재평가를 통해 분노를 조절함으로써 정치적 갈등을 축소할 수 있음을 시사한다. 또한 감정 조절을 통해 뿌리 깊은 분쟁에 대한 정치적 태도를 변화시킬 수 있음을 보여준다.

실제로 일어난 정치적 사건(팔레스타인의 UN 가입)에 대한 참가자의 반응도 같은 결과였다. 인지 재평가 훈련을 일주일 받은 참가자는 팔레스타인인에 대한 부정적 감정 수준이 더 낮았고 회유책을 더 많이 지지했으며 팔레스타인인에 대한 공격 정책을 덜 지지했다. 게다가 이 효과는 훈련 5개월 후에 다시 측정했을 때에도 지속되었다. 즉 인지적 재평가는 장단기적으로 모두 외집단에 대한 부정적 감정을 누그러뜨리는 효과를 낳았다.

프로이트의 비관적인 진단처럼 공격 본능은 환경과 상관없이 늘 발현될 기회를 노리고 있으며 전쟁을 막으려면 반드시 이 본능을 다른 본능으로 억제해야만 하는 것은 아니다. 아니 애초에 보존 본능과 공격 본능이라는 이분법이 정말로 존재하는지조차 확실하지 않다. 전쟁만을 위한 본능이 있다기보다는 우리의 공감 본능이 잘못된 환경에서 자극을 받아 서로를 적대하도록 발현된 것일지 모른다.

그렇기에 우리는 공감 본능이 외집단에게까지 확장될

수 있는 환경을 조성하고 교육을 통해 스스로 자신의 감정과 사고를 재평가하도록 이끌어야 한다. 그리고 이런 환경 조건의 토대 위에서 세월이 아주 많이 흐른다면 인간의 본성은 또 다시 변화해 아주 먼 미래에는 내집단과 외집단을 구별하는 행위 자체가 이상한 일이 될 수도 있다. 이것이 내가 공감 교육을 위한 새로운 상상이 필요하다고 주장하는 이유이다.

핼퍼린의 연구 외에도 인지적 공감이 의식적 노력에 의해 증가할 수 있다는 연구는 많다. 사회심리학자 애덤 갈린스키Adam Galinsky와 고든 모스코위츠Gordon Moskowitz는 미국 대학생들에게 젊은 흑인 남성의 사진을 보여준 다음에 이 남성의 하루가 전형적으로 어떤 식일 것 같은지 간략하게 서술해보라고 했다. 여기서 미국 대학생을 세 집단으로 나눠 실험을 했다. 첫 번째 집단(대조군)에는 위 지시 외에 다른 지시는 주지 않았다. 두 번째 집단에는 그 흑인 남성에 대한 고정 관념을 적극적으로 억제하라는 지시를 주었고 마지막 세 번째 집단에는 역지사지를 해보라고 다음과 같이 주문했다. "당신이 그 남성이라 가정해보고 그의 하루를 상상해보라. 그의 눈을 통해 세상을 바라보고 그의 관점에서 세상을 걸어 다녀보라." 실험 결과, 흑인 남성에 대해 가장 긍정적인 태도를 보인 집단은 역지사지를 주문받은 집단이었고 그다음으로는 고정 관념 억제를 지시받은 집단이었으며 최하위는 대조군이었다. 백인 노인 사진을 가지고 한 실

험에서도 동일한 결과가 나왔다.[2]

일평생을 인간의 친사회적 행동에 대해 연구한 사회심리학자 대니얼 뱃슨Daniel Batson도 역지사지 능력이 교육이나 개입을 통해 커질 수 있음을 실험을 통해 입증했다. 한 실험에서 그는 최근 비극적 교통사고를 당해 고아가 된 젊은 여성의 사연을 녹음해 두 집단에 들려주었다. 첫 번째 집단에게는 사연을 객관적으로 들어보라고 주문한 반면 두 번째 집단에게는 그 여성의 가족과 그녀가 당한 경험을 상상해보라는 주문을 했다. 즉 역지사지를 지시했다. 그런 후에 두 집단이 여성에 대해 얼마나 더 공감하는지를 측정했다. 결과는 예상대로였다. 그냥 들어보라고 한 집단보다 역지사지를 해보라고 한 집단이 여성에 대한 공감력을 더 크게 발휘했다. 이것은 단지 설문을 통해 얻은 결과만이 아니다. 설문이 다 끝난 후에 어린 동생들을 돌봐야 할 그 여성을 도울 모금을 하자고 했을 때 역지사지를 지시받았던 집단이 훨씬 더 크게 호응했다.[3]

이런 결과들은 공감이 훈련을 통해 커질 수 있음을 시사한다. 실제로 의사들을 대상으로 진행된 공감 훈련이 효과가 있다는 연구가 있다. 의사는 직업적 차원에서도 역지사지 능력을 최대한 발휘해야 할 사람들이다. 통증과 고통 때문에 병원에 갔지만 환자를 쳐다보지도 않고 몇 마디만 받아적고 약을 처방해주는 의사들을 주변에 흔치 않게 발견한다. 그럴 때마다 '환자의 고통에 더 크게 공감해준다면 얼마나 좋을까. 심지어 그렇게 하면 병원도 훨씬 더 잘 될 텐데'라고 아쉬워한다. 과연 의사들에게 공감 훈련은 의미가 없다는 말인가? 2010년 보스턴의 한 병원이 소속 의사들에게 환자들의 표정과 음성 변화에 더 주목하고 눈 맞춤을 더 자주하게끔 훈련을 시켰다. 흥미롭게도 대략 서너 시간 동안의 훈련이었음에도 불구하고 훈련 이후의 공감 수준은 그 이전에 비해 상당히 높아졌다. 이렇게 공감은 교육과 훈련을 통해 단기간에도 증가할 수 있다.

그렇다면 이런 반론이 가능하다. '정상적인 성인의 경우라야 역지사지 같은 인지적 능력을 더 키울 수 있지, 아이들에게는 공감 교육이나 훈련이 적용될 수 없는 것 아닌가?' 아니다. 아이들도 공감을 배울 수 있고 타고난 공감력을 더 크게 키울 수 있다. 캐나다의 교육혁신가 매리 고든 Mary Gordon이 창안한 '공감의 뿌리roots of empathy'는 경험과 교육을 통해 어린이의 공감력을 향상시킬 수 있음을 증명한 교육 프로그램이다. 이 프로그램은 한 엄마와 아기를 교실에 정기적으로 방문하게 하고 그 엄마와 아기의 상호 행동을 학생들이 보고 듣고 느끼게 함으로써 학생들의 공감력을 증진하게끔 설계되었다.

가령 공감의 뿌리 수업이 진행되는 어떤 교실에서는 생후 5개월 된 아기와 엄마가 교실 한복판 매트 위에 앉아있고 일곱 살짜리 학생들이 바닥에 앉아 그들을 바라보고 있다. 학생들은 아기가 현재 어떤 감정 상태이며 무슨 생각을 하고 있을지 또 엄마에게 왜 칭얼대는지 등에 관해 이야기한다. 이런 관찰의 시간이 끝나면 학생들은 집단 따돌림에 대한 역할극을 하거나 아기의 감정 상태를 표현하는 그림 그리기를 한다. 그리고 이런 수업을 한 학년 동안 정기적으로 반복한다. 학생들은 아기가 교실에 올 때마다 아기의 정서적·인지적 발달, 엄마(아빠)와의 애착 관계 변화, 호기심과 소통 능력을 관찰하고 엄마가 아기의 행동을 보고 어떻게 반응하고 그런 반응에 아기는 또 어떤 행동을 하는지를 경험한다. 즉 공감의 뿌리 프로그램에 참여하는 학생들은 엄마와 아기의 상호작용을 꾸준히 관찰하고 경험함으로써 상대방의 입장에서 느끼고 생각하는 법을 자연스럽게 훈련하는 것이다.

결과는 매우 극적이었다. 2010년 스코틀랜드에서 진행된 한 실험에서는 공감의 뿌리 프로그램으로 아이들의 도움과 나눔 행동이 55퍼센트나 증가했다. 그리고 이런 프로그램을 진행한 결과 학교 폭력이 상당 수준으로 감소되었다는 보고들이 적지 않았다. 이 프로그램은 5세에서 13세 아이들을 대상으로 개발되었으며 현재 캐나다는 물론 뉴질랜드, 미국, 아일랜드, 영국, 웨일스, 북아일랜드, 스코틀랜드, 노르웨이, 독일, 스위스, 네덜란드, 코스타리카, 그리고 우리나라에서도 진행되고 있다. 2005년에는 유치원 아동을 위한 공감의 씨앗 프로그램으로도 확장되었다.

사실 아이들은 교실에서의 이런 체험 프로그램이 아

그림 10.2 공감의 뿌리 프로그램에 참여 중인 아이들. 공감의 뿌리 수업에서는 어렸을 때부터 상대방의 입장에서 생각하는 능력을 자연스럽게 훈련한다.

니더라도 놀이를 통해 자연스럽게 역지사지 능력을 발전시킬 수 있다. 모든 포유류는 기본적인 공감 능력을 갖고 태어난다. 왜냐하면 집단 생활을 하는 포유류에게는 자식과 동료의 느낌과 의도를 잘 읽어야만 하기 때문이다. 이때 놀이는 애착, 신뢰, 배려, 유대를 촉진하는 중요한 역할을 한다. 어렸을 때 동료들과 놀이를 하지 못했던 말들은 나중에 무리에 잘 끼지 못한다. 인간도 마찬가지이다. 병원 놀이를 하는 아이들은 자신이 마치 간호사나 의사인 양 환자인 척 하는 또 다른 아이에게 장난감 청진기와 주사기를 들이댄다. 이때 놀이를 재밌게 하려면 자신의 역할을 제대로 수행해야 하는데 이 과정에서 핵심이 바로 역지사지 능력이다. 잘 놀수록 인지 공감력은 커진다. 만일 우리 사회의 과도한 입시 경쟁이 평범한 학생들의 노는 시간을 빼앗는다면(빼앗아온 것이 사실이다) 우리 사회는 공감력이 부족한 아이들로 채워질 것이다.

위에서 소개했듯이 인지적 공감은 개입과 교육, 체험, 훈련을 통해 배울 수 있으며 더 커질 수 있다. 따라서 우리 전 인류는 전 생애에 걸쳐 공감을 가르치는 과정을 개발하고 실행할 필요가 있다. 수학과 과학만이 아닌 공감도 가르쳐야 한다. 동세대와의 공존 그리고 다음 세대와의 지속을 위한 최대 변수가 공감의 반경을 넓히는 일이라면 우리는 이런 공감을 가르칠 새로운 교육을 상상해야 한다. 새로운 문화적 토양을 만들어야 한다.

놀랍게도 독서도 공감력을 키운다

음악을 듣기 위해 노동할 필요는 없다. 음악은 그냥 들린다. 그렇다면 책은? 인류가 언제부터 문자를 발명하고 책을 만들기 시작했는지를 생각해보면 답이 나온다. 문자는 대략 8000년 전쯤에야 발명되었고 6000년 전쯤에야 수메르인들이 점토에 글을 새기며 전수하기 시작했으니 250만 년 전에 시작된 호모 종의 관점에서 독서는 아주 최신의 발명이다. 우리의 뇌는 책을 읽게끔 진화한 적이 없다. 독서가 힘든 노동인 것은 이 때문이다.

독서는 뇌에 큰 부담을 준다. 텍스트를 이해하고 공감하고 전수해주려면 뇌에 꽤 큰 비용을 지불해야 한다. 그럼에도 책 없는 사회가 없을 정도로 독서가 인류의 보편적 행위로 발전한 이유는 그 비용보다 이득이 더 컸기 때문이다. 그 이득이란 무엇일까?

인간과 침팬지는 600만 년 전쯤에 공통 조상에서 갈라져 나온 사촌지간으로 둘 간의 유전적 차이는 겨우 0.4퍼센트에 불과하다. 하지만 침팬지는 여전히 아프리카 숲에서 견과류를 돌로 내리쳐 깨어 먹는 수준의 삶을 사는 반면 우리 조상은 숲을 나와 초원을 달리고 지구 끝까지 흩어져서 거대한 문명을 일으켰다. 육상 척추동물 가운데 이렇게 단기간에 넓은 범위로 퍼져 생태적으로 성공한 종은 호모 사피엔스 단 한 종뿐이다. 대체 무엇이 침팬지와 인간의 길을 이렇게 다르게 만들었을까?

그 비밀은 사회적 학습 능력의 차이에 있다. 남을 보고 배워 전수해줄 수 있는 능력을 사회적 학습 능력이라고 한다면 이 능력은 인류와 침팬지를 가르는 커다란 차이 중 하나라고 할 수 있다. 우리는 한 개인이 시행착오를 통해 얻는 성취를 문명이라고 부르지는 않는다. 문명은 집단적 작업이다. 즉 누군가가 새로운 무언가를 성취했을 때 그것을 모방하거나 가르침을 받음으로써 다른 이에게 전수하고 결국에는 지식과 기술의 체계에 그것이 하나 더 얹어지는 방식으로 문명은 축적되어왔다. 이때 그 모든 것이 다 '구전'으로만 전수되는 경우였다면 문명의 축적은 아주 더디거나 불가능했을 것이다. 이런 맥락에서 사회적 학습의 대표적 사례인 독서는 문명의 엔진이라고 할 수 있다.

좋다. 하지만 이것은 과거의 이야기가 아닌가? 사회적 학습 능력이 문명을 만들었고 독서가 그 문명의 엔진 역할을 해왔다는 사실을 받아들인다 해도 인터넷과 디지털 영상 매체가 범람하는 시대에 아날로그 텍스트는 역사의 뒤안길로 사라진 카세트 테이프 같은 것이지 않을까? 실제로 독서에 관한 이야기를 할 때마다 가장 자주 듣는 질문이 바로 "왜 굳이 '책'이어야 하는가?"이다. MZ 세대의 문해력을 걱정하는 많은 사람도 디지털 시대의 책과 독서의 의미를 묻는 이런 질문에 정직한 대답을 할 수 있어야 한다.

현대인들은 정보의 홍수 속에서 방황하고 있다. 어제

의 최신 정보가 오늘의 구식 정보가 되고 이 속도를 따라가기에 우리는 너무 벅차다. 결국 우리는 그 거대한 디지털 텍스트 앞에서 주저앉아버린다. 소위 똑똑한 학생들에게 무언가를 탐구할 수 있는 기회를 주면 그들이 첫 번째로 하는 일은 네이버, 구글, 유튜브의 검색창을 여는 일이다. 여기까진 그래도 괜찮다. 그다음에는 이미 인터넷 어딘가에 있는 정보를 찾아 정리해온다. 깔끔하게 정리하는 것을 최고의 미덕이라 여기면서. 더 깊은 사고와 논증을 위해 서가로 향하는 학생들을 만나는 일은 점점 더 어려워지고 있다. 정보를 검색하며 한 번에 여러 일을 동시에 하는 멀티 태스킹은 디지털 시대의 습관이 되었고 그로 인해 우리는 너무 산만해졌다. 쏟아지는 정보의 폭포를 맞아 검색력은 화려해졌으나 사고력은 오히려 감소했다.

인공 지능의 시대에도 여전히 '빠른 정보 습득'을 최고의 학습이라고 여기는 사람들에게 독서는 진부한 기법이다. 반대로 문제를 진짜로 해결하기 위해 필요한 건설적이고 창의적인 아이디어들이 느린 인지 과정을 거쳐 나온다는 사실을 받아들이는 이들에게 독서는 필살기다. 책은 느린 생각에 최적화된 매체이기 때문이다. 없는 것을 보고 있는 것을 다르게 보며 옛것을 새롭게 만드는 과정은 문자 그대로 느린 과정이다. 인간의 뇌는 깊이 생각하고 다르게 생각하며 새롭게 보는 작업을 즉각적으로 처리하지 못한다. 왜냐하면 이런 것들은 뇌의 전전두피질에서 일어나는데 이를 위해서는 더 많은 에너지와 시간이 소모되기 때문이다.

중요한 것은 바로 독서가 이 느린 생각을 가장 효과적으로 만들어내는 행위라는 사실이다. 독서는 동공 운동이 아니다. 책을 제대로 읽어내려면 느리게 생각할 수밖에 없다. 소설을 읽는 독자가 등장인물의 언행과 전체 스토리를 이해하려면 정신적인 시공간 여행을 통해 그 배경 속에 들어가 깊이 생각해봐야 한다. 도끼 같은 한 문장에 꽂혀 자신의 생각과 습관을 바꾸기로 작정한다면 엄청난 시간이 걸린다. 한 페이지를 넘기는 데 1년이 걸릴 수도 있다. 독서의 이런 참맛은 몇 권 읽었는지 얼마나 빨리 읽었는지에 집착하는 이들은 절대로 이해할 수 없는 값진 경험이다. 독서를 통해 느린 생각을 훈련하는 독자들은 자신에 대한 성찰과 몰입의 힘을 경험할 수 있다. 이런 의미에서 속독법은 책의 존재 의의 자체를 부정하는 잘못된 독서법이라 할 수 있다.

아직도 고개를 갸웃거리는 사람들은 "영화, TV, 유튜브를 볼 때도 몰입을 할 수 있는데 왜 군이 힘들게 책을 읽어야 하나?"라며 반론한다. 여기서 우리가 반드시 구분해야 하는 것은 겉으로 보기에 몰입을 한다고 해서 다 같은 몰입이 아니라는 점이다. 영화나 TV를 보고 몰입할 때 우리의 뇌는 주로 시각 피질만을 활용한다. 하지만 책을 읽으며 몰입할 때는 뇌 전체가 활성화되고 활용된다. 뇌 전체가 상호 작용하는 사람들은 남들이 보지 못한 면을 보고 기존에 연결하지 않았던 지식을 연결할 수 있는 창의적 인재들이라 할 수 있다. 정보 범람 시대에 우리 자녀들에게 정말 필요한 역량 중 하나가 창의적 연결 능력이라고 한다면 독서는 이것을 가능하게 만드는 가장 효과적인 방식이라 할 수 있다.

　독서의 효과는 한마디로 우리를 똑똑하게 만든다는 점이다. 이것은 독서의 사고력 측면이다. 그렇다면 독서가 우리의 정서적·인지적 공감에 미치는 영향은 무엇일까? 수많은 연구가 있지만 결론은 하나다. 독서는 공감력을 향상시킨다. 예컨대 어떤 연구에서는 참가자들에게 소설책을 주고 9일에 걸쳐서 매일 책의 1/9씩을 읽게 했다. 그리고 다음 날 아침마다 그들의 뇌를 관찰했다. 그 결과 책을 읽는 9일 동안 좌각회/연상회라고 부르는 부분과 내측 전전두피질 간의 연결이 강해졌다. 좌각회/연상회는 글의 이해 및 공감과 관련된 뇌의 영역이고 내측 전전두피질은 공감, 연민과 같은 사회적 정서 반응 및 기억력을 관장하는 부위다. 이 부위의 연결이 강해졌다는 것은 글을 이해하는 과정에서 타인의 생각, 감정, 지식 등을 타인의 관점에서 이해하는 능력이 향상되었다는 뜻이다. 인지적 공감이 향상된 것이다. 더욱이 책을 다 읽고 난 후 한동안 체성감각피질과 후두엽에서의 연결 강도가 강하게 유지되는 것이 관찰되었다. 이는 마치 주인공과 같은 행동을 한 것처럼 그 활동 상황이 실제 뇌 속에서 일어났음을 의미한다. 그런 연결이 독서가 끝난 후에도 지속된다는 사실은 결국 독서가 뇌를 변화시키는 것이다.

　조금 더 재미있는 실험도 있다. 참가자들에게 책을 읽

게 한 후에 실험을 마치면서 연구자가 실수인 척하며 책상에 올려져 있던 볼펜통을 떨어뜨린다. 그리고 참가자들이 바닥에 떨어진 펜을 줍는 것을 얼마나 도와주는지 보았더니 글을 읽는 동안 등장인물에 공감을 더 잘 한 사람일수록 더 잘 도와준다는 사실이 밝혀졌다. 책을 읽으며 독자가 하는 공감 경험이 실생활에서 다른 사람의 입장을 공감하는 데에도 영향을 줄 수 있다는 연구이다.

최근의 뇌과학자들은 뇌가 경험과 학습에 따라 많이 변할 수 있다는 사실에 놀라고 있다. 이를 뇌의 '가소성 plasticity'이라고 하는데 실제로 뇌는 해부학적으로도 변화할 수 있다. 즉 우리가 어떻게 뇌를 쓰느냐에 따라 그리고 어떤 생각을 하느냐에 따라 다르게 변화한다. 독서는 인지적·정서적·사회적 뇌를 모두 변화시키는 가소성의 원천이다. 좋은 책을 많이 읽으면 건강한 뇌를 가질 수 있다.

11장

누구나 마음껏
비키니를 입는다면

　사회적 갈등과 문명의 위기를 극복하기 위해서 우리에게 필요한 공감은 감정이입이 아니라 역지사지다. 그렇다면 이러한 인지적 공감을 배양하는 데 도움이 되는 환경을 만들어주는 일은 중요하다. 공감이라는 인간의 본능에 가까운 능력은 문화와 환경의 영향 없이 자동적으로 발현되는 것이 아니기 때문이다. 다른 사람의 마음과 입장을 헤아려야 하는 이성의 작용이 필요한 인지적 공감은 특히 그렇다. 과연 어떤 문화적 토양이 인간의 인지적 공감 능력을 키우는 데 도움이 될까? 이에 대한 답은 의외로 단순하다. 바로 다양성이 높은 사회다.

빡빡한 사회가 잃어버리는 것

　싱가포르에 껌을 반입하는 행동만큼 어리석은 짓은 없다. 왜냐하면 발각되었을 때 최대 10만 달러의 벌금을 물거나 최대 2년간 수감되기 때문이다. 〈세상에 이런 일이〉라는 TV 프로그램에나 나올 만한 이 법규는 매일 껌을 씹고 길거리를 활보하는 데 아무런 거리낌이 없는 대다수의 국가에서는 이해 불가한 제도다. 껌이 뭔 죄가 있단 말인가?
　하지만 인구 밀도가 극도로 높은 싱가포르에서 사방에 붙어 있던 껌딱지 때문에 공무원들은 죽을 지경이었다고 한다. 미관만의 문제가 아니라 공공 시설을 운영하는 데 방해가 되기에 충분한 위협이었던 것이다. 이에 싱가포르 당국은 1992년에 문제의 근원이라고 여긴 껌을 불허하기에 이른다. 솔직히 우리 입장에서 완전히 납득되는 설명은 아니다. 무언가를 아예 금지하는 것이 진정으로 시민의 의식 수준을 높이고 공공의 이익을 위해 도움이 되는 것일까?
　우리의 사회적 규범 중에서도 외국인의 관점으로는 이상한 것들이 있다. 수년 전에 외국 언론의 해외 토픽난에 우리나라 고등학생들이 소개된 적이 있다. '여기 아침 7시 반부터 0교시를 시작으로 학교 수업을 5시까지 듣고 편의점에서 저녁을 때우고는 곧바로 학원에 가서 수업을 또 듣다가 밤 12시에 귀가하는 고등학생들이 있다. 이게 믿어지는가?'라는 식이다. 동서양 학습 전통을 탐구한 어떤 다큐멘터리에서 미국 하버드대학교 학생들이 밤 12시에 대치동 학원에서 학생들이 쏟아져 나오는 광경을 보고 믿기지 않는 표정을 지었던 모습이 기억난다.

하지만 대학 입시에서의 실패가 인생의 실패인 양 인식되는 한국의 교육 문화에서 '우리 애는 학원 뺑뺑이를 돌지 않는다'는 당당함은 조롱받기 십상이다. 자기 자녀를 소위 한국의 명문대에 입학시키겠다는 부모라면 내국인이든 외국인이든 대치동의 규칙을 따르는 게 제일 마음 편하다는 사실을 곧 깨달을 것이다. 자녀를 학원에 보내지 않는 부모는 학부모 사회에서 집단 따돌림의 대상이다. 눈에 보이지 않는 사회적 규범이지만 입시 지상주의는 가장 강력하게 우리 사회를 지배하고 있는 영향력이다. 우리는 이런 사회적 규범이 매우 강하게 작동하는 문화 속에서 산다.

이왕에 하는 김에 이상한 풍경 몇 개를 추가해보자. 아직도 명절에 우리나라의 고속도로는 주차장으로 변신한다. 평상시에 그렇게 특별히 어른의 말씀을 공경하는 사람들도 아니다. 하지만 이때만 되면 고향에 찾아간다(중국의 경우에는 더욱 심하다). 신기한 것은 더 이어진다. 여성의 관점으로 아니 제3자의 눈으로 명절의 노동 풍경을 보자. 여성들은 부엌에서 각종 음식과 과일을 조달하고 남성들은 그것을 먹으며 TV 앞에서 담소를 나누며 시간을 보낸다. 명절의 성별 분업은 거의 자동이다. 물론 이제 적지 않은 남성들이 이 상황을 가시방석처럼 느끼긴 하겠으나 오늘 하루만은 그냥 이

대로 가길 내심 바라는 이들도 적지 않다. 그래서 명절 증후군은 진단명이 되었고 이런 부당한 장면이 등장하는 소설 《82년생 김지영》은 베스트셀러가 되었다. 사실 따지고 보면 명절의 승자는 남성도 아니다. 최후에 웃는 자는 전통 유교의 규범이다.

유교적 규범의 영향력은 이 땅에 살아온 한국인들에게 지금도 막강하다. 남녀노소를 불문하고 한국인이라면 상대방의 나이에 이상하리만큼 집착한다. 상대방의 고향과 출신 학교에도 지나치게 관심이 많다. 이른바 호구 조사는 관계 시작의 필수 관문처럼 느껴질 정도다. 우리는 자신보다 어린 상대를 하대하는 행위를 상대적으로 용인해주는 문화 속에서 살고 있다.

우리 사회의 구성원들은 이런 빡빡한 문화에서 행복보다는 불행을 더 느끼며 다른 사람을 돌보기보다는 자신의 안위에 더 신경 쓰는 것 같다. 그렇지 않았다면 '헬조선'이라며 자조하지도 않고 사회적 약자나 차별받는 사람이 우대받는 모습에 '공정'이라는 단어를 앞세우며 화를 내지는 않았을 것이기 때문이다.

우리 사회에 다양성이 낮은 이유

대체 사회적 규범의 구속력은 왜 문화마다 차이가 날

까? 왜 미국과 같은 문화에서는 사회의 규범이 느슨하고 우리 같은 문화에서는 엄격할까? 왜 어디는 동성 결혼이나 마리화나까지도 합법이고 다른 곳에서는 금기시하는가? 문화적 엄격함(또는 느슨함)이 무엇 때문에 진화했는가를 이해하는 것은 우리 사회를 객관적으로 바라보는 데 도움이 된다.

문화적 엄격함의 차이에 관한 심리학적 연구에 의하면 역사적으로 생태적 위협에 빈번하게 노출되었던 집단일수록 사회적 규범에 대한 민감도가 높다.[1,2] 여기서 생태적 위협에는 전쟁, 자연 재해, 전염병, 높은 인구 밀도 등이 포함된다. 이런 위협에 자주 노출되면 생존을 위해서라도 합심하고 협력을 해야 하며 이를 위해서 엄격한 사회 규범이 필요했다. 그리고 그 규범을 어긴 이들을 비난하고 처벌해왔다. 즉 고난이 많은 집단일수록 엄격한 규범을 만들고 따르는 사회일 가능성이 높다는 뜻이다. 반면에 그렇지 않은 집단일수록 느슨한 규범을 가진 사회이다. 당연한 얘기지만 창의적 사회일수록 느슨한 규범이 지배한다. 일단 우리 조상들이 겪었던 극심한 고난이 우리 사회의 획일성을 설명한다는 인식에서부터 출발할 필요가 있다. 이 획일성은 우리 사회의 도약에 방해가 되기도 한다.

물론 우리는 현재 문화적 엄격함이 큰 도움이 되는 시대를 살고 있다. 최근 연구에 따르면 전 세계적으로 문화적 엄격함이 강한 국가일수록 코로나19 희생자(감염자와 사망자) 수가 적다.[3] 희생자가 많은 국가는 문화적으로 느슨한

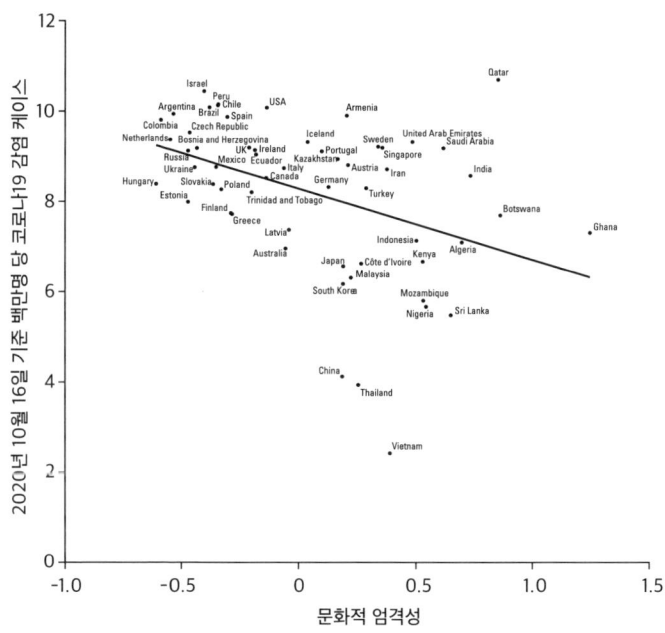

그림 11.1 문화적 엄격성과 코로나19 감염률 간의 관계. 문화적 엄격함이 강한 국가일수록 코로나19 감염자가 적은 추세가 나타난다.

유럽과 남미에 포진해 있다. 따라서 정말 중요한 질문 중 하나는 문화적으로 어느 정도 느슨한 것이 최적인가이다. 문화적으로 느슨한 사회, 즉 다양성이 높은 사회이자 더 관용적인 사회가 우리에게 줄 이득이 매우 크기 때문이다.

문화적으로 엄격한 사회는 기존 질서와 규범, 가령 남성중심주의를 더욱 공고히 할 가능성이 높다. 현재 양성 평등에 대한 담론을 두고 남성들이 때로 발끈하는 이유는 그 담론이 자신에게 위협이 된다고 여기기 때문이다. 생태적 위협만큼이나 심리적 위협은 엄격한 기존 사회 규범을 더욱 공고하게 만든다. 세대 간 갈등의 핵심에는 MZ 세대의 거침없는 언행을 위협으로 느끼는 이전 세대의 심리적 상태가 자리하고 있다.

이제 큰 고난을 겪었던 기성 세대가 만든 사회적 규범은 조금 느슨해질 필요가 있다. 연구를 통해 입증된 바 문화적 느슨함은 우리에게 자율성, 다양성, 창의성을 선사할 것이다. 이 모든 가치는 행복과 과학의 공통 지표들로서 우리 사회가 한 단계 도약하는 데에 꼭 필요한 덕목들이다.

다양성 지수가 공감 지수다

인간이라면 누구나 타자를 향한 정서적·인지적 공감 능력을 장착한 상태에서 태어나지만 누누이 말했듯 문제는 그 능력의 개인차와 문화차다. 즉 어떤 개인은 공감 능력이 상대적으로 뛰어나고 어떤 사회는 다른 사회에 비해 공감 능력을 더 중시한다.

인지적 공감력의 경우에도 그것이 어떤 종류의 조직에서 발휘되는 것인가에 따라서 그 폭이 달라진다. 가령 동성애자를 한 번도 구경하지 못한 사람과 옆집 커플이 동성애자인 사람은 사랑과 결혼의 형태에 대한 상상력의 폭이 똑같을 리 없다. 상상은 추론이지만 경험은 그 상상력의 증폭

(감쇄)제 역할을 할 수 있다. 따라서 어떤 유형의 존재들이 내 주위를 둘러싸고 있느냐가 타인에 대한 이해력을 증대하는 중요한 요인이라 할 수 있다. 따라서 우리 조직 성원들의 공감 지수를 높이려면 반드시 다양성 지수를 높여야 한다.

외국에 출장을 가서 늘 느끼는 것은 아직도 우리 사회가 지나치게 획일적이라는 사실이다. 몇 년 전 하와이 출장을 갔을 때다. 멋진 해변이 즐비한 유명 관광지다 보니 비키니 패션도 가지각색이었다. 그런데 그 해변에서 가장 인상적인 광경은 그 수영복의 개성만큼이나 다양한 사람들의 몸매였다. 늘씬한 사람들(여성이든 남성이든)만 몸매를 드러내고 해변을 즐기는 것이 아니었다. 우리 같으면 민망하다고 생각해 해변에서도 꽁꽁 싸맬 몸매들이 거기서는 자유를 누리고 있었다. 왜 이런 차이가 있을까?

집단주의적이고 상호 의존적인 동아시아 문화를 유산으로 물려받았기 때문만은 아닐 것이다. 한국 사회 특유의 문화 역시 개인의 자유로운 생각이나 선택을 가로막는 경향이 있다. 대학 입시 관문 앞에 그 개성 넘치는 아이들을 성적순으로 줄 세우는 교육 제도는 '생각 다양성'을 해치는 요소 중에 하나다.

한참 다양한 생각들을 분출시킬 나이의 청년들을 군대에 보내야 하는 상황은 남북 대치 상황에서 어쩔 수 없는 일이긴 하지만 국가의 생각 다양성 지수를 갉아먹는 요인일 수 있다. 좁은 국토에 많은 주민을 수용하기 위해 활용돼온 아파트 문화 역시 일상에서 생각 다양성을 정체시키는 외부 요인일지도 모른다. 그게 그거인 공간을 매일 똑같이 드나드는 우리의 뇌에서 새로운 생각이 샘솟을 리 없다.

비키니를 입은 뚱뚱한 몸매를 보지 못한 사회는 그만큼 공감 능력이 떨어지는 사회다. 나와 다름을 많이 접해야 타인을 인정하고 타인의 입장에 서볼 수 있는데 비키니를 입는 사람이 정해져 있다면 나와 타인이 독립적인 존재임을 어떻게 경험으로 알겠는가.

자연계의 다양성으로부터 배운다

지난 40억 년 동안 지구상의 생명체는 자연의 혹독한 문제들을 어떻게든 해결해왔기에 진화할 수 있었다. 물론 복잡하게 변화된 환경에 적절히 대처하지 못해 사라져간 종들이 훨씬 더 많은 것이 사실이다. 하지만 자연은 융합을 통해 생기는 수많은 혁신을 실험해왔다. 최초의 복제자replicator로부터 출발하여 단세포를 거쳐 현재의 이런 복잡한 생명체들로 진화하기까지 자연의 융합 실험은 지금도 계속되고 있다. 예컨대 원래는 독립적으로 생활하던 미토콘드리아가 다른 원핵 세포와 융합되어 최초의 진핵 세포가 된 사건이나 발생 과정에서 배아의 신체 구조를 지정하는 혹스 유전자Hox gene들이 새롭게 재조직됨으로써 복잡하고 다양한 생명의 세계가 열린 것은 모두 '진화적 융합'을 통해 자연이 이룩한 창의적 혁신들이다.

이렇게 보면 융합을 통한 다양성과 혁신은 우리 인간의 전유물이 아니다. 좀 더 정확히 표현하면 한편으로 우리 인간은 지난 40억 년 동안 자연에 의해서 쉼 없이 진행되어온 융합 실험의 산물이면서 다른 한편으로 새로운 종류의 융합들(지식 융합, 기술 융합 등)을 시도하는 유일한 존재라고 할 수 있다. 자연은 융합에 관한 한 우리의 까마득한 선배이다.

생명의 진화 역사에서 가장 중요한 사건은 무엇일까? 처음으로 세포가 생긴 순간일까 아니면 최초의 DNA가 탄생한 시점일까? 아마 최초의 다세포 생물이 진화한 순간을 꼽는 이도 있을 것이다. 이보다 규모를 좀 낮춰서 원시 물고기가 지느러미를 갖게 된 순간이라든지 초기 양서류가 사지limb를 갖게 된 시점 혹은 곤충이 날개를 달게 된 순간 등을 생각해볼 수도 있다.

그렇다면 도대체 생물계에서 어떻게 이런 혁명적 변화들이 생겨나게 되었을까? 이런 혁신들을 통해 생명의 역사는 어떤 경로를 밟게 되었을까? 이른바 '진화적 혁신'에 관한 연구는 생명의 다양성에 대한 깊은 지식을 줌과 동시에 공감 배양 및 교육에 대해서도 새로운 통찰을 준다.

자연계의 진화적 혁신과 관련하여 우리는 최소한 세 가지 정도의 시사점을 찾아볼 수 있다. 그중 하나는 혹스 유전자의 경우처럼 매우 작은 변화라 해도 그것이 적재적소適材

適所에 가해진 변화라면 결과적으로 매우 큰 혁신을 이끌어 낼 수 있다는 사실이다. 필립스 회사의 광고 문구처럼 "작은 차이가 명품을 만든다." 자연은 혁신을 위해 아무 요소나 단지 크게만 변화시키는 식으로 일하지는 않았다. 너무나 비효율적이기 때문이다. 하지만 그렇다고 완벽한 엔지니어처럼 모든 것들을 미리 다 설계해놓고 일하는 스타일도 아니었다. 노벨상을 수상한 프랑스의 발생생물학자 프랑수아 자코브François Jacob의 비유처럼 "진화는 어설픈 수선공tinkerer"일 뿐이다.[4] 과거의 유산들을 그때그때 땜질해 쓰면서 새로운 명품들을 창조해낸 것이다.

다른 한 가지 시사점은 진핵 세포의 출현에서처럼 구성원들의 적절한 협조가 있어야만 혁신적 발전의 주춧돌이 될 하나의 집합체가 형성될 수 있다는 사실이다. 하지만 이를 집단을 위해 개인을 희생할 때 그 사회가 혁신적으로 발전할 수 있다는 식으로 오해해서는 곤란하다. 오히려 강조점은 진핵 세포에 있는 두 종류의 DNA가 자신들의 더 큰 이득을 위해 한 지붕 속에 있기로 '작정했다'는 대목에 있다. 같은 맥락에서 구성원들의 이득이 전보다 더 커지는 상황에서 탄생한 집단만이 이후에 더 큰 변화들을 몰고 올 수 있으며 더 오래 간다.

마지막 한 가지 시사점은 혁신을 촉진하는 외부적 요인에 관한 것이다. 캄브리아기의 대폭발과 백악기의 대멸종 사건에서처럼 때로는 강력한 외부적 요인들이 혁신을 몰고 오기도 한다. 하지만 여기서도 주의할 사항이 있다. 외부적 요인들은 대개 혁신의 촉진제로서 기능하고 있다는 점이다. 즉 내부적 변화 동인이 없이 외부적 요인만으로는 혁신이 일어날 수 없다. 이런 주장이 너무 강한 것 같다면 외부적 요인은 내부적 요인―예컨대 발생 유전자의 변화―과 함께 작용할 때에만 혁신을 일궈낸다는 정도로 말하면 될 것이다. 캄브리아기에 아무리 적응 공간이 팽창했다 해도 당시에 혹스 유전자가 구비되어 있지 않았더라면 대폭발은 일어나기 힘들었을 것이다. 또한 백악기에 제아무리 큰 소행성이 지구와 충돌했다 해도 만일 당시에 포유동물들이 전혀 살고 있지 않았더라면 오늘날의 인류는 결코 진화해나오지 못했을 것이다.[5]

그런데 이 모든 혁신의 원리들의 기저는 개방성과 다양성 수용이라고 할 수 있다. 작은 차이를 통한 혁신에서는 새로운 변이가 중요하고 진핵 세포와 다세포의 출연과 같은 대전환의 핵심은 개방적 융합과 다양성 수용이라고 할 수 있다. 또한 환경의 격변에 대처해서 번성하는 힘도 따지고 보면 다양성에서 온다. 이런 맥락에서 인류 공동체와 사피엔스 문명의 보존도 개방적 융합과 다양성 수용을 통해 이뤄진다고 할 수 있을 것이다. 이처럼 우리는 자연의 원리로부터도 부족 본능을 넘어 공감의 반경을 넓히는 것이 미래를 위한 길임을 알 수 있다.

12장

편협한 한국인의 탄생

이제 우리나라의 독특함에 대해 더 깊게 논의할 때다. 한국은 왜 다양성을 증진하는 문화적 토대가 약한 걸까? 우리 문화는 어떤 역사를 거쳐 지금에 이르렀을까? 이런 질문에 답해야 공감의 반경을 넓히는 구체적인 실천에 들어갈 수 있다.

문화에 따라 생각하는 방식이 다르다

우선 큰 맥락에서 우리를 비롯한 동아시아 국가의 인지적 특성을 이해할 필요가 있다. 사회심리학자 리처드 니스벳Richard Nisbett은 동아시아인(주로 한중일 국민)과 서양인(북미와 유럽인)의 인지적 특성 차이를 실험적으로 연구했다.[1] 그중 하나는 전일적 사고와 분석적 사고의 차이를 측정하는 묶기 과제이다. 예컨대 기차, 버스, 철도 세 가지 단어를 주고 두 개를 하나의 기준으로 묶어보라고 요청하는 과제다. 만약 피험자가 기차와 버스를 묶으면 두 단어의 상위 항목인 교통 수단이라는 기준하에 묶은 것이므로 분석적 사고력이 더 높은 것으로 본다. 반면에 기차와 철도를 묶으면 기차가 철도를 달린다는 관계성으로 묶었기에 전일적 사고력이 더 높은 것으로 본다. 실험 결과 동아시아인은 서양인에 비해 전일적 사고 점수가 더 높았다.

이른바 소시오그램sociogram 과제도 사고의 차이를 측정하는 도구 중 하나다. 이것은 피험자에게 자신이 속한 사회적 집단에서 자신을 포함한 구성원을 원을 그려 표현해보라는 과제이다. 만약 피험자가 자신을 타인보다 더 큰 원으로 표현하면 개인주의 성향이 더 높은 것으로, 자신보다 타인을 더 크게 표현하면 집단주의 성향이 더 높은 것으로 판단한다. 이 실험에서도 동아시아인은 타인을 더 크게 그렸다.

니스벳을 필두로 한 사회심리학자들은 이런 일련의 흥미로운 실험들을 통해 동서양의 평균적인 인지적 특성이 일곱 가지 측면에서 서로 다르다고 설명했다. 첫째는 큰 그림에 대한 파악이다. 동아시아인은 서양인에 비해 큰 그림을 더 중요하게 인지하며 관계에 기반하여 특정 상황을 파악하고자 하는 경향이 있다. 둘째는 상황에 대한 통제력 측면이다. 개인이 처한 상황에 대한 통제력을 동아시아인보다 서양인은 더 선호한다. 셋째는 물질의 성질에 대한 이해다. 동아시아인은 물질의 성질을 파악하기 위해 물질의 외적 관계를 보지만 서양인은 그 물질 자체에 내재된 성질을 더 중시한다. 이런 특성 때문에 서양인은 이른바 '근본적 귀인 오류 fundamental attribution error'(문제를 늘 내재적 특성에서 찾으려는 오류)를 범할 가능성이 상대적으로 더 높다.

넷째는 관계성 인식이다. 동아시아인은 물질 사이의 관계는 늘 복잡하다고 전제한다. 다양한 인과적 사슬이 얽혀 있기 때문에 몇 가지 인과만으로는 무언가를 설명하기가 매우 어렵다고 믿는 경향이 있다. 그렇기 때문에 동아시아인은 이른바 '사후 과잉 확신 편향hindsight bias'을 갖기 쉽다. 반면에 서양인은 명확한 인과관계를 더 선호한다. 다섯째는 범주화에 대한 선호인데 서양인이 동아시아인보다 범주화를 더 선호한다는 것이다. 여섯째는 맥락 분리다. 전체 구조에서 내용을 분리해내는 데에 있어서 동아시아인이 서양인에 비해 덜 능숙했다. 마지막은 모순에 대한 태도이다. 동아시아인은 중용 등의 사상과 같이 중간점의 존재를 인지적으로 쉽게 받아들일 수 있는 반면 서양인은 모순의 존재를 매우 불편해한다.

요약하자면 니스벳과 그의 동료들이 밝혀낸 것은 사고 스타일의 문화 차이가 산업화된 근대 사회와 전통 사회 간에 존재할 뿐만 아니라 산업화된 두 문화, 즉 서양(북아메리카, 서유럽)과 동아시아(중국, 한국, 일본) 사이에서도 존재한다는 사실이다. 그리고 이 차이는 동아시아의 전일적 추론과 서양의 분석적 추론 간 차이라고 할 수 있다. 동아시아인은 타인과의 관계 속에서 자신의 위치를 파악하고 전체 속에서 의미를 찾는 존재로서 집단의 중심 가치를 늘 염두에 두고 산다. 그렇기에 서양에 비해 다양성이 늘 모자란다.

우리는 '왜' 획일적인가?

그러나 동서양의 사고방식 차이(집단주의 대 개인주의, 전일적 사고와 분석적 사고)를 위와 같이 정리한 결과는 완결적이지 않다. '왜?'라는 의문이 떠오르기 때문이다. 궁극적 설명으로까지는 아직 나아가지 못한 것이다. 대체 이런 차이는 왜 발생했을까? 이는 차이의 기원에 관한 물음이다.

니스벳은 동서양의 사고방식 차이의 가장 근본적인 출발점을 고대 중국과 그리스의 생태 환경에서 찾는다. 고대 그리스는 해안가에 접해 있고 산지가 많아 사냥, 수렵, 채집, 목축, 무역이 활발했기 때문에 농경에 비해 협업의 필요성은 덜했고 오히려 개성과 자율성이 더 중요한 가치였다는 것이다. 그리스인이 사람이나 사물을 파악할 때 맥락과 관계보다 사람과 사물의 내적 특성을 더 중요시하는 것은 이런 지리적 유산 때문이다.

반면에 중국은 대체로 편평한 땅, 낮은 산과 들, 적정한 규모의 강들로 이루어져 있어 농사와 경작에 유리했고 이 때문에 중앙 집권적 권력 구조가 더 적합했다. 그런데 농경이 성공하려면 협업이 반드시 필요하다. 가령 농경의 핵심인 관개 시설을 만드는 일은 개인이 할 수 있는 일이 아니며 농경민 간의 화합과 협업이 꼭 필요하다. 여기에 중앙 집권적 권력 구조까지 뒷받침된다면 최고다. 사회심리학자들에 따르면 결국 이러한 특수 환경에서 중국인들에게는 타인의 반응을 살피고 관계 속에서 자신의 위치를 찾는 집단주의적 성향이 발전했다.

얼마나 그럴듯한가? 문화 간 사고방식의 차이를 이념이나 종교의 차이로 설명하려는 시도보다는 훨씬 더 그럴듯해 보인다. 이는 한국인의 전일론과 집단주의적 특성을 유교의 영향 때문이라고 설명하는 것보다 한발 더 깊게 들어간 것이다. 사고방식이 생태 및 지리 환경에서 온 것이라는 이러한 관점은 결국 유교 자체도 동아시아의 생태와 지리 환경의 산물이라고 말하는 셈이기 때문이다. 하지만 뭔가 어설프다. 끼워 맞추기 식의 사후 설명 같은 느낌을 지울 수 없다. 예측력이 있는 더 정교한 설명이 필요하다.

우리의 내집단 편향을 자극하는 병원체, 감염병을 생각해보자. '병원체 확산 가설'에 따르면 집단주의적 행동은 병원체 확산을 억제하기 때문에 역사적으로 전염병이 더 자주

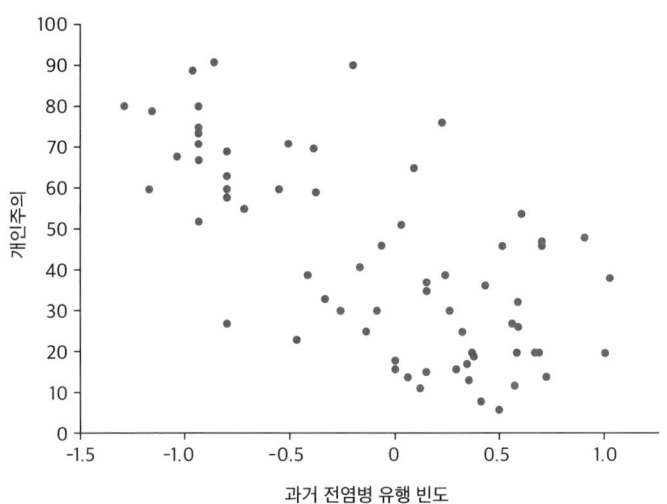

그림 12.1 그래프의 가로축은 역사적으로 전염병 확산이 얼마나 자주 일어났는지를 나타내고 세로축은 개인주의 성향의 정도를 나타낸다. 이 그래프는 이 두 변수의 상관관계를 드러내주고 있는데, 여기서 우리는 전염병의 발병률과 개인주의 성향이 음의 상관관계를 보인다는 사실을 알 수 있다.

창궐한 지역일수록 집단주의 성향이 더 크다. 전염병이 돌면 외집단의 구성원이 들어와 전염병을 퍼뜨릴 가능성이 있기 때문에 내집단 구성원들은 외집단 사람들을 경계하게 된다. 따라서 그런 환경에서는 폐쇄적 성향을 가진 사람들이 더 잘 살아남았으며 결국 그들은 집단 내 구성원들에 더 의존적인 집단주의 성향을 가지게 되었다는 것이다.[2] 즉 병원체 확산 가설은 전염병 창궐 정도로 집단주의 성향 크기를 예측한다.

그러나 이 가설의 한계점도 명확하다. 병원체의 전파

는 기온과 매우 밀접한 관련이 있기 때문에 과거 역사에서 전염병이 흔하게 창궐한 지역은 그렇지 않은 지역과 기온이 달랐을 것이다. 그렇다면 문화의 차이를 단순히 기온 차이에 의한 전염병의 발병 정도로 설명하는 가설이라면 설명력은 축소된다. 설령 전염병 발병률이 집단주의 성향에 영향을 준다 하더라도 그것은 하나의 변인일 뿐이다. 전염병 발병률로 문화 차이를 충분히 설명할 수는 없다.

반면에 이른바 '농사 가설'은 앞서 언급된 니스벳의 생태 지리 가설의 증보판으로서 문화 차이의 기원에 대해 설명력이 가장 큰 가설이라 할 수 있다. 이 가설은 문화 차이를 농사의 유형(쌀농사/밀농사) 차이로 이해한다.[3]

쌀농사의 경우에는 충분한 물이 지속적으로 필요하기 때문에 정교한 관개 시설이 필요하다. 이 관개 시설은 집단이 공동으로 사용하기 때문에 서로를 배려하는 성향이 나타나게 된다. 또한 노동력 측면에서도 쌀농사는 밀농사와 달리 두 배의 노동력을 필요로 하기 때문에 모내기와 수확을 할 때 서로 돕는 품앗이 문화가 발생한다. 쌀농사의 이러한 특성 때문에 쌀농사를 짓는 지역의 사람들은 집단주의 성향이 강하다. 반대로 밀농사에는 관개를 할 필요가 없이 강수량에 의존하기만 하면 되니 노동력도 쌀농사의 절반 정도만 있어도 충분하다. 따라서 밀농사를 짓는 지역의 사람들은 개인주의 성향이 더 강하다.

이 섬세한 농사 가설을 강력하게 뒷받침하는 흥미로운

연구가 있다. 이 연구에서는 동아시아의 쌀농사와 서양의 밀농사를 비교하는 대신에 중국 내에서의 쌀농사와 밀농사를 비교하는 방법을 택했다(이 부분이 핵심 포인트다). 그 이유는 동아시아의 쌀농사와 서양의 밀농사를 비교할 경우 문화적 차이에 영향을 줄 수 있는 다른 변인들(종교적, 정치적, 역사적 요인들)을 통제하기 어렵기 때문이다.

중국은 역사적으로 오래전부터 지역별로 농사를 짓는 농작물이 달랐는데 양쯔강을 중심으로 북쪽 지역은 밀농사를 지었고 남쪽 지역, 특히 남동쪽에 위치한 상하이는 쌀농사를 지어왔다. 만약 농사 이론이 옳다면 중국 북부 지역은 개인주의 성향이, 남부 지역 특히 상하이 지역은 집단주의 성향이 더 크게 나타나야 할 것이다.

이를 검증하기 위해 쌀농사와 밀농사를 짓는 지역의 중국 대학생들을 대상으로 크게 네 가지 실험을 진행했다. 이 중 두 가지는 앞서 언급한 묶기 과제와 소시오그램이었다. 세 번째 실험은 충성도와 족벌주의 측정인데 이는 자신이 아는 사람과 모르는 사람을 어떻게 다르게 대하는지를 재는 과제였다. 이 세 가지 과제에서 쌀농사를 짓는 지역의 대학생들은 밀농사를 짓는 지역의 학생들보다 더 전일론적 사고를 하며 상호 의존적이고 족벌주의적 성향을 띤다는 결과가 나왔다.

하지만 여기까지의 실험은 대학생만을 대상으로 했기 때문에 대표성의 문제가 있었다. 이를 보완하기 위해 네 번

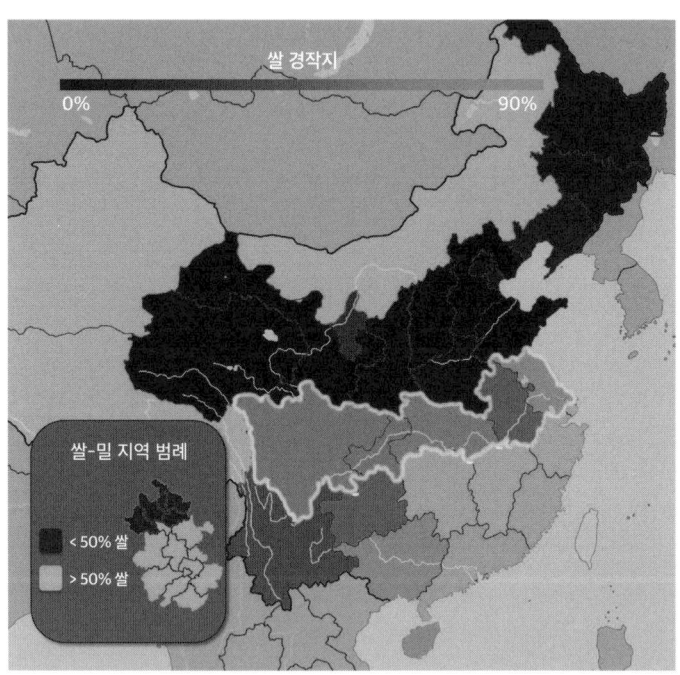

그림 12.2 지도의 검은색이 밀농사가 두드러진 지역이고 아래쪽으로 내려갈수록 쌀농사의 비중이 높아진다. 쌀농사를 지은 곳에서 집단주의적 성향이 상대적으로 강하게 나타난다.

째 실험에서는 지역의 이혼율과 발명 특허율을 조사했다. 일반적으로 개인주의 성향이 강한 사회일수록 이혼율이 높고 미국의 이민자 중 분석적 사고 성향이 강할수록 발명 특허율이 높다는 점을 활용한 조사였다. 이 결과도 이전의 세 가지 과제들을 시행한 결과와 동일했다. 이는 쌀농사 지역이 밀농사 지역보다 집단주의와 전일적 사고 경향이 더 높다는 사실을 다시 한번 뒷받침한다. 이렇게 농사 가설은 니스벳의 생태지리 가설보다 예측력이 더 크며 정교하다.

그러나 아쉽게도 이 농사 가설도 동아시아와 서양의 사고방식의 차이를 충분히 설명하는 가설이라고는 할 수 없다. 왜냐하면 이것은 단지 쌀/밀농사 차이와 집단(전일적)/개인(분석적)주의 차이 사이의 상관관계만을 보인 것이기 때문이다. 물론 농사 가설이 대대로 쌀농사를 짓고 살아온 우리의 인지적 특성을 이해하는 데 도움이 되는 것은 분명하다. 하지만 한국인의 독특성을 더 깊이 이해하기 위해서는 위에서 언급한 동아시아적 특성을 넘어서는 조금 더 세밀한 분석 결과가 요구된다.

한국인은 집단주의자인가?

한국인은 전형적인 동아시아인일까? 한국인의 심리적 특성을 연구해온 학자들에 따르면 그 둘은 똑같다고 할 수 없다. 물론 서양인에 비해 우리가 더 집단주의적인 것은 분명하지만 그 집단주의 국가들 사이에서도 한국은 유별나다. 한국인의 심리를 연구해온 사회심리학자 허태균에 따르면 우리는 주체성, 가족 확장성, 관계주의, 심성 중심주의, 복합 유연성이라는 독특한 심리를 가진다. 여기서 조금 특이한 것은 우리의 심리적 특성이 집단주의라기보다는 관계주의에 더 가깝다는 그의 주장이다.[4]

그동안 집단주의는 동아시아를 포함한 비서구 사회의 문화적 특성으로 받아들여져 왔다. 그리고 한국의 거의 모든 연구자도 우리 사회를 집단주의 문화권으로 규정했다. 그러나 '서구-개인주의 대 비서구-집단주의'의 이분법으로는 실제로 각 문화를 제대로 파악할 수 없다는 비판이 제기되었다. 비서구 문화권 사람들이 집단주의 성향이 강하다는 결론도 사실은 초기 문화심리학 연구에서 일본인이 주로 동양인을 대표했기 때문이라는 지적도 나왔다. 실제로 일본의 경우에는 집단주의 특성이 잘 맞는다.

하지만 허태균에 따르면 집단주의의 핵심 가치는 어떤 조직에 들어갔을 때 그곳에서 주어진 역할을 충실히 수행하는 일에 만족하고 조직을 위해 개인의 목적을 희생할 수 있는 태도다. 그런데 한국 사람은 그런 성향을 강하게 갖고 있지 않다. 한국 사람은 일대일의 개인적 관계를 가장 중요시하는 관계주의적 특성을 가지고 있다. 집단주의와 달리 관계주의는 조직과 인간의 위계 맥락이 아니라 사람과 사람, 즉 대인 관계적 맥락에 초점이 맞춰져 있다. 관계주의 사회에서는 타인과의 관계 속에서 자신의 정체감이 규정된다. 그래서 누구와 있느냐에 따라 자신의 정체성이 바뀌는 맥락성과 역동성이 드러난다.

한국인의 심리를 관계주의로 해석하는 허태균의 주장은 신선하면서 꽤 설득력이 있다. 우리와 같은 한국인의 입장에서는 고개를 더 끄덕이게 만든다. 하지만 이것이 맞다 해도 앞서 소개된 기존 문화심리학의 연구 성과들이 무의미해지는 것은 결코 아니다. 허태균의 분석은 오히려 동아시아인들 사이의 미묘한 차이에 대한 통찰이라고 간주해야 한다. 기존 문화심리학의 주장처럼 동아시아인이 평균적으로 서양인에 비해 더 집단주의적이고 전일적이라는 것 또한 진실이기 때문이다.

    사실 동아시아인 중에서도 한국인의 심리적 특성이 무엇이며 그것이 어떻게 생겨나게 되었느냐는 물음은 심오하지만 여기서는 더 이상 깊이 있게 다루기가 쉽지 않다. 엄청난 연구가 필요한 주제이기 때문이다. 다만 이 책의 핵심 주제인 공감과 관련된 몇 가지 특성에 한정하여 논의해보는 작업은 가능하고 의미 있는 일일 것이다. 한국인은 집단주의자인가 관계주의자인가 묻는 말에 어떤 대답을 한다고 해도 변하지 않는 진실은 우리 문화의 다양성 지수가 상당히 낮다는 점이다. 솔직히 우리 한국인은 편협하다. 그리고 그 기반에는 분명히 생태 지리적 요인이 있음을 무시할 수는 없다. 이와 더불어 이런 집단주의 문화에 기반해 새롭게 만들어진 오늘날의 한국 사회와 한국인의 독특함은 인지적 공감력의 확대를 억제하는 족쇄로 작용하고 있다.

13장

한국인의 독특함이 족쇄가 되다

대한민국이라는 나라는 이제 변방이 아니라 세계를 선도하는 국가 중 하나다. 세계 경제 대국에 들어가는 선진국의 자리를 당당히 차지하고 있고 문화적으로도 이른바 '케이팝'이라는 대중 음악의 큰 조류를 만들었으며 아카데미상과 황금종려상을 받은 영화를 배출했다.

하지만 이런 성취의 뒷면에는 어두운 모습도 있다. 빈부 격차는 점차 격화되고 있으며 저출산으로 고령화 사회가 되어가면서 세대 간 갈등도 심화되고 있다. 한 마디로 구성원 간의 감정적·인지적 공감이 내부적으로도 약화된 상태다. 한국 사회의 이런 분열을 가속화한 한국만의 특징은 무엇일까? 또 한국 사회의 공감 반경을 조정하려면 무엇이 필요할까? 나는 여기서 한국인의 독특함은 바로 교육열, 즉 학습 열망에 있다고 주장한다. 한국인의 학습 열망은 가히 세계 최고 수준이다. 그리고 전부는 아니지만 이런 열망 때문에 우리 사회의 공감력을 확장하는 동력이 정체되었다고 생각한다.

현대 한국 사회의 돌진성과 역동성

현재 한국은 경제적으로 어느 기준으로 보더라도 선진국이라 할 수 있다. 한국의 국내 총생산GDP 규모는 2021년 기준 약 1조 8000억 달러로 세계 10위다. 2018년에는 1인당 국민 소득GNI이 3만 달러를 넘어 일본(1992), 미국(1996), 영국(2004), 독일(2004), 프랑스(2004), 이탈리아(2005)에 이어 7번째로 30-50클럽에 가입하게 되었다. 30-50클럽은 1인당 국민 소득 3만 달러 이상, 인구 5000만 명 이상의 조건을 만족하는 국가를 가리키는 용어로 이 클럽에 가입했다는 사실은 경제가 양적인 면과 질적인 면 모두 높은 수준의 국가 경쟁력을 갖추었다는 것을 의미한다. 2020년에는 4만 달러를 넘어섰다.

주목할 만한 점은 전 세계적으로도 유례가 없는 경이로운 속도로 이러한 발전을 이뤄냈다는 것이다. 경제 개발이 본격화되기 전인 1961년, 한국의 1인당 국민 소득은 고작

82달러로 세계 101위에 불과했다. 그마저도 미국에서 받은 원조가 상당한 비중을 차지했을 정도로 한국은 가난했다. 현재 한국의 경제 규모는 그때의 400배 가까이에 이른다.

1991년에 한국국제협력단KOICA이 설립되어 공적 개발 원조를 시작함으로써 한국은 원조 수혜국에서 원조 공여국으로 전환한 최초이자 유일한 나라가 되었다. 식민지를 개척하여 거대한 제국을 이루거나 산업 혁명으로 큰 성공을 거둔 유럽 열강, 미국, 일본조차도 이 정도로 빠르게 성장하지는 못했다. 끼니도 제대로 해결하지 못했던, 세계에서 가장 가난한 나라였던 한국이 '한강의 기적'이라고 세계인이 인정하는 경제 발전을 별다른 자원도 없이 이뤄낸 것이다.

현재 한국의 수출 규모는 6000억 달러로 중국, 미국, 독일, 네덜란드, 일본에 이어 세계 6위이다. 무역 흑자는 독일, 일본, 중국에 이어 세계 4위이며 경상 수지는 1998년 이래로 계속해서 흑자를 달성해왔다. 반도체, 스마트폰, 자동차, 선박, TV 등은 이미 전 세계 시장을 장악했고 세계 최초로 수소 자동차를 양산하기 시작했으며 5G 이동 통신 서비스도 처음으로 상용화했다. 한국산 제품들은 가성비가 뛰어난 것으로 높이 평가받고 있다. 최고의 무역 흑자국인 중국에 비해 흑자 규모는 절반에 불과하지만 품질에 있어서 한국산은 중국산에 비교할 수 없을 정도로 호평을 받고 있다.

한국의 외환 보유액은 4000억 달러를 웃돌며 세계 8위에 올라섰다. 현재 한국의 국가 신용 등급은 세계 3대 신용 평가 회사(피치, S&P, 무디스) 모두에서 최고 수준으로 평가받고 있다. '북한'이라는 지정학적 리스크에도 불구하고 외환 보유액, 소득 수준, 무역 거래에서 쌓인 신용을 높게 평가한 것이다. 구체적으로는 무디스가 'Aa2', S&P는 'AA', 피치는 'AA-'로 평가하고 있는데 이는 전체 등급 중에서 무디스와 S&P는 상위 3번째, 피치는 4번째 등급이다. 일본은 3대 신용 평가 기관에서 모두 한국보다 2단계씩 등급이 낮고 중국도 한국보다 무디스와 S&P에서는 2단계, 피치에서는 1단계가 낮다. 한국의 국가 신용 등급은 외환 위기 당시 S&P 기준으로 'B+', 무디스 기준으로 'Ba1'까지 추락했지만 유례가 없을 정도로 빠르게 회복하여 지금에 이르렀다.

가장 가난한 나라에서 세계적인 경제 강국으로 탈바꿈한 한국의 기적 같은 성취는 어떻게 가능했을까? 외환 위기라는 아픈 경험을 전화위복으로 삼아 더 탄탄한 위기 대응능력을 갖추고 유례없는 회복세를 보여준 한국의 저력은 어디에서부터 나온 것일까?

민족성에 각인된 학습 열망

단연 첫 번째로 꼽을 수 있는 것은 바로 교육이다. 부존자원이 거의 없는 열악한 상황에서도 빠른 시간 내에 세계 10위권의 경제 대국으로 성장한 것은 바로 엄청난 교육열에서 비롯한 인적 자원 확보 덕분임을 부정할 이는 없을 것이다. 우리는 이를 '학습 열망'이라고 부를 수 있을 것이다.

한국 학생들은 수학 올림피아드나 국제학업성취도평가 Programmed for International Student Assessment, PISA 등 각종 학업 능력 평가에서 전 세계 최상위권을 석권하고 있다. 또한 세계 각지에 뻗어 있는 한국 유학생의 수는 인도, 중국, 일본보다 월등히 많다. 한국의 고등 교육 이수율은 경제협력개발기구OECD 국가 중 가장 높은 수준을 유지하고 있다. 고등 교육 이수율이란 고등학교 이상 상위 교육을 이수한 성인의 비율을 의미한다. 2018년 기준으로 우리나라 성인(25~64세)의 고등 교육 이수율은 49.0퍼센트로 OECD 평균보다 10퍼센트 가량 높고, 특히 청년층(25~34세)은 69.6퍼센트로 2008년 이후 OECD 국가 중 가장 높은 수준을 유지 중이다. 교육 인프라가 잘 갖추어져 있는 미국, 영국, 프랑스 등 선진국에 비해서도 월등히 높은 수준이다.

한국인의 높은 학습 열망은 부모 세대보다 자녀 세대의 학력이 높거나 같은 경우가 96퍼센트에 달한다[2014년 〈뉴욕타임스The New york times〉에서 실시한 OECD 회원국 가운데 주요 23개국 성인(25~64세)의 학력 수준을 비교한 조사 결과]는 사실에서 극명하게 드러난다. '내가 굶는 한이 있더라도 내 자식은 공부시켜 좋은 대학에 보내고 좋은 직장에 취직시키겠다'는 것이 경제 성장기 부모 세대의 전반적인 의지였다.[1] 이 의지는 고스란히 자식 세대에게 전해져 자식들은 그 의지에 부합하는 결과를 이루어냈으며 빠른 경제 성장을 뒷받침하는 산업계의 인력을 제공했다. 창의성이 필요한 현 상황에는 맞지 않는 입시 제도나 보통의 서민들은 감당하기 힘든 사교육비 등 한국 교육이 여러 고질적인 문제를 안고 있음에도 불구하고 학습 열망이 지금까지 일궈낸 경제 성장의 원동력이라는 것은 부인할 수 없는 사실이다.

사실 우리 민족의 뜨거운 학습 열망은 비단 어제오늘 일이 아니다. 1653년 제주도에 표류해 억류되었던 경험을 바탕으로 《하멜 표류기》를 쓴 네덜란드 선원 헨드릭 하멜은 "조선 아이들은 밤이고 낮이고 책상머리에 앉아 책을 읽는다." "아이들이 책을 이해하고 해석하는 것에 뛰어나 경탄하지 않을 수 없다"라며 조선인들의 교육열과 우수한 학습 능력에 대해 언급한 바 있다. 그렇다면 이러한 세계 최고 수준의 학습 열망은 근본적으로 어디에 연원을 두어 생겨난 것일까?

학습 열망은 어떻게 대물림되었는가?

문화진화 이론은 특정한 가치와 문화가 어떻게 생겨나고 확산되는지를 탐구한다. 따라서 유전자와 문화라는 두 가지 종류의 대물림 구조를 상정하고 그들 간의 관계를 다룬다. 한국인 특유의 학습 열망이 어떻게 탄생했고, 어떻게

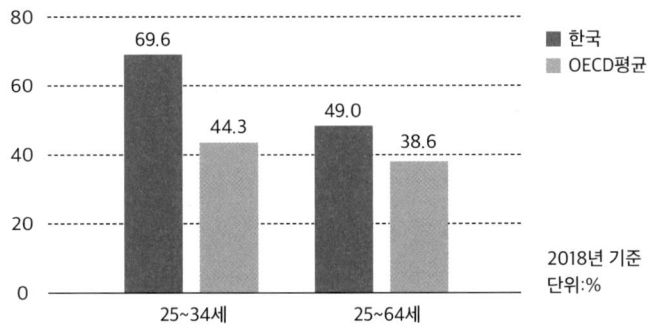

그림 13.1 한국의 고등 교육 이수율은 OECD 평균에 비추어보아도 매우 높다.

지금까지 전달되고 증폭되었는지를 이해하려면 문화진화 이론의 틀이 필요하다. 생물철학자 킴 스터렐니Kim Sterelny는 인간의 독특한 사회적 학습 모형인 '도제 학습 모형'을 제시하면서 문화진화의 단계를 다음과 같이 설명했다.[2]

첫 번째 단계는 개인 학습에서 사회적 학습으로의 전이다. 아이는 어른의 생태적 활동을 보며 어른의 활동을 배운다. 그러한 학습은 사회적 학습을 위한 적응 이전에 존재했던 적응적 가소성plasticity이나 손의 민첩성 등에 의존한다. 그러나 이 방식을 통해서 일어나는 정보의 흐름은 사회적 학습을 위한 적응이 발생하고 난 이후의 복제 충실도와 효율성에는 미치지 못하는 수준이었을 것이다.

두 번째 단계는 사회적 학습에서 조직화된 학습 환경으로의 전이다. 사회적 학습은 한 세대가 발견한 기술들을 그

세대에만 가두지 않는다. 다음 세대로 흘러 들어간 정보 때문에 손쉽게 그 기술들이 사용될 수 있다. 그리고 주위 환경은 이 기술들에 의해 조직화된다. 가령 집을 짓는 기술, 돌로 사냥 도구를 만드는 기술 등은 세대를 거치면서 축적되고 더 다양해진다. 침팬지와 인간의 큰 차이점은 바로 개체에 영향을 주는 환경을 조직할 수 있느냐에 있다. 침팬지는 도구를 사용하여 견과류 깨기나 흰개미 사냥 등을 할 수 있고 어느 정도는 사회적으로 학습하기도 하지만 그들 사회에 없는 것은 학교와 같은 조직화된 학습 환경organized learning environments이다.

세 번째 단계는 조직화된 학습 환경에서 사회적 학습을 위한 개인 적응으로의 전이다. 이렇게 조직화된 학습 환경이 형성되면 타인에게서 높은 신뢰도와 효율성으로 어떤 행위를 배울 수 있는 유전적 변이가 선택받게 될 것이다. 즉 사회적 학습을 위한 개인 차원의 적응이 드디어 나타난다.

이 세 단계를 요약하면 타인으로부터 배움을 촉진하는 유전자들이 조직화된 학습 환경을 만들었고 그 환경이 다시 사회적 학습을 촉진하는 유전자를 선택했다는 것이다. 즉 사회적 학습 유전자가 학교를, 학교가 다시 사회적 학습 유전자를 촉진하는 형태의 공진화 과정이 반복되면서 인류가 문명을 진보시킬 수 있었다는 얘기다. 그런데 이것은 침팬지와 인간의 문명 차이뿐만 아니라 인류 집단 사이에 발생하는 문화 차이도 설명한다.

그렇다면 대한민국 국민의 높은 학습 열망도 위와 같은 문화진화 과정으로 설명할 수 있을까? 예컨대 조선 왕조 500년 동안의 성리학 전통은 높은 학습 열망을 이끈 문화적 선택압일 수 있다. 간단히 요약하면 이렇다. 고려 말에 들어와 조선 시대의 통치 철학이 된 성리학이 한반도에 수용되고 확산되는 과정에서 과거 제도가 정착되고 관료 사회가 형성되었다. 조선의 양반 제도는 원칙적으로 양인(평민 계급)이 과거제를 통해 양반이 될 수 있게 했는데 양반이 3대 이내에 관직에 오르지 못할 시 평민으로 강등하기도 했다.

조선의 과거제는 계층 유지 및 상승을 위한 거의 유일한 가능성이었다고 할 수 있다. 이 과거제는 유생들 사이에 치열한 학습 경쟁을 부추겼는데 학습 조건이 좋고 학습 열망이 더 큰 이들이 급제할 가능성이 높았다. 이런 과정을 통해 과거 제도와 관료 사회는 '학습 열망 유전자'(학습 열망의 차이를 만듦으로써 결국 관료가 될 개연성을 높이는 유전자)를 선택할 것이고 이 유전자는 후대 집단 내에 확산될 것이다. 게다가 조선 시대의 수많은 서원과 향약은 학생의 학습 열망과 출세 욕망의 촉진자였다. 이것이 바로 학습 열망 유전자와 성리학의 공진화다.

하지만 조선 왕조와 양반제는 채 500년을 버티지 못했다. 조선 초기의 신분 구조(양반 20퍼센트, 양인 40퍼센트, 노비 40퍼센트)가 조선 후기 18~19세기의 임진왜란과 병자호란을 겪으면서 거의 모두가 양반 족보를 갖는 구조로 변모

했다. 온 국민의 양반화가 시작된 셈이었다. 게다가 경제 권력을 가진 지주들이 몰락해갔다. 일제 강점기에는 18퍼센트, 해방 후에는 25퍼센트, 이승만 정권의 농지 개혁 후에는 53퍼센트의 지주들이 차례로 몰락하면서 새로운 경제 엘리트의 탄생이 전개되었다. 신분 상승을 위해 조선 왕조에서는 과거제의 바늘구멍을 통과해야 했다면 구한말-대한민국 건국을 거치면서는 말 그대로 누구나 신분 상승이 가능했기 때문에 치열한 시기였다. 실제로 한국 초기 재벌의 부친들 대부분은 지주 출신이 아니라 영세농, 영세 상인, 몰락 양반 출신이었다. 조선 왕조 문화에서 선택된 학습 열망은 이렇게 현대 대한민국 사회에서도 잘 통했고 더욱 증폭되었다.

초경쟁은 어떻게 초저출산 사회를 낳았는가?

앞서 보았듯이 우리 사회 발전의 큰 동력은 학습 열망이었다. 이건 좋은 의미에서 하는 말이다. 하지만 반대로 보면 이 욕망은 우리 사회에서 집단 내 구성원 간 벌어지는 치열한 경쟁과 집단들 사이에서 벌어지는 깊은 갈등의 원인이기도 하다. 초경쟁의 한국 사회는 이렇게 만들어졌다. 그 결과는 우리가 지금 보고 있는 현실이다. 특히 오늘날에는 미래에도 한국 사회가 지속될 것인지의 문제가 국가의 주요 의제로 떠올랐다.

통계청의 발표에 따르면 2021년 출생아 수는 26만 6900명으로 2020년 출생아 수(27만2300명)보다 4.3퍼센트 감소했다. 20년 전인 2001년 출생아 수(55만 9934명)와 비교하면 절반도 안 된다. 여성 한 명이 평생 낳을 것으로 예상되는 평균 출생아 수인 합계 출산율은 2021년에 0.81명으로 전 세계 최저 수준이다. 합계 출산율이 2.0 정도는 되어야 부모 세대와 자녀 세대의 인구 수가 동일해지는데, 우리나라는 1983년에 1.30 이하로 떨어지고부터는 지금까지 단 한 번도 2.0으로 반등한 적이 없다. 설상가상으로 2002년부터는 1.30 이하로 3년 이상 지속되는 초저출산이 오늘까지 이어지고 있다. 이런 현상이 이어지면 남한의 총인구는 이제 감소 추세로 돌아설 것이라고 한다.

그런데 문제는 이를 막기 위해 지난 정부들이 13년간 143조의 예산을 쏟아부었다는 사실이다. 만일 인구의 변동이 정부의 정책에 의해서만 영향을 받는다면 이보다 더 참담한 정책 실패는 없어 보인다. 인구 정책의 실패를 논하려는 것은 아니다. 이 땅의 젊은이들이 왜 더 경쟁하는 쪽으로 자신의 삶을 추동하고 자식은 낳지 않으려 하는지를 진화적으로 이해해보려는 것이다. 이를 위해서는 조금 더 근본적으로 인간의 생존과 번식의 관점에서 출산이라는 행위와 과정 자체를 이해할 필요가 있다.

세상의 모든 생물은 생애사life history를 갖고 있다. 가령 개구리는 한 번에 상당히 많은 알을 낳고 그 알이 올챙이로 자란 후 성체 개구리가 되어 또 많은 알을 낳는 식의 생애사를 지니고 있다. 인간은 어떤가? 동물행동학자들에 따르면 인간의 생애사는 다른 영장류(그리고 다른 동물들)에 비해 다음과 같은 세 가지 특징을 갖고 있다.

첫째, 영유아기가 매우 길다. 연약하게 태어나서 오랫동안 돌봄을 받아야만 생존할 수 있는 종이다. 둘째, 상대적으로 오래 산다. 동물의 세계에서 수명은 번식 시기와 관련이 크다. 예를 들어 번식을 끝낸 암컷에게는 죽음이 멀지 않다. 하지만 인간 여성은 폐경이 온 다음에도 상당히 오랫동안 삶을 지속한다. 셋째, 다른 동물들에 비해 자식을 많이 낳지 않는다. 이 관점에서 보면 '얼마나 일찍 낳느냐'와 '얼마나 많이 낳느냐'가 상당히 중요함을 알 수 있다. 종간에 차이가 있는데 설치류는 이른 나이에 출산하며 한 번에 많이 낳는다. 그에 비해 코끼리와 오랑우탄 같은 큰 동물들은 1년에 한 번, 심지어는 5년에 한 번 새끼를 낳는다. 이렇게 종마다 출산 연령과 출생아 수가 다르다.

그래서 생태학자들은 '얼마나 일찍, 많이 낳는가'를 기준으로 종들을 구분하기도 한다. 빨리, 많이 낳는 경우를 'r선택r-selection'이라고 하고 늦게, 적게 낳는 경우를 'K선택 K-selection'이라고 한다. 모든 동물은 그중 어딘가에 해당된다. 쉽게 말해, 'r'은 양으로 승부를 하는 종이라면 'K'는 질로 승부하는 종이다. 이런 기준으로 보면 동물의 생애사는 몇 가지 특징들로 구분된다.

예를 들어 r선택처럼 아이를 많이 낳는 종에게 그 자식들의 경쟁력은 그리 문제되지 않는다. 경쟁력이 없어서 많이 죽어나가도 생존해 남을 개체들 또한 적지 않을 테니 말이다. 그에 비해 K선택 종의 경우에는 자식의 경쟁력이 핵심이다. 그러다 보니 'r'은 빨리 성장하고 'K'는 천천히 성장한다. 그리고 'r'은 번식도 이른 나이에 한다. 'r'은 많이 낳고 'K'는 적게 낳는다. 이는 종간의 차이다.

그렇다면 종으로서 우리 인류는 어디에 해당될까? 당연히 'K'다. 하지만 개인차가 존재한다. 예를 들어 이른바 '빠른 생애사 전략'을 취한 사람들은 상대적으로 자녀를 많이 낳고 양육에 덜 신경쓰며 혼외 관계에 관심이 크다. 그에 비해 '느린 생애사 전략'을 택한 사람들은 상대적으로 아이를 적게 낳고 양육에 많은 노력을 기울이며 혼외 관계에는 별로 관심이 없다.

'생애사 전략'이라는 것이 무엇인지 좀 더 이야기해보지. 출신이라는 행위를 우리네 생애사에 중요한 예산 집행 결정 과정이라고 생각해보자. 이때 '언제 번식하는 것이 좋을까' '얼마나 낳으면 좋을까' '언제까지 살면 좋을까'와 같은 생애사의 중요한 의사결정을 하는 것이 바로 생애사 전략이다. 이 과정에서 여러 요인이 충돌한다. '성장을 더 할 것이냐' '생존에 더 많은 에너지를 쓸 것이냐' 아니면 '번식에 더 많은 에너지를 쓸 것이냐'에 대한 의사결정의 차이라고 할 수 있다. 그러다 결국 이것이 상충과 균형을 이루어 어떤 사람은 특정 환경에서 빨리, 많은 아기를 낳는 쪽으로 다른 사람은 같은 환경에서도 아기를 늦게, 적게 갖는 쪽으로 행동한다.

　진화생물학자와 진화심리학자들은 위와 같은 인간의 전략적 행동을 '생애사 이론'의 틀 내에서 설명해왔다. 이 이론에 따르면 기본적으로 인간의 출산은 '성장-출산-양육'이라는 생애 단계 가운데 하나다. 그런데 물질적이고 시간적인 자원은 제한되어 있기 때문에 각 단계마다 효율적으로 배분해야 하며 주어진 환경에 맞춰 어떠한 배분 전략을 취하는지에 따라 효율성에 차이가 생긴다. 가령 인구 밀도가 높은 환경에서 섣부른 출산은 비효율적 의사결정이다. 왜냐하면 그런 환경에서는 경쟁이 치열하기 때문에 자손이 번영할 가능성은 낮기 때문이다. 오히려 그런 환경에서는 출산을 미루고 자신의 경쟁력을 높이는 전략이 더 효율적일 수 있다. 즉 출산 대신 자신의 성장에 더 많은 자원을 투자하는 전략이다.

　그렇다면 이런 생애사 이론의 관점에서 저출산 문제는 어떻게 이해할 수 있을까? 경쟁이 치열하다고 느낄 때 출산을 미루거나 적게 하는 저출산은 병리적인 현상이 아니라 하나의 적응적 현상이라고 할 수 있다. 예를 들어 비경쟁적이고 불안정적 환경에 놓여 있다고 판단하는 순간 우리는 자원을 여러 곳에 나눠 투자하는 양적인 분산 투자를 한다. 그리고 성과를 빨리 확인할 수 있는 단기적인 전략을 발달시킨다. 반대로 경쟁적이고 안정적인 환경에 놓여 있다고 생각하는 순간 자원을 확실한 곳에 집중 투자하는 질적인 투자를 하고 오랜 노력을 기울여 목적을 달성하는 장기적인 전략을 발달시킨다. 다시 말하면 우리는 환경에 민감한 심리적 메커니즘을 갖고 있다고 할 수 있다. 이제 다음과 같은 문제가 가장 중요한 질문으로 남는다. 실제로 우리 사회는 얼마나 경쟁적인가? 아니 우리는 우리 사회가 얼마나 경쟁적이라고 지각하는가? 왜 그렇게 지각하는가?

진화심리학자 올리버 승Oliver Sng에 따르면, 인구 밀도가 높을 경우 사람들은 느린 생애사 전략가가 된다.[3] 인구 밀도가 높은 국가의 국민일수록 성적인 엄격성이 높은데 이는 아기를 낳을 가능성을 만드는 짝짓기에 매우 신중한 태도를 취한다는 뜻이다. 또한 그런 사람일수록 기대 수명이 높다. 즉 출산에 투자해 자녀를 빨리, 많이 낳고 일찍 사망하는 것이 아니라 자신의 성장에 자원을 더 많이 사용함으로써 오래 사는 것이다. 이뿐만이 아니다. 인구 밀도가 높은 국가일수록 유치원 등록률도 높다. 추가 번식보다는 이미 출산한 자녀의 성장에 투자한다는 또 다른 증거다. 결과적으로 인구 고밀도 국민들의 출산력은 상대적으로 더 낮다.

다시 말해 내 주변이 사람들로 넘쳐난다고 감지하면 '아이를 낳는 것보다는 그냥 내가 성장해 경쟁력을 길러야겠다'는 판단 회로가 작동해 출산력이 떨어진다고 할 수 있다. 이렇게 경쟁이 치열하다고 지각하면 지각할수록 저출산으로 이어지는 것은 진화의 결과라고 할 수 있다.

결국 문제는 '환경을 어떻게 지각하는가'다. 객관적 환경이 어떠한가도 중요하지만 그걸 어떻게 지각하는가도 중요하다. 왜냐하면 결국 지각을 통해 적응적 메커니즘이 작동하니까. 인구 밀도가 높으면, 다시 말해서 사용 가능한 바람직한 자원에 대비해 경쟁자 수 혹은 인구 크기가 늘었다고 지각하면 진화를 거쳐 형성된 인간 심리의 반응 체계가 작동한다. 경쟁이 심하다고 지각하는 순간 사회적 공격성과 공격의 욕구가 증가하며 바람직하다고 생각되는 목표와 가치가 획일화되기 시작한다. 즉 사람들이 중요하다고 생각하는 가치가 점점 일원화된다.

가령 이른바 '스카이 대학에 들어가는 게 하늘의 별따기구나'라고 경쟁 지각을 하게 되면 사람들은 대개 경쟁을 포기하거나 다른 대안을 찾기보다는 그 목표를 위해 더 매진하려는 욕망에 사로잡히게 된다는 것이다. 그러면 어떤 결과가 생길까? 일자리는 점점 더 줄어들고 경쟁은 더 치열해진다. '헬조선'으로 가는 길이다.

이런 현상을 생애사 전략의 작동으로 이해해보자. 실제 경쟁이 심하거나 그렇다고 지각하는 경우에 우리는 번식을 앞당기기보다는 늦추고 많이 낳는 것보다는 적게 낳고 짝짓기에 투자하기보다는 양육에 투자를 해서 경쟁력을 높이려고 한다. 느린 전략가로 전환된다고 할 수 있다. 그 과정에서 가치가 일원화되니까 일자리 시장에는 병목 현상이 일어나

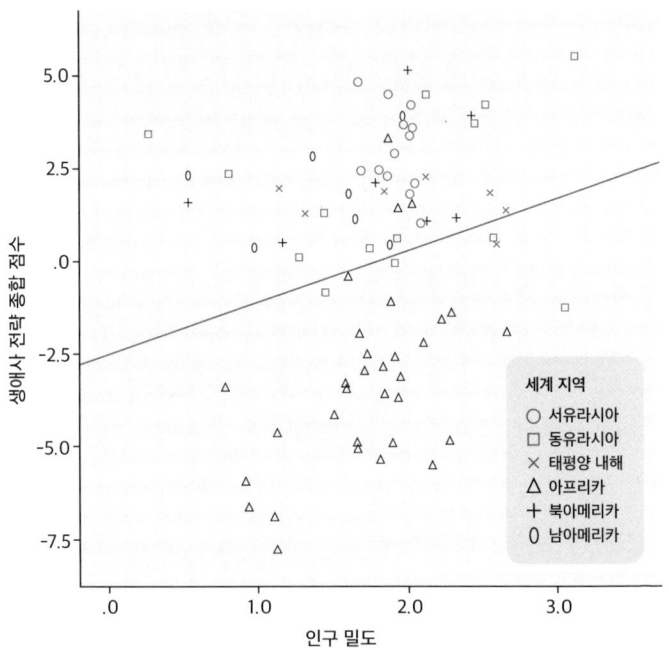

그림 13.2 대륙별 국가의 인구 밀도 정도와 생애사 전략의 분포. 생애사 전략 점수가 높을수록 느린 생활사를 가진다. 인구 밀도가 높을수록 느린 생애사 전략을 취하는 경향이 있다.

고 점점 더 힘들어지는 상황이 발생한다. 같은 해에 입사하고 비슷한 연봉을 받는 두 직원의 결혼과 출산 경험도 근무 지역이 어디인지에 따라 달라질 것이다. 인구 밀도가 극도로 높은 서울이나 수도권에 근무하는 직원은 혼인과 출산을 미루거나 포기할 개연성이 클 것이고 저밀도 지역에서 근무하는 직원은 반대의 성향을 보일 것이다.[4]

결론적으로 말하면 현재 한국 사회의 초저출산 현상은 주위 환경에 맞추어 오래된 인간 마음이 적응적으로 반응한 결과라고 이해할 수 있다. 인구 밀도가 매우 높은 국가에 사는 한국인은 학습 열망에 따른 경쟁심이 강해 자식 낳기를 주저한다. 이로써 학습 열망은 한국인의 특성으로 완전히 굳어졌다. 이것은 역동적 한국을 만든 힘이었지만 자식 낳기를 포기한 동력이기도 하다.

한국 사회의 가치를 다양화하라

높은 학습 열망은 경쟁과 승리를 최상위 가치로 만들어버렸다. 실제로 우리나라의 사회 통합 지수는 OECD 30개 회원국 중에서 하위권(1995년 기준 21위, 2009년 기준 24위)인 것으로 나타났다.[5] 사회 통합이 결여돼 있다는 말은 곧 심각한 사회 갈등이 우리 사회에 도사리고 있음을 의미한다. 한국 사회 내부의 갈등에 대한 국민 인식 조사에 따르면 전국 1000명의 응답자 중 약 90퍼센트가 우리 사회의 갈등이 심각하다고 인식하고 약 75퍼센트가 우리나라와 유사한 조건에 있는 다른 나라와 비교할 때 우리 사회의 갈등이 더 심하다고 응답했다. 응답자들은 정치 갈등, 계층 갈등, 세대 갈등, 지역 갈등이 우리 사회에 존재한다고 답했는데 이러한 갈등은 사회의 발전 역량을 감소시키는 주범이다.

삼성경제연구소가 2009년에 발표한《한국의 사회 갈등과 경제적 비용》이라는 보고서에 따르면 한국의 사회 갈등 지수는 0.71로 OECD 국가 중 네 번째로 높은 것으로 조사됐다. 이는 OECD 평균(0.44)에 비해서도 1.5배 정도 높은 수치다. 갈등으로 인한 비용 지출 또한 심각한 수준으로 1인당 GDP의 27퍼센트 정도를 사회 갈등으로 인한 비용에 지불하는 것으로 조사되었다.

　　이러한 사회 갈등이 생기는 근본적인 심리 원인은 가치 획일화 때문이다. 다양한 가치가 공존하지 못하고 획일화된 가치가 배타적으로 확장하면서 사회 갈등이 발생하는 것이다. 사회 구성원이 동일한 가치를 추구하면 각 범주 내에서 서열화가 발생하고 더 나아가 경쟁과 대립 구도가 생기게 된다. 예를 들어 특정 거주지, 학교, 직업 등에 대해 구성원이 동일한 가치를 둔다면 그 자원은 한정되어 있으므로 동일한 목표를 이루기 위한 치열한 경쟁은 불가피해진다.

　　인간은 누구나 자신의 생존과 번식을 위해 제한된 자원을 두고 경쟁을 벌이고 갈등을 겪을 수밖에 없는 존재들이다. 게다가 우리 사피엔스는 가장 복잡한 집단 생활을 해온 영장류로서 집단 내 협력과 집단 간 갈등을 경험하게끔 진화해온 사회적 종이다.[6] 인류 진화 역사에서 경쟁과 갈등이 없는 시간은 단 1초도 없었다. 경쟁과 갈등은 인간의 조건이다. 그렇기 때문에 사회 갈등의 해결책을 찾기 위해서는 바로 그것의 보편적 뿌리에서부터 출발해야 한다.

그렇다면 각 개인이 추구하는 가치들이 좀 더 다양해지면 자원 경쟁은 덜 치열하게 될 것이고 그로 인해 갈등은 감소하게 될 것인가? 우리가 앞서 살펴본 자연계의 원리를 상기한다면 이것은 당연한 결과다. 가치 다양성은 생태계의 지속 가능성을 위해 종 다양성이 필요한 것과 마찬가지로 우리 사회의 지속 가능성을 위해 반드시 필요한 요소다.

가치의 다양화는 우리 사회 구성원들의 공감의 원심력이 커지도록, 즉 공감의 반경이 넓어지도록 자극하고 또한 넓은 공감력은 다시금 가치를 다양화하도록 작용할 것이다. 자라나고 태어나는 미래 세대가 획일적인 가치를 가진 현재 한국 사회에서 산다면 공감의 반경은 충분히 커질 수 없다. 비슷한 가치를 추구하는 사람과만 부대끼며 살다 보면 다른 가치를 지닌 타자를 인지적·정서적으로 공감하기 힘들어지기 때문이다. 따라서 사람들의 가치가 다양하다고 해서 갈등이 자동적으로 해소되는 것이 아니라 다양한 가치 경험을 통해 공감력을 키워온 사람들만이 갈등을 완화시킬 수 있다. 즉 공감의 원심력은 우리 사회의 가치 다양성을 증진하고 사회 갈등을 완화해주는 해결책이다.

14장

타인에게로 향하는 기술

　태안 화력 발전소에서 초속 5미터 속도로 빠르게 움직이는 석탄 컨베이어 벨트를 체크하기 위해 석탄 가루가 날리는 기계실에 들어간 스물네 살 김용균 씨는 끝내 퇴근하지 못했다. 용균 씨처럼 산업 재해로 떨어지고 끼고 잘려서 사망하는 국내 노동자는 하루 평균 2명에 달한다. 사람이 죽어도 공장과 발전소는 언제 그랬냐는 듯이 재빨리 가동을 재개하고 돈을 벌어들인다. 고통을 겪는 유족과 관련 산업 종사자들의 요구로 법을 개정('중대재해기업처벌법')하기는 했지만 이런 끔찍한 지옥은 언론에 단신으로만 반복적으로 등장할 뿐 일반인의 뇌리에서는 너무 쉽게 사라진다.

정말로 그 사람을 이해한다면

　MBC는 이런 처참한 상황을 우리 모두의 문제로 만들어보고자 새로운 기술을 활용해보기로 했다. 가상 현실Virtual Reality, VR 기술을 적용해 용균 씨가 근무했던 열악하고 위험한 발전소 환경을 컴퓨터로 구현한 것이다. 발전소의 근무 환경이 얼마나 위험천만했는지, 비정규직 청년이 밥벌이를 위해 그런 열악한 환경에서 얼마나 큰 위험을 감수했는지를 아무리 이야기한들 그때만 잠깐 분노하고 슬퍼할 뿐 더 깊은 공감으로 나아가지 못하니 가상의 현장에서 김용균을 만나는 체험을 해보자는 취지다. 이를 체험한 사람들은 용균 씨에게 훨씬 더 깊이 공감할 것이라고 예상했다.

　그렇게 시작한 MBC VR 휴먼 다큐멘터리 〈용균이를 만났다〉는 용균 씨의 휴대 전화에서 복원한 900여 장의 발전소 사진과 몇몇 영상을 토대로 석탄 가루가 어지러이 휘날리고 컨베이어 벨트가 무섭게 돌아가는 발전소 내부를 실감 나게 모사했다. 또 용균 씨의 사진과 음성을 토대로 그때 그의 모습을 최대한 실제와 비슷하게 만들었다. 마지막으로 제작진은 교수, 주부, 취업 준비생 등 다양한 배경을 가진 12명의 시민에게 머리 탑재형 디스플레이Head Mounted Display, HMD를 씌운 후 가상의 발전소에 들어가 용균 씨의 일상을 체험하게 했다.

　체험 전 인터뷰에서 시민들은 용균 씨의 사고에 대해

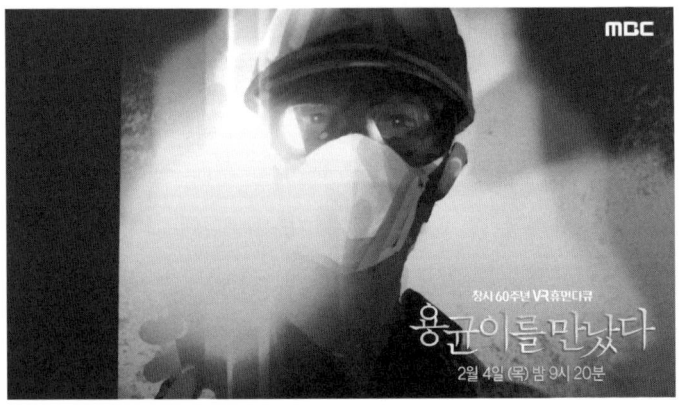

그림 14.1 우리는 다른 사람의 상황에 대해 얼마나 알 수 있을까? VR 기계는 이런 질문을 던지며 우리가 실제로 그 사람이 되어보게 한다.

모르거나 알더라도 정확히 어떤 사고였는지는 모른다고 했다. 우선 대부분의 체험자는 용균 씨가 처한 열악한 근무 환경에 큰 충격을 받았다. 그리고 그 비극이 자신의 일처럼 생각된다고 했다. 한 체험자는 용균 씨가 그저 자신이랑 똑같은 청년임을 알았고 그래서 "얼마나 무서웠을까? 얼마나 하고 싶었던 게 많았을까? 하는 생각이 더 많이 든 것 같다"라고 말했다. 또 다른 체험자는 참사에 무관심했던 자신을 반성하기도 했다. 기성세대의 무감각 때문에 이런 비극이 계속되는 것일지 모른다고 대답했다.[1]

물론 이 다큐멘터리는 통제된 실험을 수행한 과학 연구는 아니다. 체험 전과 후에 체험자의 공감 수준이 어떻게 달라졌는지를 측정하지도 않았다. 그럼에도 불구하고 가상 현실에서 타인의 삶을 경험하고 타인의 관점에 서보는 것이 체험자의 공감력에 영향을 준다는 사실은 신뢰할 만하다. 전통적 언론 매체인 신문에서도 사건에 따라 VR 기술을 적극적으로 도입하는 것도 이 때문이다. 대표적으로 2015년 〈뉴욕타임스〉는 어안 렌즈식 카메라를 활용해 360도 전 방향을 볼 수 있게 만들어 아프리카와 중동에 사는 아동 난민의 삶을 생생하게 체험할 수 있게 한 다큐멘터리 〈난민〉을 제작했다. 이른바 'VR 저널리즘'의 시작이었다. 비록 딱딱한 판지로 된 카드보드에 스마트폰을 끼워 가상 현실을 느끼게 하는 저렴한 방식이긴 했지만 내전 지역 난민 어린이들의 절규를 생생하게 다뤄 난민 문제 해결의 시급성을 알렸다는 평가를 받았다.

나는 (가상 세계에서) 타자이다

VR 기술은 계속 진화하고 있다. 이제는 자신의 신체를 디지털 아바타에 이식한 채 '메타버스metaverse'라는 가상의 실감 세계로 들어가 다른 사람(아바타)과 상호 작용하게 만드는 방식으로 표준화되고 있다. VR 기술이 불러올 미래에 주목한 페이스북은 아예 대표적 VR 개발사인 오큘러스를 인수하고 사명을 '메타Meta'로 변경하기까지 했다.

그렇다면 VR과 메타버스는 인간의 마음과 행동을 정

말로 변화시킬 수 있을까? VR 같은 실감형 장치를 활용하면 우리 공감의 반경도 넓어질 수 있을까? 실제로 VR은 '궁극의 공감 기계'라고 불리기도 한다. VR 기계는 "상상하기 어려운 상황에 있는 타자들의 느낌과 생각을 더 잘 이해하게끔 돕는 장치"기 때문이라는 것이다.[2] 실제로 메타는 VR이 이용자들의 공감력 향상에 도움을 준다는 논리를 내세워 VR의 공공성을 주장했다.

이미 많은 과학자가 VR과 공감, 친사회적 동기의 관계를 연구하며 VR로 세상을 더 좋게 만들 수 있는 방법을 고민해왔다. 한마디로 가상 현실을 활용한 체화된 관점 수용 Virtual Reality Embodied Perspective-Taking, VREPT 연구 프로젝트라고 할 수 있는데, 여기서 연구자들은 VR 활용이 단지 타자의 상황에 연민을 느끼는 정서적 공감을 넘어 타자의 입장에서 생각하고 도움 행동에 나서는 인지적·행동적 공감까지 높일 수 있는지를 질문한다. 편견과 혐오를 줄이기 위해서는 단지 감정만이 아니라 생각과 행동을 바꾸는 데까지 나아갈 수 있어야 하기 때문이다.

사실 VR은 그런 면에서 큰 장점이 있다. 자신의 신체를 디지털 아바타에 전송함으로써 말 그대로 다른 사람이 되어 볼 수 있기 때문이다. 대개 우리는 타자와 신체적 정체성이 유사할 때 더 쉽게 공감한다. VR은 자신과 사회적·신체적 정체성이 다른 외집단 아바타를 정밀하게 구현해 자신의 정체성을 다시 구성할 수 있다. 실제로 VR을 통해 흑인, 여성,

노인, 난민, 자폐인, 조현병 환자, 심지어 다른 종을 체험하게 했을 때 공감력이 확장되는지에 대한 실험들이 있다.

한 VR 연구에서는 실험 참여자를 두 집단으로 나누어 한 집단은 적록 색맹 아바타들이 되어보게 하고 했고, 다른 집단은 그저 적록 색맹을 갖고 있다면 어떨 것 같은지를 상상만 하게 했다. 그러고는 실험이 끝난 뒤 색맹을 위한 웹사이트를 개선하는 과제를 주었다. 그 결과 색맹 아바타 집단의 경우 상상만 하게 한 집단에 비해 그 과제에 할애하는 시간이 두 배나 길었다.[3] 또 다른 연구에서는 가상현실에서 엄마 아바타가 되어 4세의 아동 아바타를 돌보는 체험을 해본 엄마들은 자신의 양육 방식을 성찰하게 되었다고 말했으며 자녀에 대한 공감 수준도 증가했다.[4] VREPT는 노인 차별을 줄이는 데도 긍정적 효과를 냈고[5] 흑인 아바타가 되어 사회적 차별을 경험한 사람들의 경우에는 암묵적 인종 편견이 줄어들었으며 이 효과는 단 한 번의 경험만으로도 일주일 이상 지속되었다.[6]

이런 연구를 보면 타인의 관점을 수용하는 것, 즉 역지사지는 상상으로도 가능하지만 VR 기계를 이용하면 더욱 효과적이다. 또한 관점 수용으로 일어나는 행동 변화는 개입 수준에 따라 장기적일 수 있으며 공감의 대상도 우리가 전혀 생각해본 적 없는 낯선 집단에게로 확장될 수 있다. 따라서 VREPT 기술은 마치 근육을 키우듯이 공감을 단련하는 공감 교육의 장치로 활용 가능하며 성차별주의, 인종차별주의, 연령차별주의, 능력주의, 종차별주의 등 세상에 존재하는 여러 형태의 차별을 줄이는 유용한 도구로 진화할 수 있다.

인지적 공감의 확장은 중층적 문제

그러나 모든 연구가 그렇듯이 VR 기술과 공감력의 관계에 관한 다소 부정적인 증거들도 있다. VR 기술이 사용자의 모든 종류의 공감력을 향상하지는 않는다는 연구가 그것이다. 가령 VR과 정서적·인지적 공감의 관계에 관해 지난 5년 동안 5644명을 대상으로 한 모든 연구를 메타 분석한 결과는 다소 의외다. 결과는 다음과 같다. 어떤 형태의 VR이라도 사용자의 공감력을 향상하기는 하지만 인지적 공감(역지사지)보다는 정서적 공감(감정이입)에 더 큰 영향을 미쳤다. 게다가 VR은 공감력 향상 면에서 독서보다 효과가 더 크지 않았고 얼마나 실감 나는 VR인지는 공감력 향상에 별 영향을 주지 않았다.[7] 이 연구는 현재의 VR이 오히려 부족 본능을 더 일깨울 수도 있다고 말한다.

그렇지만 우리가 이런 연구 결과에 절망할 이유는 없다. 우리의 문제를 테크놀로지라는 한 가지 도구로 해결할 필요도 없고 그것이 가능하지도 않기 때문이다. 우리가 고민해야 할 점은 VR 기계를 어떻게 사용할 것이며 공감의 확

그림 14.2 VR로 공감 훈련을 하는 학생. VR 기술은 분명히 공감력을 높여주지만 기술에만 의존해서는 안 되며 다양한 수준의 개입이 필요하다.

장이라는 목표를 위한 다른 개입 수단과 어떻게 조화시키느냐다. 분명히 VR 기계는 우리 공감력에 단기적으로든 장기적으로든 영향을 준다. 이때 VR이 정서적 공감과 인지적 공감 중 어느 하나만 지정해서 그 수준을 높이는 건 아닐 것이다. 〈용균이를 만났다〉에서 참여자들은 용균 씨가 처한 상황과 그러한 환경에서 용균 씨가 품었을 생각을 반추하기도 했지만 큰 슬픔과 분노, 강한 연민을 느끼기도 했다. 역지사지와 감정이입이 함께 작동한 경우라 할 수 있다. 하지만 자칫 VR의 현란한 실감 기술에만 압도된다면 드라마를 보고 주인공의 불쌍한 처지에 눈물을 펑펑 쏟고서 얼마 지나지 않아 아무 일도 없었던 것처럼 개그 프로그램을 보고 깔깔 웃듯 타인의 비극을 스펙터클로만 소비할 우려가 있다. 진정으로 타인에게 무엇이 필요한지, 내가 그를 위해 무엇을 할 수 있을지 생각해보지 않는 것이다. 그저 분노했음에 만족할 뿐 어떤 변화를 이끌어내는 행동으로까지 이어지지 않을 수 있다.

그렇기에 VR 기술을 활용하여 사람들의 인지적 공감력을 높이려면 사람들의 행동 변화를 이끌 수 있는 수단도 함께 활용해야 한다. 예를 들면 VR 체험을 서사적으로 구성해 여러 쟁점에 대해 고민하게 만드는 방법이 있다. 태안 화력발전소 참사를 둘러싼 잘못된 관행과 무책임한 관리자의 행태를 경험하게 하거나 관련한 법과 규정이 얼마나 미비한지를 목격하게 하는 것이다. 또한 VR 체험을 한 뒤 타인에 대한 정서적 공감이 고조되어 있을 때 무엇이 문제이고 개인적·사회적·제도적 해결책은 어떤 것이 있을지 함께 토론하는 프로그램을 짤 수도 있다.

타인에게로 향하는 기술은 아직 걸음마 단계다. 공감 기계로서의 VR은 감정 전염을 이끌어내는 콘텐츠 제작을 넘어 역지사지 능력을 확장하는 쪽으로 발전해야 다음 단계로 나아갈 수 있다. 기후 위기를 백날 얘기해봐야 인간은 변하지 않는다고들 한다. 잘 느껴지지 않고 상상하기도 어렵기 때문이리라. 이제 지구의 기온이 1.5도 올라갔을 때 우리 동네에서 벌어질 일들에 관한 생생한 VR 콘텐츠를 제작하고 함께 체험하게 해보자. 그리고 소감을 나누고 관련 법규를 함께 공부하며 기후 상승을 막기 위한 실천 프로그램을 만들어 실행해보자. 이 정도는 되어야 비로소 VR은 최고의 공감 기계로 진화할 수 있지 않을까?

15장

접촉하고 교류하고
더 넓게 다정해지기

 여기 꼬리감는원숭이 두 마리가 있다. 각자 다른 우리에 나란히 갇혀 있지만 서로를 볼 수는 있다. 연구자가 토큰을 건네면 원숭이는 연구자에게 그것을 다시 돌려준다. 일을 했으니까 보상으로 오이를 준다. 그럭저럭 먹을 만한 보상이다. 이런 훈련을 수백 번 했고 아무런 문제가 없었다. 그러던 어느 날 똑같은 일을 시킨 다음에 한 마리에게는 원래대로 오이를 줬지만 다른 한 마리에게는 포도를 줬다(원숭이는 포도를 보면 환장을 한다). 과연 어떤 광경이 펼쳐질까?

 오이를 받아 든 원숭이는 분노가 무엇인지를 적나라하게 보여준다. 오이를 건네준 연구자에게 집어 던진다. 마치 "어라, 이게 뭐야. 너나 먹어라 이놈아!"라고 외치는 것 같다. 어제까지도 별문제 없이 오이를 잘 받아먹지 않았던가? 이 실험은 한갓 원숭이도 공정함의 원초적 감각 같은 것을 갖고 있음을 시사하기에 매우 흥미롭다.

그렇다면 포도를 보상으로 받은 원숭이의 마음은 어떨까? 같은 노동을 했는데도 남들보다 더 높은 보상을 받은 경우다. 밋밋한 오이 대신에 단 포도를 먹으니까 그저 좋아한다. 다른 원숭이가 자기보다 더 낮은 보상을 받았다는 게 신경 쓰이지 않는 모양이다.[1,2]

배려하는 인간

인간 아이에 대한 비슷한 연구에서는 완전히 다른 결과가 나온다. 아이들의 경우 동등한 기여를 했는데도 자신보다 더 낮은 보상을 받은 상대방이 있을 때 그에게 일종의 미안함을 가진다. '쟤가 화가 날 텐데? 내가 해 줄 수 있는 건 없을까?' 이와 관련하여 인간 아이들을 대상으로 한 흥미로운 실험이 있다.[3] 연구진이 만든 특정한 기구 안에 구슬 네 개가 들어 있다. 두 아이가 이 기구에 달린 줄을 양쪽에서 동시에 잡아당기면 구슬이 두 개씩 공평하게 떨어진다. 아이들에게 구슬은 일종의 보상이다. 그런데 실험 장치를 조작해서 두 아이가 양쪽에서 함께 잡아당겼는데도 한쪽 아이에게는 구슬이 한 개, 다른 쪽 아이에게는 구슬이 세 개가 떨어지게끔 만들었다. 구슬을 세 개 받은 아이는 어떤 행동을 취할까? 룰루랄라 좋아서 춤을 추고 있을까? 아니다. 세 개 중 하나를 다른 아이에게 건넨다. 이 얼마나 아름다운 배려심인가? 동등하게 기여를 했으니 재도 똑같은 보상을 받아야 한다는 마음(하지만 모든 아이가 이러지는 않는다. 유럽 아이들의 경우, 70퍼센트의 아이들만 이런 행동을 한다).

'배려'는 인간의 고유한 특징이다. 원숭이 세계에서 타자에 대한 배려 따위는 없다. 인간과 같은 유인원에 속하는 침팬지의 세계에서는 배려 행위가 매우 드물게 나타날 뿐이다. 물론 침팬지 사회에서도 협력은 있다. 보노보나 코끼리의 경우에도 협력은 존재한다. 포유류 사회에서 협력은 그리 낯설지 않다. 하지만 원숭이와 침팬지의 협력은 자신의 이득을 최대화하기 위한 것인 반면에 인간의 그것은 타인에 대한 배려가 있는 협력이라 할 수 있다.

그런데 조금 이상하지 않은가? 우리는 대개 인간이 다른 동물들에 비해 더 경쟁적이고 이기적이고 폭력적이라고 알고 있지 않은가? 나는 이것이 우리 시대에 가장 만연해 있는 인류에 관한 가짜 뉴스라고 생각한다. 영장류학, 심리학, 뇌과학을 비롯한 인간에 대한 모든 과학은 지상에서 가장 배려와 협력을 잘하는 종이 우리 인간이라고 말하고 있기 때문이다.

나도 한때는 이런 가짜 뉴스를 당연시했던 때가 있었다. 20년 전쯤 제인 구달 박사에게 침팬지의 폭력과 인간의 폭력을 비교해달라고 물어본 적이 있었다. 나는 내심 "인간은 다른 동물에게서 배워야 합니다"라고 답할 줄 알았다. 평생 동물과 함께 했으니까. 하지만 뒤통수를 강타했던 구달 박사의 단호한 대답이 아직도 생생하다. "침팬지가 총 쏘는 법을 배울 수 있다면 우리보다 훨씬 더 많은 살상을 하게 될 것입니다. 침팬지는 길들여지지 않은 인간입니다."

다정해서 인간이다

미국과 독일 등지를 오가며 침팬지, 보노보, 인간, 심지어 개의 사회성을 선도적으로 연구해온 영장류학자 브라이언 헤어Brian Hare는 저서 《다정한 것이 살아남는다Survival of the Friendliest》에서 사피엔스의 사회성이 얼마나 독특한지를 설파하고 있다.[4] 이 책에 등장하는 키워드인 '친화력 friendliness'은 인간의 협력적 의사소통 능력을 부각시키기 위한 개념이다. 그에 따르면 호모 사피엔스가 우리의 사촌 종들(침팬지 포함) 및 호모 속의 여러 종(네안데르탈인 포함)과 달리 이렇게 지구를 정복한(문명을 건설한) 유일한 영장류로 진화할 수 있었던 결정적 이유는 타인에게 마음을 여는 우리의 특출난 다정함 때문이다. 이 책은 협력적 의사소통을 가능하게 하는 이 다정함이 얼마나 독특한 것인지 어떻게 진화했는지를 이야기하고 있다.

그는 '자기 가축화self-domestication'라는 과정을 통해 이 다정함이 진화했다고 주장한다. 자기 가축화란 보노보의 경우처럼 자기 집단 내부의 개체에 대해 덜 공격적이게 진화하는 과정을 뜻하는데 이 과정에서 얼굴형과 치아 크기 등이 달라지며 번식 주기와 신경계에도 변화가 일어난다(이런 변화를 '가축화 징후'라 부른다). 인간의 경우에도 대략 8만 년 전쯤부터 집단 내 구성원에 대한 공격성이 줄어들면서 협력적 의사소통 능력이 향상되었다. 일종의 사회화 과정이 시작되었다는 뜻이다.

이 책에서 가장 흥미로운 부분은 러시아의 행동유전학자 드미트리 벨랴예프Dmitry Belyayev와 류드밀라 트루트Lyudmila Trut가 실험으로 입증한 가축화의 놀라운 힘을 저자의 시각에서 설명하는 대목이다. 벨랴예프와 그의 후계자들은 지난 40여 년 동안 시베리아 여우를 가축화해서 친화력이 좋은 여우들을 '만들어냈다'. 그들은 계속되는 여우 세대마다 덜 공격적인 개체들끼리 교배하는 방법으로 가축화를 시도했고 그 결과 펄럭이는 귀, 짧은 주둥이, 동그랗게 말린 꼬리, 얼룩 무늬 털, 작은 이빨과 같은 형질들이 보편화되기 시작했다. 단지 친화력을 기준만으로 인위 선택을 했을 뿐인데 이러한 생리적·외형적 변화가 자연스럽게 따라 나온 것이다. 이렇게 진화한 '다정한' 여우는 시베리아의 '사나운' 보통 여우와 행동적으로 완전히 다르다.

헤어가 이 연구 사례를 강조하는 이유는 분명하다. 이

런 가축화 과정이 20만 년 전쯤에 탄생한 사피엔스가 거의 10만 년 동안을 큰 변화 없이 지내다가 어떻게 갑자기 문화적 빅뱅을 이루며 생존과 번식의 최강 호모 종으로 진화했는지에 대한 해답임을 이야기하기 위해서이다. 간단히 말해 인류는 점점 착해지는 여우처럼 스스로를 가축화하는 과정을 통해 다정한 존재로 점점 진화했고 남을 적대시하지 않고 서로 돕는 협력적 의사소통 능력 덕분에 이토록 찬란한 문명을 이룬 것이다.

이것은 한편의 아름다운 서사시다. 우리가 지구의 정복자가 된 것은 다정다감한 종이었기 때문이었다는 스토리이니까. 이런 맥락에서 인류를 초사회적ultra-social 종이라고 부를 만하다. 《다정한 것이 살아남는다》는 사피엔스를 '가장 잔혹한 종'이라고 착각하게 만드는 가짜 뉴스로부터 우리를 해방하는 문제작이다. 그래서 독자는 뿌듯하다.

그러나 내가 말하고자 하는 바는 이런 다정함이 우리 식구 챙기기에서 끝나서는 안 된다는 점이다. 우리는 안다. 우리가 한편으로 얼마나 이기적이고 잔인한 존재인지를. 장애인을 거세해서 애를 낳지 못하게 한 것은 불과 100년 전의 유럽이었다. 죄를 지으면 돌로 쳐 죽이고 사지를 찢었던 때가 불과 500년 전이다. 인류는 가축화를 통해 우리 집단에 들어가는 구성원의 범위를 확대하여 타인에게 마음 쓰고 타인의 입장을 이해하며 문명을 이룩해왔는데 그런 다정함을 더욱 확장하기는커녕 안으로 숨어들고만 있다.

우리가 지구상의 동물들 가운데 유일하게 문명을 이룩한 종이라는 사실은 호모 사피엔스는 오로지 경쟁만을 최우선 가치로 내세우며 살지는 않았다는 것을 보여준다. 남을 누른 승리자가 모든 것을 차지했었다면, 즉 타인이나 외집단에 대한 배려와 협력이 없었다면 문명이 설령 탄생했을지라도 바로 파괴되고 말았을 것이다. 자, 이제 우리 앞에 놓인 과제는 명확하다. 공감의 반경을 확대하여 문명의 위기를 헤쳐 나가든가 서로 반목하고 고립되어 공멸하든가.

그렇다면 공감의 반경을 확대하기 위해 전 인류가 동참해야 할 방법은 무엇일까? 편견과 갈등에 대해 연구해온 사회심리학자들에 따르면 외집단 사람들과의 '접촉'과 '교류'가 해법이다.[5,6] 이른바 이 '접촉 가설'에는 단서가 붙어 있다. 무작정 접촉한다고 해서 외집단에 대한 편견이 사라지거나 다정함이 샘솟는 것은 아니라는 점이다. 집단 간 접촉을 통해 공감의 반경을 넓히려면 첫째, 두 집단이 동등한 지위를 가져야 하고 둘째, 서로를 알 수 있게 해주는 친밀하고 다양한 접촉이 있어야 하며 셋째, 상위 목표를 이루기 위한 집단 간 협력이 유발되는 접촉이어야 하고 넷째, 관습, 규제, 법이 허용한 접촉이어야 한다. 이 조건들이 만족되지 않으면 접촉은 오히려 편견을 증폭시킬 수 있다. 그리고 이것들을 얼마나 잘 만족하느냐에 따라서 공감의 반경이 결정된다. 실제로 20세기 중엽의 역사적 사례들로부터 알 수 있는 바 백인과 흑인이 뒤섞여 일해야만 하는 상업용 선박에서는

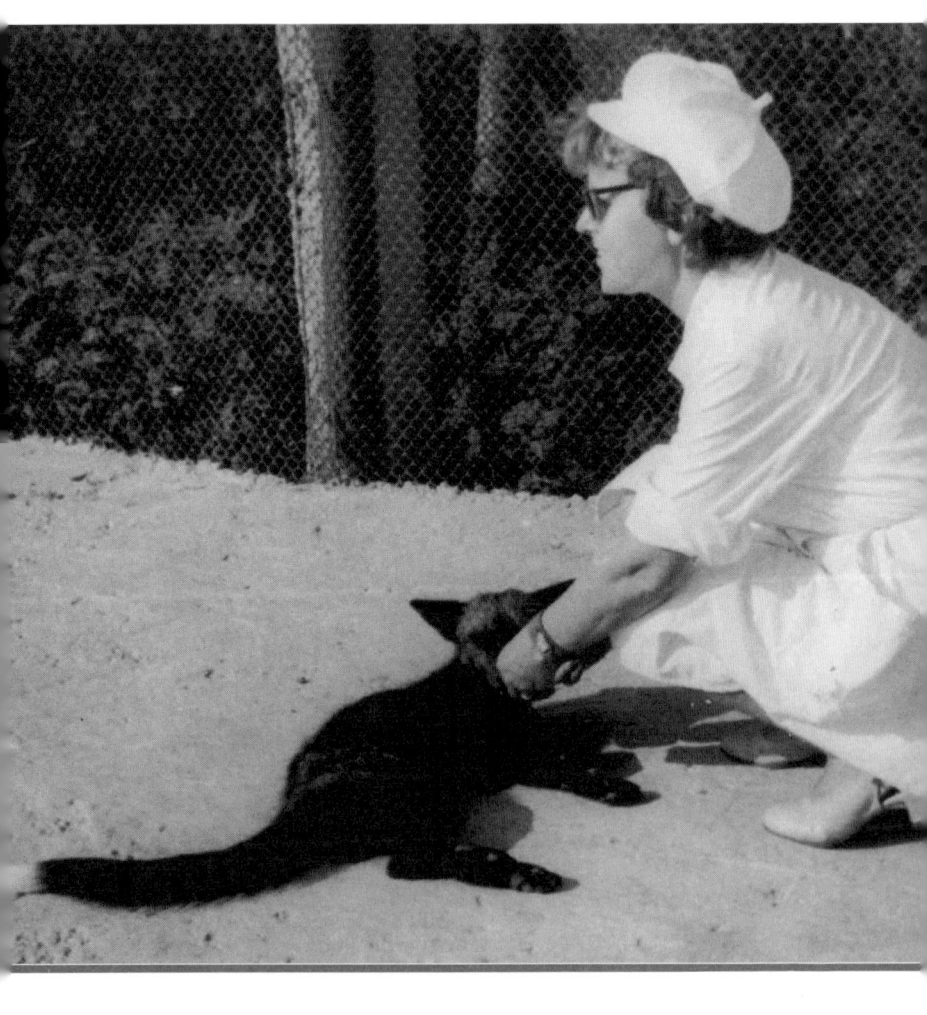

그림 15.1 길들인 은여우와 함께 있는 류드밀라 트루트.

점점 더 두 인종 간의 태도가 상대적으로 긍정적으로 변했지만 흑인 노예제가 있었던 미국 남부 지역에서는 두 인종 간의 오래된 접촉에도 불구하고 오히려 편견이 고착되었다.

예컨대 현재 우리 사회의 큰 갈등 중 하나인 좌우 대립에 대해 생각해보자. 서로 다른 정치 이념 때문에 핏대를 올리며 험한 말을 내뱉던 사람들조차도 반려견을 키운다는 공통점을 발견하는 순간 상대방이 나와 같은 보통의 인간임을 깨닫는다. 또한 만일 북한의 위협이 발생하면 좌우는 서로 초이념적 협조를 해야 한다며 잠시나마 하나가 된다. 또 다른 예로 한국에 이민 온 동남아시아인의 자녀들과 같은 교실에서 공부하는 자녀를 둔 한국 엄마들은 외국인 노동자 인권 문제에 대해 매우 성숙한 의식을 가질 개연성이 높다.

독일의 주간지 〈디 차이트Die zeit〉의 편집장 바스티안 베르브너Bastian Berbner는 이 접촉 가설을 실제 상황에서 검증해보려고 극단적으로 서로 다른 사람들 간의 접촉을 취재했다.[7] 가령 그는 무슬림을 혐오하고 흑인은 열등하다고 믿고 있었던 독일 극우 정치인이 어떻게 팔레스타인인과 친구가 되고 아프리카 여행 중 부족민과 낚시를 즐기게 되었는지 난민 수용에 반대했던 함부르크의 어느 노부부가 자신의 연립주택에 거주하기 시작한 집시와 어떻게 가족처럼 지내게 되었는지 그리고 동성애를 그저 섹스로만 여겼던 동성애 혐오주의자가 어떻게 동성애자들의 사랑, 가족, 일상을 이해하게 되었는지를 취재했다.

그가 만난 수많은 사람 중에 정치적으로 반대 성향의 사람들과는 결국 인간적 친구 관계를 맺을 수 있었던 한 극우 정치인은 다음과 같이 고백했다. "어떤 사람을 진짜 알게 되면 더는 그를 증오하지 못한다." 그가 제안한 〈독일을 말한다〉라는 프로그램은 정치적으로 반대편에 있는 사람들을 서로 만나서 이야기해볼 수 있게 해주는 사회 접촉 프로젝트인데 이미 8000명 이상이 참여했다고 한다. 이 프로그램을 통해 이들은 이전에 자신이 혐오했던 사람들을 이제는 좀 더 깊이 이해하게 되었다고 증언하고 있다. 정리해보자. 아무리 서로 반대 방향을 보고 있는 사람일지라도 동등한 지위에서 더 자주 만나 친밀함을 쌓으면 공감과 다정함의 반경은 자연스럽게 커질 수 있다.

4부

새로운 세대를 위한
공감 교육

16장

내 새끼 지상주의,
공멸의 길

소설가 김훈이 통렬하게 꺼낸 '내 새끼 지상주의'라는 말이 공명을 멈추지 않는다. 새내기 여교사를 죽음에 이르게 한 육아 원리를 그는 "이 난세의 생존술이고 이데올로기"라고 일갈했다. 그리고 그 뒤에 적당히 숨어 있는 "지위 높은 선생님들"을 비판했다.[1] 이 글이 계기가 되어 우리가 어쩌다 이런 '낯선' 육아 원리를 갖게 되었는지를 생각해보았다.

불과 40~50년 전까지만 해도 아이들은 말 그대로 자유로운 영혼이었다. 부모가 자식을 학교와 학원에 직접 데려다주는 일은 아주 드물었고, 아이들은 학교가 끝나면 해가 지도록 친구들과 어딘가에서 뛰놀다 겨우 들어왔다. 부모가 집에 없어도 아이는 자기들끼리 뭔가를 하며 재미있는 시간을 보냈다. 내 자식의 친구들이면 내 자식처럼 불러서 밥을 먹였다. 작금의 젊은 부모의 눈으로 보면, 그때의 부모는 자녀를 방치한 무책임한 사람들이다.

현재로 와보자. 친구들과 등교하다가 납치범에게 유괴될 확률은 제로에 가깝지만 자기 아이의 손을 꼭 잡고 함께 등교해주지 않는 부모는 최선을 다하지 않는 어른이다. 학원에 직접 운전을 해서 아이들을 데려다주고 데려오지 않는 부모는 나쁜 부모이다. 영어나 수학 캠프에 아이를 보내지 않는 부모는 무관심한 부모이며 해외여행을 계획하지 않는 부모는 무능한 부모이다.

반세기 전보다 비교가 안 될 정도로 풍요로워졌으니 부모 의무 사항이 많아진 것도 당연하다고 할 수 있다. 더 여유로워진 부모가 자기 자식에게 더 많은 기회와 경험을 제공할 수 있는데 무엇이 문제란 말인가, 라고 반문할 수 있다. 그런데 진짜 문제는 풍요로움으로의 변환 과정에서 '내 새끼'만 더 소중해졌다는 사실이다. 남의 새끼는 내 새끼의 경쟁자이며 우리 자녀들은 내 새끼와 무관하다는 '낯선' 의식이 스르르 자리를 잡게 되었다.

요즘 교사는 학부모가 자녀의 가방에 녹음 장치를 몰래 넣고 등교시킬 수 있음을 인지하라고 서로를 긴장하게 만든다. 주의가 산만한 아이가 한 명이라도 있는 반을 맡은 해(사실상 매년)에는 해당 학부모뿐만 아니라 다른 학생의 학부모로부터 엄청난 민원에 시달릴 각오를 해야 한다고 한숨 짓는다. 방심했다가는 학부모에게 고소도 당할 수 있으니 교육에 대한 소신과 철학은 묻어두고 몸을 최대한 사려야 한다고들 한다. 상황이 이렇다 보니 소신 있게 교육에 헌신해온 베테랑 교사는 굴욕감 때문에 정든 학교를 떠나고 새내기 교사는 겁에 질려 있다.

학부모와 학생의 민원실로 전락한 학교

옛날에는 자원과 여력이 부족한 부모가 대부분이어서 학부모는 교사의 인격과 전문성을 믿고 교사의 육아 원칙에 보조를 맞춰가는 게 보편적이었다. 소수의 부유한 부모가 학교와 교사에게 갑질을 하는 경우도 있었겠지만 그것은 어디까지나 예외였다. 하지만 불과 몇십 년 후인 현재 학교를 보라. 자기 새끼의 앞날에 도움이 되지 않을 거라는 생각이 들면 "네가 뭔데 내 새끼에게 이래라 저래라야"라고 말할 태세인 학부모가 적지 않다. 이제 학교는 학생의 인성과 실력을 길러주는 교실이 아니라 학생과 학부모의 민원을 처리하는 사무실로 변질되고 있다.

혹자는 그동안 학교와 교사가 갑질을 해왔는데 이제야 학생과 학부모의 권한이 커져 학생, 학부모, 교사, 학교가 권력의 균형을 갖게 된 거 아니냐고 반문할 수도 있을 것이다.

하지만 학교는 권력 다툼으로 균형을 잡고자 하는 여의도가 아니다. '온 마을이 필요한' 우리 자식들의 교육을 위해서라면 어떤 주체의 갑질도 허용해서는 안 된다.

능력이 닿는 한 내 새끼를 최고로 잘 키우겠다는 부모의 열망 자체를 뭐라고 할 수는 없을 것이다. 오히려 부모가 자녀 교육의 모든 것을 챙겨야 하고, 그에 관한 수많은 행동 지침을 달성하지 못했을 때 죄책감과 열패감을 느끼는 사회라면 그 구조가 내 새끼 지상주의를 만들어내는 동력이다. 그래서 어쩌면 갑질 학부모도 과열된 경쟁 사회의 또 다른 피해자일 수 있다.

이런 사회에서 가장 현명한 젊은 부부는 애 낳기를 미루거나 포기한다. 어찌하여 애를 낳아 기르는 부모는 내 새끼 지상주의와는 다른 길을 찾아보려 하지만 딱히 대안이 없어 보인다. 내 새끼를 성공작으로 만들려면 물려받은 게 많으면 그나마 다행이지만 그렇지 않으면 자신의 인생을 상당 부분 포기해야만 한다고 느낀다.

우리 모두가 마치 내 새끼 육아 올림픽 같은 걸 하고 있는 셈이다. 그런데 애를 키우는 것이 정말 이렇게 힘들어야 할까? 진화가 이렇게 힘든 일을 자연스러움으로 포장할 리는 없을 텐데 말이다.

'내 새끼 지상주의'는 결국 우리 사회의 공감의 반경을 급격히 축소하는 악순환을 불러온다. 공감이란 타인의 상황을 헤아리고 이해하는 능력이자 우리 사회를 하나로 묶어주는 중요한 접착제다. 그러나 모든 관심과 애정을 내 아이에게만 쏟다 보면 다른 사람의 아이는 자연스레 우리의 공감 범위에서 밀려나게 된다. 이러한 현상이 지속될수록 아이들은 타인과 공존하는 법, 서로의 다양성을 인정하고 배려하는 법을 배우지 못한 채 성장하게 될 위험이 크다.

공동 육아야말로 인간 협동의 핵심

영장류의 양육 행동을 연구해온 학자들에 따르면 사피엔스는 유인원 중에서도 매우 독특한 양육 스타일을 진화시켰다. 일단 인간은 모든 유인원 중에서 덩치가 가장 큰데 천천히 자라기까지 해 키우는 데 비용을 많이 들여야 하는 아기를 낳는 종이다. 그런데 놀랍게도 출산 간격이 가장 짧다. 보통 이런 경우는 출산 간격이 길어야 한다. 왜냐하면 새끼를 낳고 기르는 데 드는 비용이 클수록 어미는 다음 출산 때까지 더 오랜 기간을 회복하는 데 보내야 하기 때문이다. 가령 인간 아기들보다 덜 무력하게 태어나고, 더 빠르게 성장하며, 훨씬 더 빨리 자립하는 고릴라, 침팬지, 오랑우탄의 경우 출산 간격은 평균적으로 6~8년 정도이다. 반면 인간의 경우 수렵 채집인 어머니들은 대략 3~4년 간격으로 출산한다.[2]

가장 긴 기간 동안 가장 많은 양육비를 지출해야 하

는 종이 다른 유인원 종에 비해 출산 간격이 2배나 빠르다는 사실은 추가 설명이 필요한 대목이다. '협동 번식'에 대한 연구로 유명한 영장류학자 세라 블래퍼 허디Sarah Blaffer Hrdy에 따르면 "이러한 엄청난 번식력은 조상 집단에서 어머니가 대행 부모로부터 도움을 받을 수 있었기에 가능"했다.[3] 여기서 협동 번식은 대행 부모가 어린 아이들을 돌보고 부양하는 행위를 뜻하고, 대행 부모는 할머니뿐만 아니라 손위 형제자매, 이모, 이모할머니, 아버지, 삼촌, 심지어 이웃 집단에서 온 방문객 등 여성의 출산과 자식의 생존 가능성을 돕는 존재를 지칭한다. 허디에 따르면 10만 년 전만 해도 지구를 구석구석 훑어도 만날 기회가 거의 없었던 사피엔스가 지구를 뒤덮을 만큼 드라마틱하게 확산될 수 있었던 이유는 바로 협동 번식의 진화이다.

협동 번식, 쉽게 말해 공동 육아는 먼저 낳은 자식이 자립도 하기 전에 어머니가 또 다른 자식을 낳을 수 있게 만들었다. 사피엔스의 어머니들은 집단의 다른 동료가 나눠주는 공동 보살핌에 의존하는 방식으로 무력한 아이들을 성공적으로 키울 수 있었고 그래서 규모가 기하급수적으로 커질 수 있었다. 아기 입장에서도 새로운 도전이 펼쳐졌다. 태어난 아기는 어머니와 대행 부모들의 의도를 잘 파악해야 했고 관심과 도움을 끌어낼 수 있어야 했다. 어머니의 가슴팍에만 안겼던 아기는 우리의 조상이 될 수 없었다. 대행 부모의 보살핌을 기꺼이 받아들이고 의존한 아기들만이 살아남

그림 16.1 !쿵족의 어머니들은 공동 육아를 통해 아이를 돌본다.

을 수 있는 환경이었다. 그러니 무력한 아기에게 가장 중요한 능력은 보호자를 부르고 머물게 하는 '옹애'(사회성의 원초적 형태)였다.

인간의 공동 육아 방식의 독특성에 대한 증거들은 야생에 널려 있다. 야생 침팬지 어미가 새끼를 손에서 기꺼이 놓아주는 시기는 생후 3개월 반이 지나고 나서부터다. 야생 오랑우탄은 생후 반년이나 지나야 한다. 반면 인간 어머니는 출산 직후부터 다른 사람들이 갓난아기를 데려가는 것을 허락한다. 실제로 !쿵족!kung의 수렵 채집인 어머니들은 출산 후 다른 사람들이 아기를 안아주는 것을 거절하지 않는다. 아기는 늘 누군가에게 안겨 있지만 그 누군가가 꼭 어머니인 것은 아니다. !쿵족 유아가 대행 부모에게 안겨 있는 시간은 대략 25퍼센트나 된다. 인간 어머니도 자식의 안전에 대한 경계심은 많지만 다른 유인원 어미가 보여주는 새끼에 관한 소유욕은 갖고 있지 않다. 오히려 무력한 갓난아기를 낳아 안아본 어머니는 더 많은 동료의 도움이 필요하다는 사실을 직감했을 것이다. 허디는 《어머니, 그리고 다른 사람들Mothers and Others》에서 이런 깨달음이 인류의 진화 경로를 더 협력적인 방향으로 바꿨을 것이라고 주장한다.

지금 한국 사회는 인류의 생태적 성공 뒤에 놓인 공동 육아라는 비법을 다시 성찰해야 할 때다. 치열한 경쟁과 물질주의에 중독되다 보니 우리는 어느덧 출산과 양육마저도 각자도생의 영역으로 여기기 시작했다. 지난 10만 년 동안 재생산의 지지대가 되어준 공동 육아가 사라졌고 그만큼의 사회적 지원과 안전망이 구축되지 못한 상황에서 젊은 부부는 아이 낳기를 포기하거나 자기 자녀에게만 집착하게 되었다. 내 새끼만 소중한 게 아니라는 자각과 내 힘만으로 내 새끼를 온전히 키울 수 없다는 고백이 인류를 독특한 자리로 진화시켰다는 사실을 상기할 때이다.

우리 사회가 진정한 의미의 공감을 회복하려면 '내 새끼'를 넘어서는 공감의 반경을 다시 넓혀야 한다. 인간이라는 종이 지닌 특별함은 낯선 이들에게도 공감을 느끼고 협력할 수 있는 능력에 있었다. 하지만 지금 우리는 가장 가까운 이웃조차 경쟁자로 여기며 공감의 본능을 자기 자식에게만 한정하는 잘못된 진화적 전략을 취하고 있다. 결국 내 새끼 지상주의의 끝은 공멸이다. 이 협소해진 공감의 반경을 다시 확장하는 일, 즉 내 아이를 소중히 여기듯 타인의 아이에게도 마음을 열 수 있는 사회적 전환이야말로 우리 아이들의 미래는 물론 인류 전체의 진화적 성공을 지속 가능하게 하는 유일한 길이다.

17장

무엇이 아이를 자라게 하나

유치가 다 빠지지도 않은 어린이들이 오후 시간을 이차방정식, 피타고라스 정리, 복잡한 영어 구문과 씨름하며 보내고 있다. 10년 뒤의 의대 진학을 위해서다. 〈의대 블랙홀〉이라는 제목으로 방영된 한 시사 프로그램에 따르면 요즘 서울 대치동 학원가에서는 의대 입시 준비를 위한 '초등 의대반' 운영이 한창이다.[1]

학원 관계자는 말한다. "특히 의대를 희망한다면 4학년 때부터 무조건 시작해줘야 하는 거고요, 그러니까 초등에서부터. 이제 의대반이 더 밑으로 내려간 거죠." 특목고 입시를 위한 초등반, 특정 대학 입시를 위한 중등반 정도야 오래된 이야기이지만 이렇게 특정 학과 입시를 위해 초등학생을 대놓고 모집하는 일은 한국 사교육의 역사에서 처음이지 않나 싶다.

한편 최근 방영된 다른 방송국의 다큐멘터리 〈인도 천재〉에서는 공대 입시를 위해 1인당 국민총소득의 두 배에 해당하는 비용을 내고서라도 고등학생 자식을 명문 입시학원에 보내려고 하는 인도 가족의 이야기가 나온다. 우리도 한때는 엔지니어를 꿈꾸는 전국의 수재가 공대로 몰린 시기가 있었다.[2]

초등 의대반 열풍이 분다는 소식은 꽤 충격적이긴 하다. 하지만 고등학교 이과생이 수능 성적 순으로 전국의 모든 의대를 다 채운 후에야 공대의 정원이 채워지기 시작한다는 소식은 이제 공공연한 비밀이다. 혀를 차는 이도, 고개를 끄덕이는 이도 있을 것이다.

'의대냐 공대냐'가 문제의 본질은 아니다. 심지어 중고등반이냐 초등반이냐도 핵심은 아니다. 그보다도 초등 의대반 현상의 배후에는 사회 구조, 양극화, 입시 제도, 저출생 등의 더 본질적인 문제가 도사리고 있다. 하지만 이 대목에서 부모의 양육 방식이 자녀의 인생에 미치는 영향에 대한 우리의 통념도 토론의 주제여야 한다. 왜냐하면 결국 부모의 의사결정 패턴이 초등 의대반 같은 기현상을 만들어냈기 때문이다.

부모의 양육은 아이의 성격을 주조하지 못한다

여기서 잠시 주디스 리치 해리스Judith Rich Harris를 소환해보자. 그녀는 아동 발달에 관한 전통적 견해에 수류탄을 던진 심리학자였다. 해리스는 《양육 가설The Nurture Assumption》이라는 책에서 부모의 양육 방식이 자녀의 미래를 결정한다는 가정(양육 가설)은 근거가 없다고 비판했다.[3] 그 대신 자녀의 또래 집단과 유전적 성향이 훨씬 더 중요한 역할을 한다고 주장했다. 이런 주장은 여전히 논란 중이지만 지난 수십 년 동안 해리스의 이론을 뒷받침하는 증거들은 여러 분야에서 축적되었다. 적어도 해리스의 도발 이후에는 자녀에 대한 부모의 영향력에 관한 믿음이 당연한 것으로 받아들여지지 않는다.

가령 행동유전학에서 널리 사용되는 쌍둥이 연구는 떨어져서 자란 일란성 쌍둥이가 행동, 성격, 삶의 결과 등에서 현저한 유사성을 보였다며 강력한 유전적 요소가 있음을 입증했다. 또한 발달심리학과 사회학 분야에서는 아이가 성장하면서 또래 집단의 영향력이 커지며 부모보다는 친구의 말투, 행동, 가치관을 받아들이는 경우가 많다는 사실을 입증했다.

이런 맥락에서 작금의 초등 의대반 현상은 우리 사회가 아직도 부모의 선택과 투자를 통해 자녀의 미래를 결정할 수 있다는 전통적 견해를 깊이 받아들이고 있음을 보여주는 듯하다. 우리는 여전히 부모의 영향력을 과장하고 또래 집단의 영향과 자녀의 유전적 소인을 부정하고 있는 것일까?

우선 명확히 해야 할 점은 적어도 한국의 부모는 자녀의 주변 환경뿐만 아니라 또래 집단에 대해서도 큰 영향력을 행사하고 있다는 사실이다. 우리네 부모는 자녀를 고급 수학 수업에 등록시킴으로써 최신 게임이나 아이돌 문화에 휩쓸리는 대신 고급의 수학적 개념과 진로 지향적 학습에 집중할 수 있게끔 전문화된 또래 집단 환경을 조기에 조성하려고 애쓴다. 언뜻 보면 특수한 또래 집단을 만들어주는 데에 최선을 다하는 부모의 모습일 수 있다.

그러나 이 대목에서 부모가 가장 크게 실수하고 있는 부분은 그들이 지나칠 정도로 자녀의 환경과 그에 따른 또래 집단을 통제하고 있다는 사실이다. 부모가 어린 자녀를 고급 수학 입시학원에 밀어 넣는 일은 해리스의 통찰에 잘 부합하지 않는다. 해리스가 말하려는 바는 기본적으로 자녀의 인격 형성에 부모의 역할이 크지 않으며 그에 비해 또래 집단이 중요하다는 것이지, 또래 집단을 특수하게 설계하라는 것은 아니다.

자녀의 또래 집단을 학업 성취자로만 채우려는 부모는 자녀의 사회적, 심리적 성장에 필수적인 측면인 상호 작용의 다양성을 간과하고 있다. 어린이는 다양한 경험과 상호 작용을 통해 공감, 갈등 해결, 그 밖의 중요한 사회적 기술을 배운다. 아동복지 전문가들이 발견한 놀라운 사실은 아이가 겪는 부정적 경험은 부모보다도 또래로부터 더 많이 온다는 점이다. 유년기의 가장 치명적 고통은 또래 사이의 갈등과 괴롭힘이다. 이런 맥락에서 초등 의대반의 부모가 자녀의 환경을 학업 성취에만 집중한다면 아이들은 필수적인 사회적 기술을 습득하는 데 어려움을 겪게 될 것이다.

자녀에게 영혼의 집까지 줄 수는 없다

한편 초등 의대반 입시 교육은 해리스의 관점에서 가장 중요한 요소라 할 수 있는 유전적 요인에 대해서도 많은 것을 놓치고 있다. 부모는 조기에 집중적인 학업 훈련을 받는 것이 반드시 미래의 성공으로 이어질 것이라고 가정함으로써 아이의 유전적 소인의 역할을 간과한다. 우리는 부모로부터 신체적 특징을 물려받는 것처럼 다양한 적성과 성향도 물려받는다. 모든 아이가 경쟁이 치열한 학업 환경에서 성공하거나 의학과 같은 분야에서 뛰어난 성적을 거둘 수 있는 성향을 지닌 것은 아니다. 자녀에게 유전적 성향과 맞지 않은 길을 강요하면 불만과 성과 저하로 이어질 가능성이 높다.

그렇다면 자녀를 어떻게 양육하라는 말인가? 맹모삼천지교도 아니라면 말이다. 무엇보다 자녀의 환경에 대한 부모의 극단적 통제나 또래 집단에 대한 강압적 선택은 효과가 없다는 사실을 냉정하게 받아들여야 한다. 해리스의 이론은 부모가 자신의 영향력이 가진 한계와 자녀의 삶을 통제할 수 있는 범위(그리고 통제해야 하는 범위)를 명확히 인식하도록 촉구하는 역할을 한다.

또한 사회 전반적으로 성공을 어떻게 정의해야 하는지를 진지하게 재고해야 한다. 의사와 같은 명망 있는 직업이라는 단일한 렌즈를 통해 성취를 바라보는 대신, 다양한 열정, 재능, 경력을 인정하고 받아들여야 한다. 예술가, 사회복지사, 데이터 과학자, 농부 등 각 직업은 고유한 가치를 지니고 있으며 사회 구조에도 크게 기여한다.

마지막으로 자녀의 인생에서 부모는 한발 물러설 필요가 있다. 이런 제안은 당위적 차원의 당부가 아니다. 오히려 사실에 근거한 냉정한 제안이다. 부모는 자녀의 인생에 큰 영향력이 없다. 관련 연구들에서 말하는 바 부모가 악보를 제공할 수는 있지만 교향곡을 만드는 것은 자녀라는 사실을 깨달아야 한다. 부모의 역할은 세심한 건축가라기보다는 자상한 정원사와 비슷하다. 영양분을 제공하되 자연이 알아서 하도록 내버려 두는 것이다.

칼릴 지브란의 시집 《예언자》에 수록된 '아이들에 대하여'는 부모 해방 일지다. 자녀에 대해 불안과 자책이 느껴질 때마다 읊조리자.

"그대의 아이는 그대의 아이가 아니다/ 아이들은 스스로 자신의 삶을 갈망하는 큰 생명의 아들딸이니/ 그들은 그대를 거쳐서 왔을 뿐 그대로부터 온 것이 아니다/ 또 그들이 그대와 함께 있을지라도 그대의 소유가 아닌 것을/ 그대는 아이에게 사랑을 줄 수 있으나/ 그대의 생각까지 주려고 하지 말라/ 아이들에게는 아이들의 생각이 있으므로/ 그대는 아이들에게 육신의 집을 줄 수 있으나/ 영혼의 집까지 주려고 하지 말라/ 아이들의 영혼은/ 그대는 결코 찾아갈 수 없는/ 꿈속에서조차 갈 수 없는/ 내일의 집에 살고 있으므로/ 그대가 아이들과 같이 되려고 애쓰는 것은 좋으나/ 아이들을 그대와 같이 만들려고 애쓰지는 말라/ 큰 생명은 뒤로 물러가지 않으며 결코 어제에 머무는 법이 없으므로/ 그대는 활, 그리고 그대의 아이들은 마치 살아 있는 화살처럼/ 그대로부터 쏘아져 앞으로 나아간다/ (하략)."

일단 몸부터 움직이게 하자

2024년 8월 23일, 도쿄 출장에서 만난 일본인들은 온통 고시엔 결승전 얘기뿐이었다. 호텔에 돌아와서 본 경기의 하이라이트 중계는 드라마 자체였는데 거기서는 '전국고교야구선수권대회'라는 타이틀이 민망할 정도로 초특급 해

설자가 나와서 경기 분석을 하고 있었다. 고시엔은 그 자체가 일본 국민의 축제 같았다.

한국 언론이 이웃 나라 고교 야구 결승전을 대서특필한 이유는 우승팀인 교토국제고가 재일교포들이 세운 학교이기 때문이다. 고시엔은 매 경기가 끝나면 이긴 팀이 도열한 가운데 그들의 교가를 틀어주는 아름다운 전통이 있는데 마침 교토국제고의 교가가 한국어 가사 "동해 바다 건너서 야마도 땅은……"으로 되어 있어서 마치 한국 고교팀이 우승을 한 것 같은 착각을 불러일으킬 정도였다. 일본 고교야구 대회가 한국에서 크게 조명된 것은 바로 이 교가 때문이다.

사실 놀라운 것은 교가만이 아니다. 전교생 160명의 작은 학교가 어떻게 3715팀이 참여한 토너먼트에서 최상위권을 차지할 만한 실력을 갖출 수 있었는지는 가장 감동적인 스토리다. 일본에서 한국인의 정체성을 이어가기 위해 고군분투해온 역사도 매우 뭉클하다. 게다가 진짜 고시엔 우승이라니! 출장 중에 만난 일본 교수들도 이번 우승은 일본 사회에서도 기적 같은 일이라며 축하의 악수를 청했다.

어깨가 으쓱할 법도 한데 그러지 못했다. 우리 고교의 현실이 떠올랐기 때문이다. 이번 여름 고시엔 본선에는 47개 지역의 총 3715팀의 치열한 예선을 거쳐 49교만이 참가했다. 엄청난 규모다. 반면 한국은 100개 정도의 고교야구팀이 활동 중이니 일본에 비해 37배 작은 수다. 인구 차이를 감안해도 규모는 15배 정도 작다. 축구의 경우도 상황은 비슷하다.

더욱 놀라운 사실은 고교 중 구기 종목 팀을 보유한 비율이다. 2021년 통계로 보면 일본 고교 축구팀은 3962개(우리는 190개)다. 일본 고교 수가 4887개이니 일본 고교 중 80퍼센트가 축구팀을 보유하고 있고, 76퍼센트가 야구팀을 꾸리고 있는 셈이다. 반면 한국은 단 8퍼센트만이 축구팀을, 단 4퍼센트만이 야구팀을 보유하고 있다. 이것이 한일 양국의 고교팀 스포츠 격차이다. 즉 우리 고교에서 팀 스포츠는 하나의 생활이나 문화가 아니고 그들만의 리그일 뿐이다.

다시 고시엔. 이렇게 많은 자기 지역 고교팀 중 우승팀만이 고시엔 본선에 나서니 가령 여름 고시엔 본선이 치러지는 8월은 모두가 자기 지역 공동체의 치어리더가 된다. 실제로 이번에 교토국제고를 응원하기 위해 온 교토의 이웃 학교 학생과 학부모의 열띤 응원이 카메라에 자주 잡혔다. 그들만의 리그가 아니라 '우리'의 축제가 된 것이다. 축제가 되는 순간 경기의 승패는 보너스가 된다.

팀 스포츠는 말 그대로 팀이 무엇인지를 경험하는 장이다. 청소년기에 크고 작은 팀에 속해서 함께 경기를 뛴다는 것은 자신의 신체 기량을 발전시킨다는 것 이상의 의미를 지닌다. 협동과 배려심과 같은 사회적 역량을 키울 수 있는 기회일 뿐만 아니라 승리와 패배에서 오는 기쁨과 슬픔, 응원과 비난에서 오는 안도감과 좌절감, 잘함과 못함 때문에 느끼는 자존감과 열등감을 경험하는 감정 조율의 장이다.

다면적 인성 검사(MMPI 및 MMPI-A) 문구	1948년의 동의 비율	1989년의 동의 비율
"나는 아침에 상쾌하게 일어날 때가 많다."	74.6%	31.3%
"나는 압박감을 느끼며 공부한다."	16.2%	41.6%
"삶이 대체로 부담스럽게 느껴진다."	9.5%	35%
"나에겐 내 몫보다 더 걱정할 일이 많다."	22.6%	55.2%
"나는 내가 미칠까봐 걱정된다."	4.1%	23.4%

그림 17.1 1948년과 1989년에 청소년을 대상으로 실시한 다면적 인성 검사 비교. 발달심리학자들은 아이들의 놀이 시간이 줄어들면서 정신 건강에 문제가 생길 수 있음을 우려하고 있다.

게다가 자기 팀원에 대해서뿐만 아니라 상대팀에 대해서까지 역지사지를 해볼 수 있는 공감의 연습장이다.

어린 시절에 놀이를 경험하지 못한 아이는 성인이 되어 심각한 정서적 문제를 겪는다는 연구는 수도 없이 많다.[4] 놀이는 감정의 출렁임을 경험하고 조율해보는 행위이기 때문이다. 청소년기는 신체적으로 왕성하고 호르몬적으로 역동적이며 인지적으로 유연한 시기다. 이 시기에 입시에 도움이 되지 않는다는 판단으로 팀 스포츠를 도려내고 청소년을 경주마처럼 홀로 달리게 만든 우리 어른들은 제정신일까? 지속적인 단체 체육 활동이 인지 능력과 학습력을 높이고 스트레스를 완화하며 항우울제 기능을 한다는 사실에 비춰

볼 때 어른들의 이런 판단은 심각한 오류일 뿐만 아니라 우리 아이들을 오도하는 심각한 범죄일 수 있다.

《운동화를 신은 뇌Spark》의 저자인 하버드대학교 의과대학의 존 레이티John J. Ratey 교수는 고등학교의 0교시 체육수업이 학생의 학습력 향상과 뇌 구조 개선에 크게 도움이 된다는 사실을 밝히며 운동이 신체뿐만 아니라 뇌를 건강하게 만든다고 역설하고 있다.[5] 이 사실에 깊이 공감한 국내의 모 자사고 교장이 학교의 교육철학을 '체지덕'으로 삼고 전교생에게 운동부터 시킨 일이 있었으나 얼마 지나지 않아 학부모의 극심한 반대로 포기했다는 일화가 전해진다. 인생에서 운동이 얼마나 중요한지를 깨달은 부모들인데도 이런 반대를 하고 있다는 현실이 매우 초현실적이다.

호기심이 메마른 사회에 가득한 허세들

노벨상에 대한 진실 두 가지. 첫째, 아무리 훌륭한 업적을 쌓았다 하더라도 죽은 사람은 받을 수 없다. 둘째, 노벨상을 탈 목적으로 업적을 쌓는 사람은 스웨덴 왕립학회의 근처에도 가기 어렵다.

DNA의 이중나선 구조를 발견하여 1962년 노벨 생리의학상을 받은 제임스 왓슨James Watson이 자서전에서 마치 노벨상을 타려고 치열한 경쟁을 벌인 듯이 묘사했지만 그와 함께 노벨상을 받은 후에 평생을 분자생물학 연구에 몰두하여 신경과학의 새로운 문까지 열어젖힌 프랜시스 크릭Francis Crick의 인생을 보면 왓슨의 회고는 일종의 드라마틱한 과장이다.[6]

크릭이 사망한 다음 날, 그가 전날까지 출근했던 연구실의 사진이 공개된 후 전 세계 과학계는 뭉클한 감동을 느꼈다. 책상 위에는 그 전날까지 메모한 흔적이 있는 연구 논문들과 펜이 가지런히 놓여 있었기 때문이다. 진짜 과학자는 죽기 직전까지도 호기심을 버리지 않는다. "나에게 신을 믿으라고 하지 마세요. 나는 이 우주에 대해서 더 알고 싶을 뿐입니다"라며 임종을 맞았던 위대한 천문학자 칼 세이건Carl Sagan의 마지막 고백도 똑같은 맥락이다.

양자전기역학에 관한 탁월한 업적으로 1965년 노벨 물리학상을 받은 리처드 파인만Richard Feynman이 상을 대하는 태도도 똑같았다. 그는 한 인터뷰에서 "나는 이미 상을 받았어요. 발견했으니까요. 그리고 사람들이 내 발견을 활용하는 모습을 보면 기쁘죠. 이것이 진짜이지 노벨상의 영예는 그저 비현실적인 것"이라고 일갈했다.[7] 호기심은 그들의 본질이다.

과학자뿐만이 아니다. 결과적으로 탁월한 업적을 낸 다양한 분야의 사람들도 한결같이 호기심에서 출발하여 여전히 호기심으로 일상을 살아가고 있다. 한강 작가가 노벨 문학상을 받기 며칠 전에 한 인터뷰를 보라. "저는 언제나 인간이 어떤 존재인지에 대해 그리고 산다는 게 대체 무엇인지에 대해 자꾸 생각하는 사람이었던 것 같아요. 그런 고민을 매번 다른 방식의 소설들로 다루고 싶어 했고요."

물론 이런 위대한 지식인은 호기심의 끝판왕이며 우리 같은 일반인과는 너무나 먼 얘기라고 반문할 수도 있다. 그러나 호기심은 특별한 사람들에게나 있는 역량이 아니다. 사피엔스의 경우 다른 종과 달리 너무 미숙한 상태로 아이가 태어난다. 직립을 하게 되면서 여성의 산도(태아가 나오는 길)가 좁아져 태아를 오랫동안 배 속에서 키울 수가 없었다. 그래서 인류는 뇌도 말랑말랑하고 몸도 견고하지 못한 상태의 아기를 빨리 낳아 놓고 오랜 기간을 양육하는 방식으로 생활사를 진화시켰다. 그러다 보니 안전한 자궁 밖의 험난한 세계를 살아갈 추론 능력, 언어 능력, 사회적 지능 등을 일찍부터 발휘하게 만들 스위치가 필요했다(물론 필요하다고 진화하는 건 아니다).

호기심은 자궁 밖 세계의 수많은 자극에 대한 궁금증을 유발하는 스위치인 셈이다. 이 스위치는 배움을 즐거움으로 변환한다. 이게 없거나 망가져서 만약에 배움이 지루함이 된다면 인류는 생존 자체가 불가능한 종이 되었을 것이다. "엄마, 아빠 이건 왜 그래?" 하는 아이의 질문에 기특해하다가 어느 순간부터는 아이의 입을 틀어막고 싶었던 부모가 한둘이 아닐 것이다. 호기심은 타고나는 것이며 사피엔스를 매우 특별한 종으로 만든 비밀 병기였다. 그런데 그 많던 호기심은 대체 어디로 갔는가?

　　OECD 주관으로 전 세계 만 15세 학생들의 읽기, 수학, 과학 능력을 3년마다 평가하는 국제학업성취도평가에서 한국 학생은 성적 측면에서 거의 매번 전 세계 5위 안에 든다. 하지만 매번 거의 꼴등을 하는 두 항목이 있다. "수학과 과학, 재밌니?"(흥미), "수학과 과학, 어디에다 써먹을 거 같아?"(가치). 더 충격적인 것은 우리와 성적이 거의 비슷한 핀란드 학생들은 주당 60시간 이상 학습하는 비율이 4퍼센트인데 반해 우리는 23퍼센트라는 사실이다(2017년). 즉 우리 아이들은 재미도 없고 쓸모도 없다고 생각되는 공부를 전 세계에서 가장 오래 하고 상위권 점수를 받는 학생들이다.[8]

　　사실 아이만의 문제도 아니다. 마침내 노벨 문학상을 배출한 한국의 성인 10명 중 무려 6명이 1년간 단 한 권도 읽지 않는다. 교육열이 최고라는 나라의 독서율치고는 믿기지 않는 수치다. 우리는 지금 호기심이 메마른 사회에 살고 있다. 내재 동기인 호기심이 사라진 사회는 직업, 직위, 집안, 인맥, 보상, 외모 등과 같은 외적인 결과값에 지나치게 의존하는 사회로 변색되기 쉽다. 이런 사회에서는 호기심을 좇아 열정을 가지고 살아가는 사람들의 소소한 일상이 폄하되고 한 방을 좇아 남에게 과시하기 위해 행동하는 사람들의 허세만 가득하다.

　　아이들의 선천적 개성을 존중하고 운동과 스포츠를 통해 타인과 활발히 교류할 수 있는 기회를 제공하며 호기심으로 가득한 교실과 성장 환경을 만드는 일은 결국 우리 사회의 공감의 반경을 넓히는 일과 직결된다. 아이들은 저마다의 고유한 개성을 펼칠 때 타인과의 차이를 자연스럽게 인정하게 되고 스포츠를 통해 협력과 갈등 해결 능력을 키우면서 서로를 이해하는 법을 배운다. 또한 호기심을 마음껏 펼칠 수 있는 환경에서는 타인과 세계를 향한 열린 태도가 형성된다. 이런 교육이 뿌리를 내릴 때 아이들은 단지 자기 자신만이 아니라 주변 사람들과 더불어 성장하는 진정한 공감의 공동체를 만들어낼 수 있다.

18장

대학의 거대한 전환을 요구한다

몇 년 전 사우디아라비아의 한 대학이 국제적으로 망신을 당한 사건이 있었다. 그 대학은 국제적으로 저명한 연구자들이 주요 소속 기관을 자기 학교로 변경하게끔 유도하기 위해 적지 않은 금전적 보상을 제공했다고 알려졌다. 이 때문에 그 대학은 '피인용 연구자 수' 지표에서 랭킹이 급상승했지만 나중에 이 사실이 밝혀지면서 국제 학계에 큰 논란이 되었다.[1]

충격은, 세계 대학 평가를 둘러싼 학계의 이런 과잉 대응들이 예외가 아니라는 사실이다. 웬만한 대학에서는 대학 평가 지표를 관리하는 팀이 따로 있을 정도다. 대학 행정에 관심 있는 이들이라면 이 평가 순위를 올리기 위한 온갖 묘

수가 난무하는 대학가의 안쓰러운 풍경이 결코 낯설지 않을 것이다. 그러니 어디선가는 무리수가 드러나는 법. 이런 사건은 대학 평가의 공정성과 투명성에 대한 논란을 촉발할 뿐만 아니라 오늘날 대학이 겪고 있는 더 큰 문제, 즉 대학 순위 경쟁에 과도하게 집착하는 일면을 상징적으로 드러낸다.

자율은 창의와 공감의 토양

　대학은 본래 자율적 기관으로 출발했다. 중세 유럽에서 시작된 대학은 교회나 국가의 통제로부터 비교적 자유로운 공간에서 지식을 추구하고 진리를 탐구할 수 있는 자율성을 확보하면서 성장해왔다. 이런 자율성 '덕분'에 대학은 지식의 생산과 공유, 인류 문화 발전에 중요한 기여를 할 수 있었다.
　그러나 오늘날 이 자율성이 심각하게 위협받고 있다. 그 위협의 중심에는 우선 몇몇 세계 대학 평가 기관이 있다. 이들은 평가라는 명목으로 대학에 '특정한' 기준을 제시하고 있는데 대학은 그 기준에 대체로 순응하며 높은 점수를 받기 위해 노력한다. 여기까지는 나쁘지 않다. 개혁을 위한 최소한의 것은 해야 하니까. 하지만 그 노력이 지나쳐 자기 대학 본연의 철학과 비전을 희생하기까지 한다. 이것이 큰 문제다. 가령 높은 배점을 가진 '평판도' 지표를 높이려고 대학 당국이 온갖 꼼수를 쓰다가 결국 문제가 터진다. 그런데 결과조차 허망할 때가 많다. 왜냐하면 평판도는 결국 명성의 자기 복제에 가깝기 때문이다. 마치 할리우드에서 배우가 잘해서 오스카상을 받는 것이 아니라 오스카상을 받았기 때문에 더 유명해지는 꼴이다.

평가를 둘러싼 이런 부작용은 대학의 존재 이유 자체를 뒤흔들고 있다. 대학은 고객인 학생의 성장과 행복, 창의성과 공감 능력, 기업가 정신의 함양, 지역사회 기여를 중심으로 운영되어야 한다. 그러나 평가에 '집착'하는 대학은 논문 수와 피인용 횟수, 외국인 교수 비율과 같은 정량적 지표에 더 신경 쓰게 된다. 평가는 더 좋은 대학을 만들기 위한 피드백일 뿐인데 대학은 그 자체를 신성시한다. 이는 대학의 다양성과 개성을 획일화하고 진정한 교육적 가치에서 멀어지게 만든다. 캠퍼스에서는 "우리 학생들이 얼마나 성장하고 있는가?"라는 질문은 좀처럼 듣기 어렵다. 전국의 어느 대학을 가봐도 "세계 몇 위권, 국내 몇 위권 진입 목표"라는 플래카드만 외롭게 펄럭이고 있다. 물론 학생들은 아무런 감흥이 없다.

진화생물학자 리처드 도킨스Richard Dawkins는 자기 복제하는 아이디어를 '밈meme'이라 불렀다. 지금의 대학 랭킹은 정확히 그런 밈이다. 순위가 대학을 위해 존재하는 게 아니라 대학이 순위를 위해 존재하는 상황. 평가의 본래 목적은 개선과 발전을 위한 피드백이었을 텐데 대학은 그 평가 지표의 노예가 되어 버렸다.

    대학이 길들여져서는 안 되는 이유가 있다. 그것은 대학 본연의 존재 근거가 자율성과 다양성을 바탕으로 한 지식 탐구와 창의적 인재 양성에 있기 때문이다. 대학이 정치권력이나 획일적인 평가 지표에 의해 길들여지게 되면, 대학 고유의 미션과 비전은 왜곡되고 연구와 교육은 단기적 성과나 정치적 목적을 위한 수단으로 전락한다. 이는 결과적으로 학생들의 창의적 사고와 비판적 정신을 억압하고, 대학마다의 특색과 개성을 사라지게 하며, 궁극적으로는 사회 전체의 혁신과 발전 가능성마저 위축시키는 결과를 만든다. 대학 랭킹 자체는 죄가 없다. 세상 어디에도 객관적 랭킹은 없기 때문이다. 다만 그것에 스스로 길들여지려는 우리 대학의 근성이 더 큰 문제다. 대학이 길들여지는 순간 그것은 더 이상 대학이 아니다.

대학에 개성을 묻다

    "메뉴가 너무 많으면 맛집 가능성이 낮죠." 중국 음식의 달인 이연복 요리사의 말이다. 물론 많은 메뉴로 승부하는 식당도 있다. 바쁜 일상에서 끼니를 빨리 해결하려고 가는 곳, 바로 분식점이다. 어떤 프랜차이즈 분식점 벽에는 무려 100개나 되는 메뉴가 빽빽하게 적혀 있다. 이들의 경쟁력은 다양한 메뉴의 빠른 제공이다.

그런데 세상의 모든 식당이 분식점뿐이라고 해보자. 삼겹살 파티를 하려는데 삼겹살 구이가 100개의 메뉴 중 하나라면? 기념일에 스테이크를 먹고 싶어도 한중일 양식 메뉴를 다 하는 분식점밖에 없다면? 100가지 요리를 다 할 수 있다는 식당에서 음식의 깊은 맛과 대접받고 있다는 느낌을 받기는 거의 불가능할 것이다.

왜 그럴까? 이어지는 이연복 요리사의 말이다. "메뉴가 많을수록 관리가 힘들어요. 맛집은 대개 적은 메뉴로 전문적으로 운영되는 곳이죠." 미식가에게는 냉면 맛집, 초밥 맛집, 탕수육 맛집이 있는 것이지, 아시아 음식 맛집 따위는 없다. 각 음식의 고유한 풍미를 경험하게 하려면 그에 걸맞은 전문성과 특별한 준비가 필요하기 때문이다. 그제야 감동적 경험이었다며 5점 만점에 재방문 의사를 표시하는 손님들이 생기기 시작한다.

전 세계 대학 순위 끌어올리기에 큰 관심을 기울이는 국내 대학 당국을 머쓱하게 하는 일이 발생한 적이 있다. 2022년 미국의 대표 대학 평가 기관이 매년 발표하는 세계 대학 순위에 대해 미국의 몇몇 대학이 선정 기준의 불합리함을 내세우며 참여 거부 의사를 표명했기 때문이다. 그들은 이 평가 기관이 수십 년째 진행해온 로스쿨 평가에 더 이상 참여하지 않겠다고 선언했다.[2]

그런데 반전은 이런 거부가 낮은 순위를 못마땅해하는

몇몇 하위권 대학의 볼멘소리가 아니었다는 사실이다. 항의의 진원지는 19년째 1위를 고수해온 예일대학교였다. 예일대 로스쿨 측은 성명서를 통해 "기존 순위 체계는 공익 변호사를 맡은 졸업생을 실업자로 분류하고, 변호 봉사를 통한 학자금 대출 탕감 프로그램을 감점 처리하며 저소득층 학생이 아닌 로스쿨 입학 자격 시험 고득점자에게 장학금을 줘야 더 유리하게끔 되어 있다"라고 고발했다. 한마디로 기존 평가 체계가 학교의 핵심 가치 및 인재상에 부합하지 않아서 더 이상 참여하지 않겠다는 선언이다.[3]

놀라운 것은 그동안 예일대 로스쿨과 치열한 1위 경쟁을 해왔던 하버드대학교 로스쿨도 이 보이콧에 동참했고 ('그러면 우리가 이제 1위구나' 하고 좋아하지 않았다), 이어 상위 12개 대학도 같은 결정을 내렸다. '전미 로스쿨 1등'이 그들의 지상과제였다면 이런 거부 행렬은 결코 일어나지 않았을 것이다. 어떤 사람을 선발하여 어떤 가치의 교육을 하고 어떤 삶의 태도를 가진 법조인을 길러낼 것인지를 고민해왔기 때문에 남이 만들어 놓은 기준과 순위에 흔들리지 않았던 것이다. 이런 태도는 '개성이 있는 대학'(자신의 교육철학과 인재상에 근거하여 학생들의 성장을 돕는 대학)만이 보여줄 수 있는 한 가지 모습이다.

2025년 4월에는 하버드대학교가 대학의 독립성과 자율성을 지키기 위해 정부의 지침을 거부한 사건도 발생했다. 트럼프 2기 정부는 캠퍼스 내 확산된 반유대주의 근절을 명분으로 하버드대에 다양성, 형평성, 포용성DEI 정책 폐지, 입학 및 교수진 채용 규정 개정 등 교내 정책 변경을 요구했다. 하지만 하버드대가 이를 거부하자 트럼프 행정부는 연방 보조금(약 3조 원) 지급을 동결하고 면세 지위 박탈까지 거론하며 압박을 가했다. 하버드대는 이러한 요구가 대학의 자율성과 다양성을 침해한다고 반발하며 소송을 제기했다.

하버드대의 이런 저항에 힘입어 미국 내 150개 이상의 대학이 트럼프 행정부의 연방 보조금 압박과 정치적 개입에 집단적으로 반대 의사를 표명하며 연대했다. 하버드대가 정부를 상대로 소송을 제기한 직후, 주요 주립대와 리버럴아츠 칼리지, 아이비리그 대학(컬럼비아, 다트머스 제외) 등 여러 대학의 총장들은 "정부의 과도한 개입과 연구비 협박을 거부한다"며 공동 성명에 서명하기도 했다.

사실 개성이 없는 사람은 매력이 없다. 밋밋하고 존재감이 약하다. 마치 100가지 메뉴를 나열해 놓은 분식점처럼 말이다. 대학도 마찬가지다. 모든 것을 다 하겠다는 대학은 그 어떤 것으로도 대학의 주체를 감동시키기 힘들다. 표정이 없는 대학은 매력이 없다.

그렇다면 우리 대학에는 어떠한 개성이 있을까? 세계의 대학 순위 평가 결과에 대한 국내 대학의 반응을 보면 대략 짐작이 된다. "이번에도 서울대가 50위권 밖이다. 100위권에 든 대학이 두 개밖에 없다……." 늘 이런 식이다. 몇 개의 평가 업체가 그들만의 기준으로 전 세계 대학을 한 줄로

세우고 있다는 사실을 알면서도 그 어떤 대학 당국도 저항하지 않고 있다. 예일대 로스쿨처럼 "우리가 추구하는 가치를 담아내지 못하는 시스템이라 당신들의 리그에 동참할 수 없소"라고 주장하는 학교는 어디서도 찾아볼 수 없다. 대학 당국뿐만 아니라 대부분의 미디어도 그 순위를 신줏단지 모시듯 수용하고 반응할 뿐("아직도 국내 대학은 멀었지"), "왜 우리가 그들의 체계를 따라야 하는가"라고 문제 제기를 하지 않는다.

"현실을 모르는 소리다. 전 세계의 대학이 어떻게 돌아가고 있는데 열심히 경쟁해서 따라가진 못할망정 우리 수준에 무슨 평가 기준 자체를 의심하고 있느냐"라고 반문하는 사람도 있을 것이다. 오해 없기를. 지금 대학 평가 자체가 나쁘거나 무용하다는 말을 하려는 것이 아니다. 모든 대학 평가는 평준화에 도움이 된다. 비슷한 항목에 대해 비슷한 수준에 이르게 한다. 가령 대학 교수의 연구를 어느 정도 국제적 수준으로 끌어올리려면 과학기술논문 인용색인SCI급 저널에 얼마나 많은 논문을 썼으며 얼마나 많이 인용되었는지를 따지는 게 필요하다. 하지만 이런 평가는 대학 평준화의 도구이지 대학의 개성을 만드는 일에는 도움이 안 된다. 평가 기준을 잘 따른다고 해서 표정이 있는 교실이 만들어지지는 않는다.

가치 없는 순위는 무의미하다

세계 대학 평가의 여러 기준을 평균 이상으로 만족하는 대학이 국내에 20개 있다고 해보자. 이제 중요한 것은 같음이 아니라 차이다. 모두가 똑같은 성격을 가진 사람들로 가득한 집단이 재밌지도 바람직하지도 않듯이 그 대학들이 모두 비슷한 얘기만 하고 있다면 학생, 교수, 사회의 입장에서도 그곳은 교육 맛집이 될 수 없다.

그러니 평가는 얼마든지 받으라. 그 대신에 각 대학은 자신만의 가치와 기준을 당당히 제시하고 개성 있는 학교가 되기 위한 새로운 전략을 짤 필요가 있다. 설령 분식점이 맛집으로 등극하고자 해도 그 많은 메뉴 중에 몇 가지에만 집중해야 그나마 승산이 있다. 마찬가지로 맛집 대학도 남다른 핵심 가치와 인재상을 당당하게 내세우고 실행할 수 있는 개성 있는 공간이어야 한다. 그래야 "나는 ○○대학의 이런 면이 너무 맘에 들어 오래전부터 ○○대학의 신입생이 되려고 했어요"라는 팬심을 만날 수 있다.

학생, 교수, 사회의 관점에서 대학의 색깔이 훨씬 더 다양해지길 바란다. 다양한 개성을 가진 학생이 내신이나 수능 점수에 맞춰 가는 방식이 아니라 팬심으로 자신의 색깔에 맞는 대학을 선택하여 맞춤형 교육을 받을 수 있는 시대로 하루속히 진화하길 바란다. 대학은 연구비 총액이나 논문 편수 같은 기준 말고 입학 대비 졸업 시에 얼마나 많이 성장했는가와 같은 섬세한 기준에도 관심을 기울이면 좋겠다. 입학 성적이 아니라 학생의 잠재력이 얼마나 다양하고 강력하게 발현되었는가로 더 좋은 대학을 평가하는 기준은 왜 없는가?

성공한 식당의 사장은 공통적으로 밥을 먹고 나가는 손님의 반응까지 살핀다고 한다. 대학도 자신의 학생들이 학교에서 진정으로 어떤 경험을 하고 있는지를 잘 관찰해서 알고 있어야 한다. '메뉴판이나 간판' 같은 외적 지표뿐만 아니라 어떤 가치와 경험을 공유할 때 감동하고 변화하는지와 같은 내적 지표에 민감해야 한다. 외적 평가 순위와 학생들의 내적 표정이 연동되지 않는다면 순위는 그저 숫자일 뿐이다.

우리에겐 그럴 여유가 없다고 반박하는 대학이 있을 것이다. 엄청난 규모의 예일대이니 그런 과감한 결정을 할 수 있지, 생존도 어려운 대학이 무슨 대안을 제시할 수 있겠냐고 자조할 수도 있다. 더욱이 지난 14년째 대학 등록금이 동결된 초유의 상황에서 어떻게 새로운 시도를 할 수 있겠냐며 좌절하는 대학도 많을 것이다. 쉽지 않다. 하지만 중요한 첫걸음은 개성을 갖고자 하는 열망이다.

미국 작은 도시의 작은 대학인 세인트존스 칼리지는 전 교생에게 인문, 자연과학의 고전 100권을 읽고 졸업하게끔 모든 커리큘럼을 재구성하여 자신만의 색깔을 뽐내고 있다. 국내 학생들도 가고 싶은 외국 대학으로 꼽을 만큼 매력적인 대학이 되었다. 캠퍼스 없이 전 세계 7개 도시를 이동하며 온라인 교육을 통해 지역사회 프로젝트 등 다양한 경험을 하게 하는 미네르바대학교는 하버드대보다 입학이 더 힘든 글로벌 교육 맛집으로 성장했다. 이제 모두가 하버드대나 서울대를 원하는 시대는 지났다. 자신을 성장시켜줄 개성 있는 작은 대학이 더 선호되는 시대가 오고 있다. 학생들은 우리 대학의 개성이 무엇인지가 궁금하다.

킬러 문항은 대학에로

"한 학기 동안 제 인생이 이렇게 변할 수 있으리라고는 기대하지 못했어요. 하지만 한 학기를 열심히 달려와 보니 혹시 창업에는 실패할 수 있어도 인생에는 실패하지 않을 것 같은 느낌이 들었습니다. 저를 변화시켜 주셔서 감사합니다."

이것은 간증이 아니다. 신설된 지 채 1년도 안 된 창업대학에서 매 학기말에 들을 수 있는 학생들의 공통된 고백이다. 고백하자면(자랑을 좀 하자면), 20년 경력의 대학 선생으로서 이보다 더 행복한 시절은 없었다.

대학수학능력시험 수학에서 킬러 문항을 없애라는 대통령의 지시에 대한 논란이 있었다. 교육부 장관이 있는데 왜 대통령이 나서서 이런 지시를 내리는가가 핵심은 아니다. 입시에서 사교육을 통해 고도의 훈련을 받은 극소수만 풀 수 있는 문제를 왜 내느냐도 핵심이 아니다. 핵심 질문은 '킬러 문항을 누가 풀 것인가'여야 한다.

수능 만점자 수는 걱정하지 말고 수능을 자격 시험처럼 설계하여 말 그대로 '수학 능력'만 측정하고 대학 저마다의 기준으로 신입생을 선발하면 문제는 의외로 쉬워진다. 하지만 더 근본적 문제는 수학에서 사라진 킬러 문항이 다른 영역에서 나올 가능성이 높다는 점이다. 교육부는 어떻게든 입시에서의 변별력을 추구할 것이고 각 대학은 입학 커트라인 점수로 환산된 입시 결과(입결)를 통해 대학 서열화를 공고히 할 것이기 때문이다.

교육부와 대학의 가장 큰 관심사가 기존처럼 입시, 즉 문턱 넘기에 집중되어 있다면 문제는 풀리지 않는다. 아무리 다르게 교육을 한들 대학 순위는 입결에 의해 결정될 것이며 모두가 알고 있듯이 이 입결 순위는 거의 변하지 않을 것이기 때문이다.

연세대학교가 모 평가 기관이 발표한 세계 대학 영향력 순위에서 14위를 했다는 보도가 나온 적이 있다.[4] 지난 몇 년 동안 연세대가 글로벌 이슈에 대한 문제 해결과 리더십을 위해 엄청난 에너지와 노력을 들였기 때문에 가능했던 의미 있는 성취였다. 하지만 우리 미디어는 큰 관심이 없었고 단신으로 처리하는 정도였다. 미국의 아이비리그 대학이 높은 위치에 있지 않는 순위였기 때문이다. 우리 사회는 국내 대학이 전 세계 대학 중 종합적으로 몇 등을 했느냐에만 관심이 있지 우리의 각 대학이 어떤 기준을 가지고 저마다 개성 있는 대학으로 발전하고 있는지에 대해서는 무관심하다.

왜 우리는 하버드, 예일, 프린스턴 같은 대학이 우리의 앞자리에 없는 순위라고 하면 '에이, 별 의미 없는 순위네'라고 스스로를 비하하는 것일까? 두 가지 이유가 있는 듯하다.

하나는 우리 스스로가 대학의 독자적인 미션과 비전을 세우지 못한 상태에서 남의 뒤만 따라가고 있기 때문이다. 기존의 주류 대학 평가 기관은 다양한 여러 대학을 부당하게 한 덩어리로 묶고 근본적으로 동일한 여러 대학을 아무 의미 없이 세분화하는 놀라운 재능을 갖고 있다. 기준들이 충분히 다양하지 못하고, 그 다양한 기준이 왜 중요한지가 충분히 강조되지 못한다. 가령 대학 혁신을 위해 얼마나 새로운 교육적, 행정적 시도를 감행하는지를 놓고 본다면 순위는 달라질 수 있다. 짐작할 수 있듯이 이 순위에서는 미네르바 대학이 맨 앞에 있고 미국 애리조나 주립대학이 그 뒤를 잇고 있다.

각 대학은 '우리는 입학생을 어떠한 학생으로 길러내겠다'라는 비전을 세우고 그 목표를 달성하기 위해 온갖 자원을 투입해야 하지만 그 비전부터가 모두 대동소이하다. 마치 우리 대학은 모든 메뉴를 판다고 선전하는 맛밋한 분식점처럼 보인다. 가령 칼국수만을 기가 막히게 요리하는 맛집 같은 대학은 희귀하다. 그러니 우리 학생들은 그냥 유명한 집이지만 맛은 별로인 식당에 갈 수밖에 없다.

자신에게 맞는 맛집 대학을 찾는 일도 힘들지만(별로 없으니까) 그런 시도에 대한 주변의 시선은 더 힘들다. "저는 기후 위기 문제를 푸는 데 필요한 공부를 하고 싶고 그런 것을 잘 배우고 경험할 수 있는 대학에 가고 싶어요. 그래서 A대학으로 정했어요"라는 말에 학부모, 교사, 학원 선생은 설득하기 시작한다. "B대학 갈 점수가 충분한데 이게 무슨 말이야!"

이렇게 주변 사람들이 주는 불안한 시선은 맛집 대학의 탄생을 방해한다. 청년이 느끼는 불안은 그의 내면에서 온 것이라기보다는 부모로부터 기인하는 경우가 많다. 다시 말해 청년 스스로가 앞날에 대한 주체적 고민을 하는 과정에서 느끼는 적절한 염려라기보다는 오히려 부모의 두려움이 청년에게 투영된 경우가 더 많을 수 있다는 이야기다. 부모의 걱정을 그의 자식들이 대신 짊어지고 있는 경우다.

물론 모든 부모는 자식 잘되기를 바라는 마음으로 온갖 걱정을 다 한다. 하지만 그 부모의 걱정과 조언이 늘 적절하거나 바람직하다고는 말할 수 없다. 왜냐하면 부모의 세계와 청년의 세계는 아주 다르기 때문이다. 청년들이 매일 부딪히고 겪는 세상에서 각자에게 꽂힌 것을 부모는 다 모른다. 청년들이 중요하다고 느낀 지식과 가치에 대해 부모도 똑같이 공감할 것이라고 기대할 수 없다. 부모에게도 부모만의 세상이 있는 것이다.

이런 주변의 불안이 수직적으로만 전염되는 것은 아니다. 친구나 선배, 주변의 여러 멘토도 불안을 수평적으로 전달하는 주체들이다. 따라서 그들의 불안이 본인에게 전파되는 것은 아닌지 매사에 잘 관찰해볼 필요가 있다. 우리 교수들도 이 불안감 조성에 일조하고 있기는 마찬가지다. 학생에게 무엇을 왜 가르치는지 설득하지 않는다. 치열한 경쟁 속에서 일일이 목적이나 의미를 따지다가는 경쟁에서 뒤처질 수 있다는 위기감 속에 학생을 그저 외우고 요령만 익히는 교육으로 내몬다.

우리 모두는 불안하다. 하지만 불안은 뭔가를 채운다고 없어지는 것이 아니다. 하나가 채워지면 다른 게 불안해지기 마련이다. 불안이 우리를 더 이상 움츠리게 하지 않는 순간은 그것이 더 위대한 가치들로 대체될 때일 것이다.

우리가 대학 교육에 자신이 없는 또 다른 이유는 우리 사회가 교육의 실제 목표를 학생 개개인의 성장보다 선발에 집중해왔기 때문이다. 이것은 더 심각한 우리 사회의 고유한 문제로서 거의 집착증 수준이다. 입시 문턱을 기형적으로 설계하다 보니 학생, 교사, 학부모, 학교, 사교육 업체 등 교육의 모든 주체가 문턱 넘기에 모든 연료를 소진한다. 그런 후에는 주저앉는다. 사실 문턱을 넘는 이유는 다음 단계에서 더 성장하기 위한 것인데 문턱 넘기가 끝인 것처럼 모든 구조가 설계되어 있다.

"문턱을 넘어서자마자 준비 과정에서 보여줬던 열정과

호기심은 거짓말처럼 싹 사라진다. 마치 그런 것이 아예 없었던 것처럼……." 이런 현상을 '문턱 증후군'이라 부를 수 있다. 문턱 증후군에 걸린 시민으로 구성된 '문턱 사회'는 시민의 생활사에 다양한 문턱을 더 촘촘히 배치함으로써 시민의 삶을 더 정교하게 통제하게 된다. 결국 문턱 사회에서 지식은 향유의 대상이 아니라 통제의 수단으로 전락한다.

우리 사회에는 교육의 본질을 왜곡해야만 더 잘 통과할 수 있는 문턱이 과도하게 많다. 이런 사회에서 인류의 빛나는 지식은 입시를 위한 사지선다형 문제일 뿐이다. 대학 교육은 학점을 잘 따서 좋은 직장에 취직하기 위한 용도일 뿐이다. 대학생들은 또다시 가장 많은 시간을 들여 입사 시험에 매진한다.

한국 프로 야구를 빛낸 이정후 선수를 떠올려보자. 그는 2024년에 큰 기대와 엄청난 대우를 받고 미국 메이저리그의 샌프란시스코 자이언츠에 입단했다. 하지만 얼마 되지 못해 경기 중에 큰 부상을 당해 시즌 아웃되었다. 다행히 올해부터는 눈부신 활약을 하며 멋진 시즌을 보내고 있다. 그런데 만일 그가 빅리그 진출이라는 꿈을 이뤘다는 자만심에 빠져 열정을 잃고 경기에서 안일하게 뛰기 시작했다면 어떻게 되었을까(물론 그럴 리는 없다)? 심지어 벤치에만 머물며 경기에 거의 출전하지 못하면서도 꿈을 이루었다며 입가에서 미소가 떠나지 않는다면 사람들은 그를 어떻게 바라볼까? 열성 팬들은 그가 제정신이 아니라며 비난할 것이고 팀도 그를 가차 없이 방출하고 말 것이다. 우리가 진정 기대하는 것은 이정후가 메이저리그라는 문턱을 넘었다는 사실 자체가 아니라 그곳에서 그가 계속 성장하고 멋진 활약을 펼치는 모습이다. 문턱은 새로운 도전과 성장을 위한 또 하나의 출발점일 뿐이다.

이런 맥락에서 '나는 무엇을 좋아하고 잘하는가, 나는 어떤 삶을 살아야 할까, 내 인생의 의미와 재미는 무엇이며, 어떻게 성장할 것인가?'와 같은 질문이 대학생들의 금기 문항이어서는 안 된다. 오히려 그것은 세상의 모든 대학이 학생에게 제시하고 함께 풀어나가야 할 대학의 킬러 문항이다.

그동안 우리는 어린 학생들에게 킬러 문항을 던져주고 마치 〈오징어 게임〉의 탈락자를 관람하는 무책임한 방관자처럼 살았다. 이제 킬러 문항은 대학으로 넘기고 그들이 풀게 하자. 그리고 잘 풀 수 있도록 온갖 지원을 아끼지 말자. '대학에서의 공부와 경험이 인생을 바꾼 시간이었다'는 고백은 불가능한 미션이 아니다(아니었다). 진정한 교육은 학생들이 이력서가 아닌 질문을 품고 세상에 나가게 하는 것이다.

대학의 기업가적 전환, 미래의 전환

"요즘 서울대학교 학생 중 가장 똑똑한 친구들이 제일 많이 고민하는 진로가 뭔지 알아요?" 몇 년 전에 동료 교수가 불쑥 내게 물었다. 그의 대답. "글로벌 기업이나 국내 대기업의 입사도, 고시 합격도 아니래요. 창업이랍니다."

정말 그럴까? 대학생에게 창업을 본격적으로 가르쳐보겠다며 이직을 준비하던 당시의 나에게 격려와 응원의 뜻으로 한 말일 수도 있다. 하지만 실제로 전국 대학생 792명을 대상으로 2021년 6월에 실시한 한 설문 조사 결과(알바천국)에 따르면 "취업 대신 창업을 고려한 바 있다"라고 답한 친구들이 절반 이상이다. 대학알리미가 2023년에 조사한 바에 따르면 인구 대비 대학생 창업자 비중, 창업 강좌 수, 이수자 수 등이 해마다 증가하고 있다.[5]

비슷한 맥락에서 2024년 중소벤처기업부의 발표도 흥미로운데 이에 따르면 국내 벤처, 스타트업의 고용 증가율은 국내 전체 기업 고용 증가율보다 세 배가량 높다. 또한 2023년 기준으로는 벤처기업 종사자 수는 약 93만 5000명으로 삼성, LG, 현대자동차, SK로 대표되는 4대 그룹 전체(약 74만 6000명)보다 18만 9000명 더 많다.[6] 물론 창업이 취업에 비해 더 선호되는 진로라고 할 수는 없을 것이다. 하지만 일부 특이한 사람들의 리그는 더 이상 아니라고 할 수 있다. 왜 이런 변화가 생겼을까?

우선 큰 흐름을 이해할 필요가 있다. 첫 번째 흐름은 1990년대 중반부터 시작된다. 인터넷 상용화가 본격화되던 당시, 닷컴 창업은 거대한 물결이었다. 이때의 최강자는 야후 같은 인터넷 포털 기업이었다. 검색 엔진으로 야후를 제친 구글도 1990년대 후반에 태동한다. 이 시기 인터넷 이용자의 행동은 주로 웹페이지를 검색하고 읽는 정도였다. 흔히 이를 웹1.0 시대라고 부른다.

그 이후 2007년에 스티브 잡스가 아이폰을 들고나오면서 모바일 혁명이 시작된다. 스마트폰의 시대가 열린 것이다. 애플의 운영 체계(iOS)와 구글의 운영 체계(안드로이드)에서 작동하는 앱 생태계가 조성되면서 플랫폼 비즈니스의 빅뱅이 일어났다. 2000년대 중반부터 페이스북 같은 SNS와 유튜브 같은 동영상 공유 서비스가 등장했고, 공유 플랫폼의 시대가 열린다. 이용자들은 읽고 쓰고 서로 연결되기 시작했다. 이때를 웹2.0 시대로 지칭한다.

이로부터 대략 10년이 경과한 2016년, 딥러닝 기술의 급속한 발전으로 AI 시대가 본격적으로 열리기 시작했다. 구글 딥마인드의 알파고가 이세돌을 꺾으며 전 세계에 충격을 준 것이 이 무렵이다. 이후 생성형 AI인 GPT 시리즈와 같은 대규모 언어 모델이 등장하며 사람들은 웹이나 앱에서 단지 읽고 쓰는 정도를 넘어 AI와 실시간으로 대화하고 창작물까지 생산하는 경험을 하게 되었다. 또한 같은 시기에 비트코인 열풍을 타고 블록체인 기술이 주목받으며 이용자가 플랫폼에 기여한 만큼 데이터 기반으로 보상을 받고 탈중앙화된 구조 속에서 주요 행위자가 되는 웹3.0 시대가 시작되었다.

최근 AI의 폭발적 발전은 산업 생태계 전체를 다시 한 번 뒤흔들고 있다. 생성형 AI와 같은 혁신적인 인공 지능 기술은 콘텐츠 생산뿐 아니라 금융, 교육, 의료, 제조 등 거의 모든 분야에서 새로운 산업 모델과 서비스 형태를 만들어내고 있다. 이러한 변화는 기존의 플랫폼 중심 생태계를 넘어선, 개인화된 초지능 서비스와 탈중앙화된 경제 모델을 결합한 새로운 시장의 탄생을 예고한다.

국내 스타트업 생태계의 역사도 비슷한 흐름을 보인다. 인터넷 물결을 탄 네이버가 젊은 인재들을 빨아들여 지금의 대기업이 되었고 모바일 물결을 환호한 카카오 역시 그러한 경로를 밟았다. 이제 한국 스타트업도 AI와 블록체인이 이끄는 웹3.0 시대의 물결에 올라타 또 한번의 도약을 준비하고 있다.

중요한 것은 이런 새로운 물결이 올 때마다 기존 사고에 깊이 물들지 않은 젊고 유연한 인재들이 서핑을 즐겼다는 사실이다. 이런 맥락에서 모든 것이 디지털화되고 따라서 전 영역에서 디지털 전환이 가능해진 지금이야말로 어쩌면 가장 큰 파도인지 모른다. 20대 초반의 말랑말랑한 청년들이 스타트업에 뛰어들고 있는 것은 혹시 멀리서 일렁이는 이 거대한 파도를 어렴풋이 보았기 때문일까?

우리의 역사를 조금 더 이야기해보자. 닷컴 시기에는 벤처 창업 태풍이 불었지만 정부나 민간이나 도울 준비가 부족했다. 창업자를 어떻게 도와야 할지, 자금을 얼마나 어떻게 지원해주는 게 좋을지 우리의 데이터가 없었다. 그래서 수많은 청년이 벤처의 세계로 진입했다가 큰 좌절과 함께 빚더미에 앉았다. 사회가 신용불량자를 양산한 것이다.

하지만 학습력이 빠른 우리는 중소벤처기업부까지 창설하여 창업자 발굴, 교육, 육성, 자금 지원 체계를 만들었고 이때부터 창업을 해서 열심히 일하면 비록 회사는 망하더라도 최선을 다한 개인은 신용불량자가 되지 않았다. 그리고 이런 지원을 받은 일부 스타트업이 유니콘의 길을 가고 있다. 청년들이 이 거대한 흐름과 생태계 변화를 이해하고 체감했기 때문에 스타트업 생태계에 뛰어드는 것은 아닐 것이다. 그저 창업해서 대박이 난 선배 창업가처럼 되고 싶고, 망해도 빚더미에 앉지는 않을 것이라는 안도감이 생겼기 때문일지 모른다.

이것이 지금 대학가에 부는 창업 물결의 거시적 배경이다. 물론 우리 사회만의 특수한 상황도 더 깊이 이해할 필요가 있다. 우리 사회는 자율성이 상당히 부족하다. OECD 국가 중에서 GDP 대비 행복도를 비교해보면 한국은 매우 낮은 위치를 점하고 있다. 즉 잘살기는 하는데 별로 행복하지 않은 것이다. 행복심리학자에 따르면 자율성 훼손은 불행과 깊은 관련이 있다.[7] 우리의 40~50대 유능한 사람은 대부분 직장에서 상사가 시키는 일을 잘해서 승진한 이들이었다. 이견을 내는 사람들도 인정받고 성공하는 문화는 아니었다.

이 광경을 Z세대는 도저히 받아들일 수가 없다. 자신이 하고 싶지 않은 일을 꾸역꾸역하는 모습이 혐오스럽기까지 하다. 그냥 자신이 하고 싶은 거 하면서 이른바 '소확행'

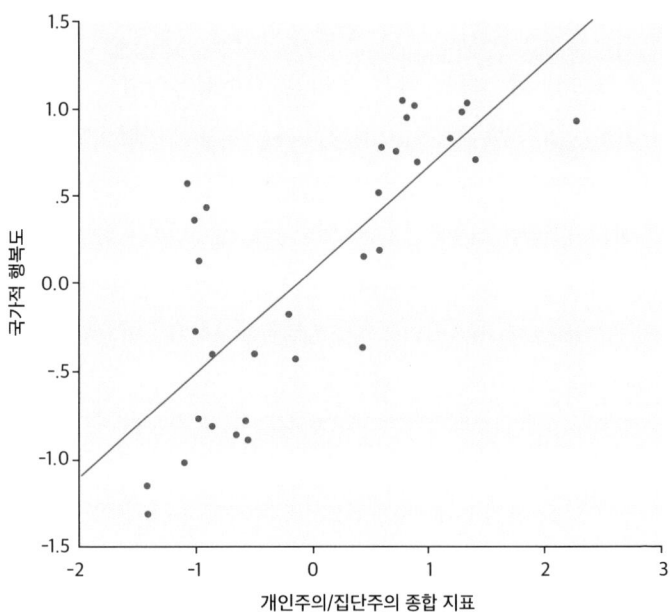

그림 18.1 국가의 행복도와 개인주의 사이의 관계. 자율적이고 개인의 개성을 존중할수록 행복도가 높아진다.

을 하거나 소위 '영끌'이라는 위험 감수를 통해 파이어족으로 진화하는 것을 꿈꾸는 친구들이 늘고 있다. 이런 맥락에서 스타트업은 청년들에게 매력적인 대안이 될 수도 있다.

그러나 이런 모험적 학생 창업가를 위한 제도는 아직 미흡하다. 대학 1, 2학년 때 창업을 결심하고 창업가의 길을 가고 있는 청년을 본 적이 있는가? 창업을 하다 보니 전공 공부를 따라가기 점점 힘들어져서 졸업장을 딸 수 있을지 걱정하는 친구가 의외로 많다. 창업을 해서 열심히 일했다고 졸업시켜주는 대학은 거의 없으니까. 하지만 생각해본다. 스스로 팀을 만들고 창업을 해서 사활을 걸고 학습하고 실행하는데 이것만큼 살아 있는 공부가 어디 있겠는가? 가장 능동적인 학습과 교류를 하고 있을 시기일 텐데 이들을 대학에서 내치거나 창업 휴학제 시행 정도로 제적을 연기해주는 것이 과연 답일까?

창업 교수들에게도 비슷한 문제가 있다. 정부와 대학이 교원 창업을 격려하고 지원해준다고 하지만 실제로 창업을 하고 나면 일이 복잡해진다. 대학의 고유 업무(교육과 연구)로부터 자연스럽게 멀어지기 쉽기 때문이다. 그래서 창업은 주로 종신 교수직을 받은 정교수의 몫이다. 아이디어와 실행력이 뛰어난 젊은 교수들은 승진에 문제가 생길까봐 창업을 꺼리는 경향이 있다. 창업 휴직제를 도입한 학교도 늘어나고 있지만, 근본적 해법은 아니다.

나는 500년 전에 '교육'으로 시작한 대학이 지난 100년 동안 '교육과 연구'의 패러다임으로 진화해왔으나 이제는 새로운 패러다임으로 넘어가고 있다고 생각한다. 그것은 '기업가적 전환'이다.

이제 창업은 실리콘 밸리의 몇몇 대학만의 주제가 아니다. 내가 보기에 이것은 대학의 진화 단계에서 새로운 패러다임이다. 평균 수명 100세를 준비하는 이 시대에 기존의 대학 시스템은 기껏해야 첫 번째 직장 정도에 영향을 주는 교육 기관일 뿐이다. 대학이 테크놀로지와 수명의 급격한 변화에 적응하려면 청년들에게 스스로 무언가를 도전해보고 실패해볼 수 있는 인큐베이션 장으로 진화해야 한다. 나는 이것을 대학의 기업가적 전환이라 부르고자 한다. 이것은 대학이 기업이 되라거나 기업에서 써먹을 인재를 교육하는 기관으로 가야 한다는 얘기가 아니다. 대학이 교육과 연구 기관을 넘어 구성원들이 기업가적 정신을 발휘하고 경험해볼 수 있게끔 진화해야 한다(하고 있다)는 뜻이다.

대학생의 공부를 보자. 중학교, 고등학교 총 6년 동안 대학 입시를 위한 문제집을 풀다 들어온 우리 아이들이 기업 입사를 위해 다시 4년간 교과서의 문제를 풀고 있지 않은가. 그들의 입장이 되어보라. 정말 지겹지 않겠는가. 이게 과연 대학에 와서 하고 싶었던 공부일까? 좌절하지 않겠는가.

개인 또는 팀으로 해결하고자 하는 문제를 스스로 발굴하고 그 문제를 해결하기 위해 1~2년을 능동적으로 배우고 경험할 수 있는 장을 마련해준다면 그들은 지금보다 훨씬 더 성장할 것이다. 순위가 더 높은 대학에 또다시 진학하기 위해 문제집을 펼치는 일은 줄어들 것이다. 이것이 내가 꿈꾸는 기업가적 대학이다. 이것이 내가 2022년 가을에 서울대학교라는 안전 지대를 뒤로 하고 가천대학교 스타트업 칼리지로 새로운 모험을 떠나게 된 이유였다.

대학이 랭킹과 스펙의 중력장에서 벗어나 각자의 개성과 실험 정신으로 무장한 기업가적 도전 공간으로 전환될 때 비로소 교육은 '나'의 경계를 넘어 '우리'를 향한 공감의 반경을 넓힐 수 있다. 창업이란 본질적으로 타자의 공감을 이끌어내기 위한 기획이자, 타자의 고통의 지점pain point을 정확히 포착하고 그에 대한 해결책을 창의적으로 제시함으로써 새로운 가치를 창출하는 경제적 행위다. 이 과정에서 학생들은 자신과 다른 목소리에 귀를 기울이고 타인의 세계를 기꺼이 받아들이는 경험을 자연스럽게 쌓게 된다. 이처럼 대학이 사회와의 살아 있는 접촉면을 확보하고 학생들이 지식의 소비자가 아니라 적극적인 창조자이자 실천가가 될 때, 캠퍼스는 각자의 이력서가 아닌 서로의 스토리로 가득한 흥미로운 광장이 된다. 공감의 반경이 넓은 사회란 결국 각자의 이야기가 만나 새로운 질문과 성장을 자극하는 공간이며, 그런 공간을 만드는 것이 대학의 진정한 존재 이유가 아닐까.

5부

사고의 공동체를 조직하는 정치

19장

감정의 정치를 넘어

잠시 다음과 같은 상황을 상상해보자. 이 사람의 행위는 도덕적으로 올바른 것일까?

어떤 사람이 벽장을 정리하다가 자신이 옛날에 쓰던 태극기를 발견했다. 태극기는 이제 더 이상 필요가 없었기에 그는 그것을 여러 장으로 잘라 화장실을 청소하는 걸레로 썼다

매우 불쾌한가? 그런 사람에게 재차 물을 수 있다. "이런 행위는 그 누구에게도 피해를 주지는 않는데 왜 잘못된 행동일까요?" "……" 잠시 머뭇거리다가 "그렇기는 하지만

태극기를 걸레로 쓰다니 그건 말이 안 되죠"라고 대답할 수밖에 없다면 그는 보수주의자일 개연성이 꽤 높다.

5장에서 소개했듯이 도덕심리학자 조너선 하이트에 따르면 인간은 도덕 판단을 할 때 자신의 직관을 먼저 작동시키고 이유를 대야 할 때에서야 비로소 생각을 시작한다. 즉 직관적으로 불쾌, 경멸, 분노, 역겨움 등이 먼저 일어나고 그 다음에 그런 감정들을 합리화하기 위한 추론이 작동한다. 도덕 판단에 있어서 누구에게나 직관이 우선한다는 주장을 그는 '사회적 직관 모형social intuitionist model'이라고 부른다.

그렇다면 위의 태극기 걸레 이야기에서 별다른 도덕적 불쾌감이나 분노를 느끼지 않는 직관의 소유자는 대체 어떤 부류의 사람일까? 보수/진보 사이의 도덕 직관의 차이에 관한 이런 의문이야말로 작금의 정치적 분열에 대한 심층적 접근이 될 수 있다.

좌와 우가 존재하는 이유

하이트는 도덕 직관의 차이를 더 깊이 이해하기 위해 대규모 온라인 설문 조사를 진행했다. 전 세계 13만 명 이상이 참여한 이 설문 연구에 따르면 모든 문화권에 보편적으로 적용되는 도덕의 다섯 가지 기준이 존재한다. 그것은 피해/배려, 공정성/부당, 내집단/배신, 권위/전복, 순수성/추함이다. 그런데 최근에는 후속 연구들을 통해 '자유/억압'도 도덕 기반 중 하나로 받아들여지기 시작했다.[1]

그가 자유/억압을 여섯 번째 도덕 기반으로 인정한 이유는 기존의 다섯 가지 기반만으로는 사람들이 실제로 도덕적으로 반응하는 모든 영역을 포괄할 수 없었기 때문이다. 특히 많은 사람이 권위나 집단 규범에 맞서 개인의 자유와 자율성을 옹호하는 강한 도덕적 직관을 보였는데 이는 기존의 다섯 기반으로는 설명이 어려웠다. 하이트는 자유/억압 기반이 인류 진화 과정에서 권위적 지배나 억압에 저항하고 불평등이나 불공정한 권력 행사로부터 자신과 집단을 보호하려는 본능적이고 정서적인 반응에서 비롯된 것이라고 본다.

그렇다면 사람들의 도덕 기반을 파악하기 위한 설문 내용은 구체적으로 어떻게 구성되어 있을까? 가령 "살인하는 것은 어떠한 경우에도 옳지 않다"는 문항에 체크를 하면 피해 기반의 도덕성이 있음을 알 수 있다는 식이다. "정부가 법을 제정할 때 가장 중요한 원칙은 모든 이가 평등하게 대우받아야 한다는 점이다"는 공정성 기반, "설령 가족이 잘못된 일을 했을지라도 가족에게 충실해야 한다"는 내집단(충성심) 기반, "군인이라면 상관의 명령에 동의하지 않는다 하더라도 의무적으로 복종해야만 한다"는 권위 기반, "피해를 주지 않더라도 역겨운 행위는 해서는 안 된다"는 순수성 기반에 해당되며 "사람에게는 정부의 간섭에서 벗어나 독자적으로 살아갈 권리가 있다"는 여섯 번째 도덕 직관인 자유 기

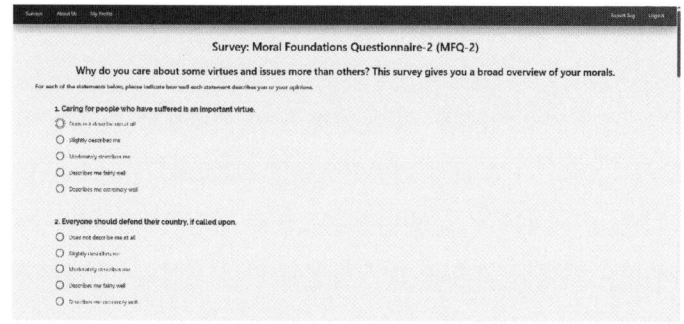

그림 19.1 도덕 기반을 파악하기 위한 조너선 하이트가 구축한 'yourmorals.org' 페이지.

반에 해당한다.[2]

그런데 여기서 중요한 것은 우리가 이미 논의했듯이 보수/진보 진영에 따라 이 여섯 가지 기반의 가중치가 확연히 다르다는 사실이다. 예컨대 보수 진영은 여섯 가지 기반 모두를 중시하는 편인 반면 진보 진영은 그중 세 가지 기준에 주로 민감하다. 진보는 대개 배려/피해 기반과 자유/압제 기반에 가장 많이 의존하며 공정성/부당 기반도 작동시킨다. 그래서 좌파는 우파에 비해 상대적으로 폭력과 고통의 신호를 더 민감하게 받아들여 평등을 위해 투쟁해야만 한다고 믿는다.

양 진영에는 가중치만이 아니라 해석의 차이도 존재한다. 가령 진보 진영은 약자가 강자에게서 억압받지 않도록 정부가 나서는 것이 '자유'라고 해석하는 반면, 보수 진영은 자유를 똑같이 강조하긴 하지만 진보 정부 정책에 치를 떨

때가 많다. 왜냐하면 그런 정책이 특정 약자 집단(노동자, 소비자, 환경)을 보호한답시고 또 다른 집단(중소기업 사업주)을 압제한다고 믿기 때문이다. 공정성/부당 기반의 경우에도 공정성에 대한 해석이 다르다. 가령 우파에게는 "가장 열심히 일한 직원에게 가장 많은 보수가 돌아가야 한다"는 식의 '비례 원칙'이 공정성의 최고 원칙이다. 즉 진보는 약자의 자유와 해방에, 보수는 과도한 국가 권력이나 규제에 대한 저항을 자유라고 해석하고 있는 셈이다.

그런데 진보와 보수를 가르는 결정적 기준은 내집단, 권위, 순수성 기반에 대한 가중치 차이다. 사실 이 기반들은 개인적 차원보다는 집단적 성격을 가진다. 진보는 집단적 차원에서 작동하는 이 세 가지 기반에 대해 대단히 둔감하다. 위의 태극기 걸레 사례가 보수주의자의 심기만을 건드리는 이유는 그것이 내집단(충성심) 기반을 위배하기 때문이다. 우파는 공동체를 깨면서까지 이념을 수호하고 싶지 않은 반면 좌파는 약자를 보호하기 위해서라면 내부 총질도 문제가 되지 않는다.

하지만 여기서 우리가 곧바로 질문하지 말아야 할 게 있다. 그것은 "우파/좌파 중 누가 더 '올바른' 도덕 기반을 가졌는가?"이다. 물론 이 질문이 중요하지 않다거나 의미가 없다는 것은 아니다. 우리는 끊임없이 무엇이 올바른 판단인가에 대해 고민하고 대화해야 한다. 하지만 이런 규범적 질문에만 매몰된다면 궁극적으로는 자기 진영에만 갇혀 확장과 포용의 기회를 놓칠 개연성이 높다. 인간이 어떤 방식으로 도덕 판단을 하는지(즉 직관이 먼저인지 추론이 먼저인지, 그것도 아니면 둘 다 동시에 작용하는지 등), 사람들이 어떠한 도덕 기반을 왜 더 중시하는지에 대해 관심이 없다면 그 누구도 정치적 성향이 다른 상대 진영을 설득하기 힘들다. 공동체 기반의 도덕 자본을 귀중하게 여기는 성향의 사람이 있다는 사실을 충분히 이해하지 못하는 진보 진영의 사람들은 시골 주민과 노동 계층이 그들의 이익을 대변해줄 것 같은 진보 쪽에 서지 않고 오히려 보수 진영에 표를 주는 행위를 도저히 알 수 없게 된다.

좌와 우가 이런 방식으로 존재하기 때문에 정치 갈등이 없는 사회란 애당초 존재할 수 없다. 오히려 그런 갈등을 우리 사회의 기본 조건으로 받아들이고 시작해야 더 바람직한 방향으로 조율할 가능성이 생긴다.

음모론은 힘이 세다

도덕 직관의 차이와 더불어 우리를 분열하는 또 다른 힘은 인간 뇌의 생존 편향이다. 뇌는 불확실성을 싫어하기에 자신이 이해할 수 없는 것이라면 무엇이든 그럴듯한 이야기를 지어낸다. 그것이 극명하게 드러나는 예가 바로 음모론이다.

"9.11 테러는 미국 정부의 자작극이다." "오바마는 미국에서 태어나지 않았으나 이를 은폐하고 대통령이 되었다." "힐러리 클린턴이 아동 성매매 조직을 운영했다." "파충류 외계인이 미국 정부를 지배하고 있다." 이런 음모론을 믿는 사람이 과연 얼마나 될까? 놀랍게도 전 세계적으로 수천만 명에 달한다. 미국의 회의주의자 연구 센터가 실시한 조사(2021년, 미국인 3139인)에 따르면 9.11 테러 음모론을 믿는 사람은 미국인의 25퍼센트, 오바마 출생 음모론자는 21퍼센트, 심지어 파충류 외계인 음모론자도 12퍼센트나 된다. 미국인의 절반 이상이 "하나 이상의 음모론을 진지하게 믿은 적이 있다"라고 답한 조사도 있다.[3]

단지 믿기만 한 것도 아니다. 2016년 미국의 한 피자 가게에 총기 사건이 발생했는데, 범인은 당시 민주당 대선 후보였던 힐러리 클린턴이 그 가게의 지하실에서 아동 성매매 조직을 운영한다는 가짜 뉴스를 철석같이 믿고 있었다. 2017년 미국에서 발흥한 '큐어넌QAnon'이라는 극우 음모론 집단은 미국의 주요 시스템을 장악한 그림자 권력 집단 '딥 스테이트'가 존재하며 그것이 민주당, 주류 언론, 주요 인사들에 의해 운영된다고 주장해왔다. 급기야 2021년 1월 6일에는 일부 큐어넌 지지자가 미국 의사당 폭동에 적극적으로 가담하여 "선거가 도난당했다"는 트럼프의 주장에 동조했다. 훗날 이 사건은 음모론의 실행이 민주주의에 얼마나 큰 해악이 될 수 있는지를 보여주는 뼈아픈 사례로 남았다.

물론 음모론이 보수 진영의 뇌만 잠식하는 것은 아니다. 9.11 테러 음모론이나 유대인의 미국 비밀 통제 음모론의 경우 민주당 지지자가 더 많다. 연구에 따르면 음모론자는 성별, 나이, 인종, 소득, 정치 성향, 직업상 지위와 크게 상관이 없는데 교육 수준만큼은 음모론 수용 여부에 영향을 준다.[4] 미국의 경우 고졸 이하는 42퍼센트가 음모론을 수용하지만 석사는 22퍼센트 정도만 받아들인다.[5] 석사 10명 중 2명은 음모론자라는 말인데 음모론과 절연이라도 하려면 박사 학위마저 필요하다는 뜻일까? 어쩌면 그 이상일 수도 있다. 달리 말해 음모론은 의식적으로 애를 써야만 겨우 떨쳐낼 수 있는 낡은 사고 습관이라는 뜻이다.

　인간의 오래된 심리를 연구하는 진화심리학에서는 음모론이 끈질긴 이유를 오류 관리 이론으로 설명한다. 우리 조상들에게는 위험을 과소평가하는 것보다 과대평가하는 것이 생존에 유리했다. 가령 정글에서 부스럭거리는 소리를 단순히 바람 소리로 착각했다가 포식자에게 잡아먹히는 것보다, 맹수가 있다고 판단하고 도망가는 것이 훨씬 안전한 전략이었다. 이런 생존 전략은 '잠재적 위협 시나리오'를 과도하게 탐지하는 방식으로 오늘날도 작동한다. 가령 '배후에 누군가가 있다'라는 믿음은 만에 하나 실제로 그런 세력이 존재할 경우를 대비하기 위한 과잉 반응일 수 있다.[6]

　음모론은 통제감에 대한 갈망과 깊은 관련이 있다. 사회가 복잡하고 불확실성이 클수록 '이 모든 것은 누군가의 의도적 조작'이라는 음모론은 단순하지만 선명한 해답을 제공한다. 대형 참사가 발생했을 때 배후 세력의 존재를 주장하는 음모론은 사건 결과를 수용하기 어려운 보통 사람들의 심리 상태를 재빨리 파고든다. 심리적 안정감을 주기는 사주, 점, 관상 등도 마찬가지다. 운명이라는 틀 안에서 세상을 이해하게 만들기 때문이다.

음모론은 집단성을 띤다. 사회적 종인 인류에게는 누가 배신하거나 몰래 이익을 취하는지를 감시하는 행위가 매우 중요했다. 이로 인해 인간은 '누군가 우리를 속이고 있다'는 시나리오에 지나치게 민감하다. 이런 경향은 대개 외집단에 대한 경계심으로 나타난다. 집단의 관점에서 음모론의 기능은 또 있다. 음모론자는 자신들을 종종 '진실을 아는 소수'로 간주하며 강한 집단 정체성을 형성한다. 게다가 지금의 SNS는 이런 정체성을 증폭하고 있다. 이런 우월적 소속감은 음모론을 단순한 믿음이 아니라 행동의 동력으로 전환한다.

물론 누구에게나 음모론적 성향이 진화했다고 해서 음모론이 정당화된다는 뜻은 아니다. 자연스러움과 올바름에는 늘 거대한 간극이 있다. 실제로 음모론은 단순히 개인의 잘못된 믿음을 넘어 사회적 분열을 초래하고 때로는 폭력적 행동으로 이어질 수 있다. 2021년 미국 의사당 폭동에서 2024년 한국의 12.3 계엄령 선포까지, 배후의 힘으로 작용한 '부정 선거 음모론'은 사실관계를 왜곡하고 공적 담론을 오염시키며 민주주의의 기본 원리인 대화와 신뢰를 무너뜨렸다.

그렇다면 음모론에 이미 깊이 빠져 있는 동료를 구할 방법은 무엇일까? 두 가지 팁. 음모론 치료 연구에 따르면 우선 그들을 악인이나 바보로 몰아서는 안 된다. 그들이 느끼는 불안과 분노를 먼저 인정하면서 설득해야 한다(그래서 너무 어려운 작업이다). 낙인을 찍고 비난하면 오히려 음모론이 더 강해지는 역효과가 발생한다. 둘째, 극우나 극좌 방송 채널 시청부터 줄이게 하고 추천 알고리듬과 무한 스크롤에 의탁하지 않도록 도와줘야 한다.

음모론은 쉽게 사라지지 않는다. 잠재적 위협을 포착하려는 본능의 작동이기 때문이다. 그래서 이런 본성에 대한 깊은 이해 없이는 음모론의 폭주로 인해 발생하는 국가 시스템의 훼손을 제대로 막기 힘들 것이다.

민의를 읽는 가장 게으른 방법, 여론 조사

나는 위의 이유들로 우리 공동체의 마음을 알기 위해 여론 조사에 의존하는 건 정말 게으른 방법이라고 생각한다. 나만 그런 것은 아니다. "사람들은 자신이 무엇을 원하는지 모른다. 우리가 여론 조사를 통해 아이폰을 만들려 했다면 더 큰 키패드와 더 많은 버튼을 원한다는 대답을 들었을 것이다." 애플의 창업자 스티브 잡스는 시장 조사나 여론 조사를 매우 싫어했다.

물론 소비자를 무시해서가 아니었다. 정반대로 혁신을 이끌기 위해서는 사람들의 진짜 욕구를 파악할 수 있어야 한다는 통찰 때문이었다. 그는 단순히 제품의 기능을 개선하는 데 그치지 않았고 사용자가 제품과 상호 작용하는 모든 순간을 최적화하려 했다. 그는 "우리의 임무는 아직 페이지에 쓰이지 않은 것을 읽어내는 것"이라고 말하며 고객 스스로도 알지 못하는 욕구를 발견하려 했다. 2007년 잡스의 손에는 모바일 터치 스크린과 앱스토어가 장착된 아이폰이 들려 있었고 그 이후로 우리의 일상은 크게 바뀌었다. 아이폰, 아이패드, 맥북 등 애플의 혁신은 모두 이러한 철학에서 비롯되었다.

애플만이 아니다. 마차의 시대에 사람들에게 원하는 게 무엇인지를 물어봤다고 해보자. 그들의 대답은 틀림없이 "더 빠른 말!"이라고 했을 것이다. 포드의 창업자 헨리 포드는 고객의 대답이 아니라 고객의 욕구에 주목했고 자동차 대량생산의 길을 열었다. 고객은 자신의 문제와 해결 방법을 구체적으로 상상하지 못할 때가 많다. 그저 익숙한 틀 안에서 조금 더 나은 것을 요구할 뿐이다.

비슷한 예는 테슬라에서도 찾아볼 수 있다. 일론 머스크는 전통적인 자동차 산업이 소비자들의 요구(더 좋은 연비나 더 큰 차)에만 초점을 맞추고 있을 때, 전기차와 자율 주행이라는 새로운 패러다임을 제시했다. 만약 그가 소비자들에게 "당신이 원하는 차는 무엇입니까?"라고 물었다면 아마 더 좋은 연비나 더 강력한 엔진이라는 답변을 주로 들었을 것이다. 그러나 그는 이를 뛰어넘어 지속 가능성과 첨단 기술이라는 새로운 기준을 만들어냈다.

다이슨 역시 마찬가지다. 날개 없는 선풍기나 무선 청소기는 소비자들이 직접 요구한 제품이 아니었다. 하지만 다이슨은 사람들이 선풍기 날개로 인해 발생하는 먼지와 안전 문제를 싫어한다는 점을 관찰했고, 이를 해결하기 위해 완전히 새로운 디자인의 제품을 개발했다. 다이슨의 성공은 고객의 숨겨진 불편함을 해결하는 데서 비롯되었다.

구글 역시 독창적 방식으로 사용자의 만족을 이끌어냈다. 구글은 고객에게 직접 묻기보다는 방대한 데이터를 분석해 고객의 필요를 파악하고 이를 기반으로 혁신적 서비스를 제공해왔다. 예컨대 구글 트렌드는 사람들이 검색하는 키워드를 분석해 현재와 미래의 트렌드를 예측한다. 감기 관련 키워드 검색량이 많아지면 그 동네의 감기 유행을 예측하는 식이다. 구글 애널리틱스 역시 웹사이트 방문자의 행동 데이터를 분석해 사용자가 어디에서 어려움을 겪고 있는지를 발견하고 개선점을 제안한다. 이제 웬만한 기업들은 설문 조사나 포커스 그룹 인터뷰로는 고객의 진짜 욕구를 알아낼 수 없다는 사실에 대체로 동의한다.

혁신적 기업의 이런 성공 스토리는 작금의 정치 상황과 리더십에 대해서도 중요한 메시지를 던진다. 우리는 종종 여론 조사를 통해 민의를 읽고자 하지만 이른바 '명태균 게이트'는 여론 조사의 맹신과 악용이 민주주의를 얼마나 병들게 할 수 있는지를 적나라하게 보여주는 사례다.

여론 조사는 효율적이고 간편하다는 이유로 정치인에게 과도한 사랑을 받고 있다. 숫자로 요약된 결과는 쉽게 이해되고 전략적으로 활용되기 좋다. 하지만 애플 등의 사례에서 보았듯이 여론 조사는 순간적인 선호만을 반영할 뿐이며 국민의 깊은 가치관이나 장기적 비전은 담아내지 못한다. 가령 높은 지지율은 승자 편승 효과를 통해 특정 후보에게 유리한 흐름을 형성하고 낮은 지지율은 약자 동정 효과를 조장한다. 게다가 여론 조사를 조작하거나 특정 결과를 유도하여 권력을 강화하는 사건은 여론 조사가 민의의 반영이 아닌 정치 권력의 재생산 도구로 전락할 위험성을 경고한다.

진정한 리더십은 숫자를 넘어선 곳에서 시작된다. 잡스가 스마트폰이라는 새로운 시장을 창출했듯이, 포드가 자동차라는 새로운 이동 수단을 제시했듯이, 구글이 데이터를 통해 보이지 않는 트렌드를 읽어냈듯이, 지도자는 국민이 미처 표현하지 못한 필요와 욕구를 읽어낼 줄 알아야 한다. 여론 조사는 나침반일 수 있지만 그것만으로 항해를 완성할 수는 없다. 조금 더 냉정하게 말하면 여론 조사는 민의를 읽는 여러 방법 중 가장 손쉽고 게으른 방식이다. 지도자는 단순히 숫자를 좇는 것이 아니라 보이지 않는 방향성을 읽어내야 한다. 더 빠른 말 대신 자동차를, 더 많은 버튼 대신 터치 스크린을.

지도자의 분노는 언제 국민을 이롭게 하는가

지도자가 자신만이 옳다는 도덕적 편협과 아집에 빠지고 이를 부추기며 시야를 더욱 좁히는 지지자에 둘러싸인 채 엉뚱한 분노를 표출하는 것은 공동체의 존립마저 위협하는 심각한 사태다. 문제의 핵심은 바로 감정이다.

영화 〈인사이드 아웃2〉에는 사춘기로 막 진입한 소녀가 느끼는 감정들이 총출동한다. 초등학교 친구들과 헤어져 다른 중학교로 진학해야 하는 주인공 라일리에게 불안, 당황, 시기, 따분함의 감정이 들이닥친다. 이들은 기존의 기쁨, 슬픔, 공포, 역겨움, 분노의 감정과 뒤범벅이 되어 마침내 새로운 자아를 탄생시킨다.

이 시리즈가 흥미로운 것은 이런 다양한 감정이 각각 캐릭터가 되어 그에 걸맞은 감초 연기를 하고 있기 때문이다. 가령 2편의 주인공 '불안'이는 늘 최악의 상황을 대비하려다가 매번 다른 감정과 갈등을 빚는다. 새로운 환경에서 소속감과 자존감을 얻으려고 발버둥치는 사춘기의 뇌를 마치 현미경으로 들여다보는 느낌이다. 이 감정 스토리는 재미 말고 의미도 준다. 기쁨과 같은 긍정적 감정뿐만 아니라 슬픔, 공포, 역겨움, 분노, 불안과 같은 부정적 감정도 인생사에서 꽤 쓸모가 있다는 사실 말이다.

실연 때문에 슬픔에 빠지는 게 대체 무슨 쓸모가 있단 말인가? 분명히 있다. 슬픔이라는 고통은 '이제 다시는 이런 상황을 만들지 말아야지'라고 다짐하게 만든다. 이렇게 부정적 감정은 그 감정의 원인으로부터 회피하게 만드는 동기를 준다. 그런데 고통을 당하는 것은 나인데, 그 고통 때문에 이득을 보는 것은 정작 내가 아니라 내 유전자라는 게 함정이다. 그러니 감히 당신은 슬픔을 즐길 수는 없다. 이런 맥락에서 진화 정신의학의 창시자인 랜돌프 네스Randolph Nesse는 "나쁜 감정은 생존을 위한 유전자의 합리적 선택"이라고 말한다.[7]

불안. 이것은 위험이나 불쾌한 일이 현존하거나 예상되는 상태에서 느끼는 부정적 감정인데 영화에서 라일리처럼 인생의 새로운 단계로 진입하는 상황에서는 마냥 기쁘고 느긋한 감정보다 더 큰 이득이 된다. 불확실한 환경에서는 예기치 못한 위험이나 손해가 종종 발생하기 때문이다. 따라서 늘 해맑거나 까칠한 것은 문제다. 물론 늘 불안에 '휩싸이는' 것은 더 큰 문제다. 하지만 제일 심각한 문제는 감정과 상황이 반대 방향으로 달리는 경우다. 가령 긍정적 감정이 켜져야 할 '기회' 상황인데도 부정적 감정이 켜지거나 부정적 감정의 스위치를 켜서 최악을 대비해야 할 '위기' 상황에서 되레 긍정적 감정으로 앞서 나가는 경우이다. 사자가 주위를 어슬렁거리는데도 즐겁게 춤을 추고 놀던 사람들은 우리 조상이 될 수 없었다.

우리 지도자가 매일 경험하는 부정적 감정의 세계는 훨씬 더 복잡하다. 정치 지도자의 뇌는 가히 감정의 폭풍 전야이다. 지역구의 존경받는 국회의원은 감정의 그릇이 크다. 주민을 만나다 보면 울고 분노하고 불안해질 수밖에 없기 때문이다. 국민은 지도층이 자신들과 감정의 동조를 이루지 못했을 때(국민은 슬픈데 지도자는 분노만 표출하는 상황) 가차 없이 비난한다. 미래를 걱정하는 국민은 지도층의 근거 없는 낙관이 훨씬 더 불안하다.

탄핵된 전 대통령이 자주 표출했다고 하는 '격노'에 대한 진실 공방이 아직도 끝나지 않았다. 해병대 채 상병 순직 사건에 관한 청문회에서 한 관계자가 "한 사람의 격노로 이 모든 것이 꼬였다"라고 증언한 바 있지만 대통령실 관계자는 "격노한 적이 없다"라며 발뺌했다. 전 대통령 배우자의 명품 가방 수수에 관해 여권 유력 정치인들이 합당한 비판을 한 것을 두고 전 대통령이 격노했다는 소문도 무성하다. 정치 지도자의 이런 격노는 어떤 의미를 지닌 것일까?

감정 연구의 대가인 에크먼에 따르면 분노는 어떤 위협이나 위험 상황에서 자신을 방어하는 데 필요한 힘을 제공하거나 불의를 바로잡게끔 동기를 부여하는 힘을 지닌다.[8] 그렇기에 다른 부정적 감정처럼 진화의 엄격한 과정에서도 살아 남았다 그렇다면 지도자의 분노는 무엇이 달라야 할까? 지도자는 일반인처럼 자신을 위협으로부터 방어하기 위해서가 아니라 사회적 불의를 바로잡기 위한 용도로 자신의 분노를 승화할 수 있는 자이다. 일종의 공적 분노다. 우리는 이런 지도자들의 언행을 보고 함께 분노한다. 국민이 겪는 불행한 사건사고에 대한 깊은 슬픔. 그리고 그것을 막을 수 없었는가를 되묻는 공적 분노. 지도자가 이런 성숙한 부정적 감정들을 작동시켜야 사회는 개선될 수 있다. 이러한 감정은 단순히 정서적 반응에 그치는 것이 아니라 문제의 원인을 철저히 분석하고 구조적 결함이나 잘못된 정책을 교정하는 행동으로 이어진다. 즉 지도자가 느끼는 공적 분노와 슬픔은 강력한 인지적 공감의 촉매제가 되어 현실을 개선하려는 구체적이고 효과적인 대안을 도출하도록 만든다.

성숙한 공적 분노는 특정 사람(집단)을 향해 있지 않다. 왜냐하면 진정으로 우리에게 좌절을 안겨주는 것은 특정 행위와 시스템이기 때문이다. 에크먼은 제안한다. 사적인 분노에 사로잡힌 사람을 돕고 싶다면 타임아웃을 외치라고. 잠시라도 심호흡을 하게 하는 것만으로도 사적 분노를 누그러뜨릴 수 있다. 지도자에게 타임아웃을 외칠 수 있는 참모는 과연 누구인가?

20장

우리 모두를 품는
안전의 여유분

외국 생활에서 당혹스러웠던 경험을 말해보라고 하면 단골로 등장하는 것이 있다. 그중 하나가 화재 경보기다. 부엌에서 생선이나 고기를 굽기만 하면 그렇게 요란하게 울릴 수가 없다. 처음에는 경보기가 붙어 있는 천장까지 다가가 연신 부채질을 해서 경고음을 멈추게 하는 식으로 처리한다. 물론 재빠르게 해야 한다. 그렇지 않으면 동네 사람들을 짜증나게 할 수 있다. 혹시라도 아파트의 어느 층 집에서 울리는 경보음이 쉽게 꺼지지 않는 날이라면 새벽 2시라도 잠옷 차림으로 아파트 밖으로 나와야 한다. 이게 규칙이다.

경보음이 울리면 화재가 난 것일까? 대체로 그렇지 않다. 프라이팬에 올려놓은 버터가 좀 타거나 고기 구울 때 나오는 연기가 올라와서 그러는 게 대부분이다. 그 완고한 경보기는 그만한 연기에도 너무 민감하게 울린다. 감도가 낮은 제품이 나올 만도 한데 이 부분에 대한 타협은 없어 보인다. '어떤 연기라도 감지되면 곧바로 경보를 울릴 것'이라는 명령을 성실히 구현하고 있는 장치일 뿐이다. 그래서 화재 경보기의 배터리를 아예 빼놓거나 부품을 하나 빼서 작동을 못하게 하는 편법이 전수되곤 한다. 대개 문제가 발생하지 않으니까. 그러나 정작 그 연기가 진짜 화재 연기라면 이야기는 완전히 달라진다. 화재 경보기의 감도를 낮췄다가 받게 될 엄청난 손실과 피해에 비하면, 차라리 온갖 연기에도 시도 때도 없이 울려대 우리를 귀찮게 하는 편이 낫다. 이처럼 '거짓 양성false positive' 오류는 더 큰 피해를 막는 기능을 담당하기도 한다.

마음의 경보기는 생존과 직결된다

인간의 마음에도 화재 경보기 같은 게 많이 존재한다. 우리는 그중 한 가지를 최근 3년 정도(2020년~2023년) 이미 활용해왔다. 전염병이 돌고 있을 때, 아니 전염병이 돈다는 힌트만 있어도, 우리 행동 면역계의 스위치는 켜진다. 외부인들에게 경계심을 느끼며 회피하려는 마음이 생긴다. 즉 우리의 행동 면역계가 '나와는 다름'이라는 신호를 전염병의 위험 신호로 착각하기 시작한다. 화재 경보기처럼 과잉 감지를 하고 있는 것이다. 감염자일 수도 있는 사람을 감지하지 못했을 때 받는 피해가 훨씬 크기 때문이다.

특정 음식에 대한 혐오도 마음의 화재 경보기의 또 다른 예다. 누구에게나 냄새도 맡기 싫은 음식이 하나쯤은 있다. 가령 우리 주변에 순대나 회라면 질색을 하는 지인이 있다. 그 맛있는 것을 왜 먹지 않느냐고 물으면 딱히 합리적 이유를 대지 못한다. 대개 "어렸을 때 먹었다가 크게 탈이 나서 그다음부터는 겁이 나서 못 먹겠다"는 식의 부정적 경험을 이야기한다. 먹는 행위는 단 한 번의 시행으로도 치명적일 수 있다. 독성이 있거나 특정 개인에게 맞지 않은 음식은 생존과 직결되기 때문에다. 따라서 어떤 음식이 그 사람의 건강을 해치는 특성을 가졌다면 그 음식을 혐오하는 행동은 마음의 단순 오작동이라고 볼 수 없다.

마음의 화재 경보기는 공간 지각을 할 때에도 작동한다. 사람들은 수직면의 높이를 가늠할 때 아래에서 위로 올려다보는 경우보다 위에서 아래로 내려다볼 때 더 높다고 판단한다.[1] 이것도 오류라고 하기엔 꽤 쓸모가 있는 편향이다. 절벽의 높이를 실제보다 과소평가해서 아래로 뛰어내려도 되겠다고 의사결정을 하는 것은, 그 높이를 과대평가해서 뛰어내리지 않겠다고 판단하는 것보다 훨씬 더 치명적일 수 있기 때문이다. 언덕의 경사도를 가늠하는 경우에도 똑같은 시스템이 작동한다. 사람들에게 실제 언덕을 보여주거나 컴퓨터 화면으로 이미지를 보여주면 하나같이 언덕의 경사도를 과대평가한다. 가파른 언덕을 올라가는 것보다는, 올라갔다가 내려오지 못했을 때의 비용이 훨씬 더 크므로 경사도를 실제보다 더 높게 지각하는 것은 생존에 이득이 된다.[2]

청각 장치에도 화재 경보기 같은 것이 있다. 사람들은 일반적으로 음원과의 거리를 실제보다 더 가깝다고 지각하는 성향을 보인다.[3] 가령 나에게 접근하는 음원과 멀어지는 음원이 나와 동일한 거리에 떨어져 있어도 접근하는 음원을 더 가까운 곳에 있다고 지각한다. 접근하는 물체가 나와 떨어져 있는 거리를 실제보다 더 가깝게 잘못 인식함으로써 그 물체에 일찍 대비하는 편이 생존에 더 유리하기 때문이다.

화재 경보기는 정서 작동 시스템 내에도 들어 있다. 신경과학자들은 우리의 두려움이 두 가지 경로를 통해 발현된다는 사실을 밝혀냈다. 가령 우리 신체에 큰 위협이 되는 뱀이나 독거미 같은 동물들이 접근하면 그 신호가 정서적 공포를 유발하는 데 관여하는 편도체로 바로 전달되어 우리는 일단 놀라고 도망갈 준비를 한다. 이것은 아주 빠르게 일어나는 과정이다. 그 대신 값싼 과정이기 때문에 오류('뱀이 아니라 긴 파이프였음')가 생길 수 있다. 반면 이 위협 신호가 결국 시각 피질에까지 전달되어 정확한 판단이 일어나는 또 다른 경로도 있다. 이 경로에서 의사결정은 느리게 일어나는데 거기서는 '아 이것은 정말 뱀이구나'와 같은 정확한 판단이 발생하므로 더 많은 정보와 에너지가 소비된다.

그런데 이 느린 경로만 진화했다고 해보자. 컴컴한 밤에 풀숲에서 미끈한 긴 물체를 보고 '이게 과연 무엇일까'를 고민했던 사람은 우리 조상이 못 되었을 것이다. 뱀에 물려 죽었을 가능성이 꽤 높기 때문이다. 그런 물체를 보았을 때는 정확한 판단보다는 틀리더라도 일단 놀라고 보는 편이 생존에 훨씬 큰 이익이다. 뱀 비슷한 것도 뱀이라고 지각하게 만드는 시스템, 이것도 화재 경보기처럼 거짓 양성 시스템이긴 하지만 매우 쓸모 있는 인지 장치라고 할 수 있다.

자연은 여유분을 통해 위기를 관리한다

대인 관계에 있어서도 화재 경보기가 작동한다. 20년 전쯤, 당시 미국의 대형 슈퍼마켓 세이프웨이의 여성 점원들이 회사를 상대로 소송을 낸 적이 있었다. 세이프웨이는 점원들에게 친절 교육을 한답시고 소비자가 계산대에서 카드를 줄 때, 카드에 새겨진 이름을 재빨리 보고 "스미스 씨, 오늘도 행복하게 보내세요"라는 식으로 대응하게 시켰다. 그러자 점원들의 그런 친절 행동을 자신에게 관심이 있어서 하는 것으로 오해하는 남성 소비자들이 나타났고 그런 남성들이 여성 점원들에게 추근대기 시작하자 점원들이 회사를 상대로 소송을 건 것이었다. 이 회사의 대표는 남성이 자신을 향한 여성의 신호를 과대평가하는 성향을 갖고 태어났다는 사실을 미처 몰랐을 것이다. 회사 방침 때문에 친절하게 보인 것뿐인데 그것을 자신에 대한 애정으로 착각하는 것은 화재 경보기의 거짓 양성 작동 원리와 동일하다. 하지만 기억해야 할 것은, 우리 선조들은 여성의 수많은 신호를 무덤덤하게 받아들였던 남성이 아니라는 사실이다. 그들은 여성의 작은 신호라도 과대평가하며 용감하게 데이트를 신청했던 것이다. 착각했던 남성이 더 성공적이었던 셈이다.

이렇게 우리 마음의 행동 면역계, 특정 음식 혐오, 지각 편향 시스템, 정서 발현 시스템, 남성의 성적 과잉 지각 성향에는 화재 경보기가 들어 있다는 공통점이 있다. 다른 말로 하면, 우리 마음에는 생존과 번식을 위해 무언가를 과대평가하거나 과잉 감지하는 편향 장치가 장착되어 있다는 사실이다. 이것은 일종의 '진화를 위한 여유분' 생성 전략이라고도 할 수 있다. '틀려도 좋아. 더 큰 피해를 막기 위해서는 여유롭게 판단하자고!' 이런 맥락에서 거짓 양성은 쓸모 있는 편향이다.

만일 여러분이 조물주라고 한다면 인간의 의사결정 시스템을 어떻게 설계하겠는가? 모든 정보를 정확히 파악해서 합리적 결정을 내리는 슈퍼 컴퓨터를 떠올린다면, 그것은 자연이 해온 방식과는 거리가 멀다. 자연은 한 치의 오류도 없는 최적 장치를 진화시키지 않았다. 오히려 현실 세계에 상존하는 불확실성 속에서도 생존과 번식을 잘하도록 유연한 장치를 진화시켰다. 그것은 거짓 양성을 만드는 인지 편향 시스템이어서 진실 탐색기로서는 불량품이지만 시스템의 붕괴를 막는 '여유분'을 만드는 적응 실행기로서는 합격품이다. 이렇게 자연은 여유분을 통해 위기를 관리해왔다.

2022년 10월 29일, 이태원 참사가 벌어진 골목의 폭은 3.2미터 정도였다. 이 좁은 공간에 수백 명이 운집할 수 있다는 신호를 받았다면 우리는 모든 행정력을 동원하여 그곳에 '안전의 여유분'을 만들었어야 한다. 시스템의 붕괴를 막기 위해 마치 화재 경보기처럼 거짓 경고음이라도 계속 울렸어야 한다. 불확실한 현실 세계에서 정확한 예측은 불가능하다. 집단의 역학이 생길 수 있는 공간에 대해서는 더더욱 그렇다. 무슨 뾰족한 예측 시스템이 있는 것처럼, 그런 것을 만들면 이런 참사를 막을 수 있는 것처럼 말하지 말자. 250만 년의 인류 진화사가 말해주는 바 안전에 관해 살아남은 성향은 가장 보수적 전략이다. 과잉 감지 편향! 이게 기본이다.

반복적 붕괴를 경험하는 사회에서 탈출하려면 안전의 여유분부터 만들어 놓아야 한다. 과잉이라고 비판받아도 좋다. 거짓 양성을 감수하고 화재 경보기부터 제대로 달아야 한다. 안전의 여유분이 없는 사회에서 고통스럽게 희생된 청년들과 그 가족들에게 깊은 애도의 마음을 전한다.

안전함이 신뢰를 만든다

 심장 수술 중 작은 실수가 생겼다고 하자. 의사나 간호사는 그 사실을 즉시 공개하고 함께 해결책을 모색할 수 있을까, 아니면 두려움에 숨길 수밖에 없을까? 하버드대학교 경영대학원의 조직심리학자 에이미 에드먼슨Amy Edmondson이 진행한 연구는 이 질문에 놀라운 답을 제시했다. 미국 전역의 심장 수술팀을 비교 분석했더니 어떤 병원 팀은 신기술을 빠르게 익혀 높은 성공률을 보이는 반면 다른 팀은 같은 기술로도 실패를 반복했다. 두 팀의 결정적 차이는 "팀원들이 실수나 문제를 자유롭게 제기해도 비난받지 않는 안전한 환경"이 존재하느냐 없느냐였다. 즉 누가 어떤 실수를 하더라도 곧바로 팀 전체가 문제 해결에 나설 수 있는 분위기가 팀의 학습 속도와 성과를 좌우했다는 것이다.[4] 에드먼슨의 이 연구는 '심리적 안전감'이 조직의 혁신과 성장을 견인하는 핵심 동력임을 극명하게 보여준다.

 심리적 안전감이란 정확히 무엇일까? 그것은 "팀원이 질문, 문제 제기, 실수, 다른 관점을 자유롭게 드러냈을 때 팀 내부에서 비난이나 불이익을 당하지 않을 것이라는 믿음"을 의미한다. 이는 단지 '서로 편안히 대하는' 끈끈한 관계를 뜻하는 것이 아니라 팀 내부에서 벌어지는 모든 상호작용에 깔린 '안전한 의사소통 문화'를 의미한다. 심리적 안전감이 있는 조직은 토론이 환영받고 반론이 포용되는 환경

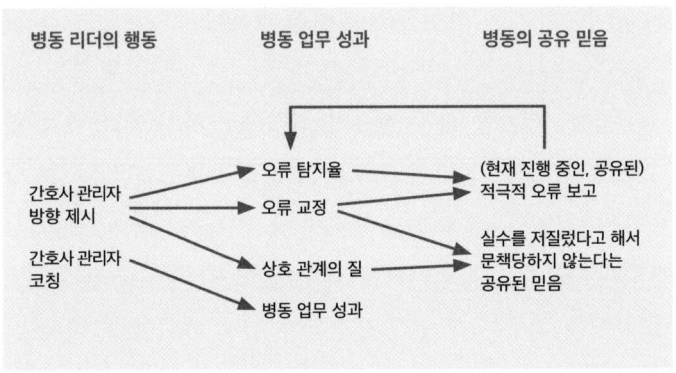

그림 20.1 심리적 안전감이 있는 병동 조직이 효과적으로 오류를 탐지하는 업무 모델.

이기에 팀원들이 의견 차이가 있어도 마음의 상처 없이 다음 날 가벼운 마음으로 다시 모일 수 있는 공간이다. 이런 조직은 실패를 통해 빠르고 정확하게 오류를 수정해 나가며 다음 단계로 나아간다.

　　최근 우리 사회가 직면했던 위기 상황을 떠올려보자. 대통령이 부정 선거 의혹을 주장하며 계엄령을 선포했고 국회가 이를 즉시 해제했으며 곧이어 대통령 탄핵안도 가결했다. 대통령은 내란 혐의로 구속됐고(취소되긴 했지만) 급기야 일부 극단 세력은 시위를 넘어 법원을 습격하는 폭도로 돌변하기까지 했다. 헌법재판소가 탄핵안을 인용하며 다시금 시민의 힘으로 헌법과 민주주의를 지켰으나 대한민국 법치주의의 최대 위기 속에 대다수의 국민은 두려움과 절망감을 느꼈던 것이 사실이다.

이것이 '대통령 한 사람의 독선'만으로 설명되는 상황일까? 아니다. 심리적 안전감의 관점에서 보면 이런 위기의 또 다른 얼굴을 마주할 수 있다. 대통령실, 국무위원, 여당 지도부 등 권력의 중추가 서로 견제하고 제동을 걸어야 할 중대한 순간에 침묵하거나 동조만 했다는 점이 더 큰 문제일 수 있다. "그것은 옳지 않습니다"라는 말조차 제대로 꺼내지 못할 정도로 경직된 분위기, 즉 심리적 안전감이 전무한 조직 문화가 전 대통령의 극단적 결정을 방치했다고도 할 수 있다.

여당 내부에서 벌어진 '배신자' 논란 역시 같은 맥락이다. 일부 의원이 탄핵 표결에 찬성했다고 해서 이들을 과격하게 비난하고 고립시키는 모습은 조직 내에서 자유로운 의견 제시가 얼마나 어려운가를 단적으로 보여준다. 이렇게 다른 목소리를 잠재우는 문화에서는 최선의 해법 도출보다는 오히려 갈등과 분열이 심화된다.

어디 여당뿐이겠는가? 어떤 조직이든 심리적 안전감이 높을 때 구성원들은 오판을 막을 수 있고 더 나은 선택지를 고민하며 실수마저도 배우는 기회로 삼는다. 애초에 내부의 비난이 두려워 침묵하는 심리가 자리 잡으면 결국 조직 전체는 공멸할 위험에 처한다. 2024년 12월 3일 계엄령 선포로 시작된 내란 정국에서 일어났던 정치적 혼란은 조직이 심리적 안전감 없이 운영될 때 얼마나 끔찍한 결과가 벌어지는지를 극명하게 보여준 사례였다.

기업도 마찬가지다. 가령 구글은 2016년에 '아리스토텔레스 프로젝트'를 가동하여 자사의 180개 팀을 해부해본 후에 팀의 성공을 예측하는 가장 강력한 지표로 심리적 안전감을 꼽았다. 최고의 성과를 내는 팀일수록 실수를 징계가 아닌 학습의 기회로 삼고 누구든 자유롭게 의견을 내는 분위기가 조성되어 있었다.[5] 이런 사실들은 혁신 동력이 떨어져 답보 상태에 빠진 한국 기업 문화에도 분명한 경종을 울린다. 옛 방식을 고수하거나 위계에 눌려 새로운 아이디어를 제대로 펼치지 못한다면 세계 시장에서 도태되는 것은 시간 문제다. 반면 심리적 안전감이 뿌리내린 조직에서는 실패조차 발전의 자양분이 된다. 결국 국가든 기업이든 '권위와 침묵'이 아니라 '신뢰와 대화'가 살아 숨 쉬는 환경을 만들 때 위기와 혼란을 넘어 진정한 성장과 혁신을 마주하게 될 것이다.

21장

화해는 어떻게 가능한가

어미 갈매기의 부리 끝에는 붉은 점이 새겨져 있다. 배고픈 새끼 갈매기는 그 붉은 점을 막 쪼아댄다. 그러면 어미는 마치 자동판매기처럼 자신이 물고 온 먹이를 토해내어 새끼를 먹인다. 1950~60년대에 동물학자 니콜라스 틴베르헌Nikolaas Tinbergen은 이런 행동에 대해 짓궂은 의문을 품었다. 만일 훨씬 선명한 붉은 점이 새겨진 더 긴 부리를 인조 모형으로 만들어 제시하면 새끼는 어떤 행동을 할까? 그러자 새끼는 실제 어미는 본 체도 안 하고 인조 부리의 붉은 점만을 필사적으로 쪼아댔다.[1]

당하기는 어미도 마찬가지. 어미 갈매기는 본래 둥지 속 알을 열심히 돌본다. 그런데 초대형 가짜 알을 만들어 둥

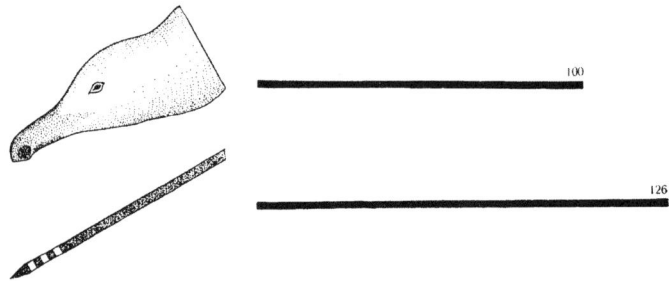

그림 21.1 틴베르헌의 논문에 나오는 어미 갈매기 머리 모형 대 초정상 자극 실험. 새끼들은 초정상 자극 모형을 더 많이 쪼았다.

지에 들이밀면 어미는 진짜 알은 외면한 채 가짜 알에만 정성을 다한다. 이런 행동은 특정 자극에 의해 자동적으로 유발되는 선천적 반응('고정 행동 패턴')이라고 할 수 있는데 실제 자극보다 과장된 자극이 주어지면 더 강하게 반응한다. 틴베르헌은 동물 세계에 존재하는 이런 '초정상超正常 자극' 현상을 발견한 공로로 노벨 생리의학상(1973년)을 받았다.

초정상 자극을 의심하라

인간도 다양한 초정상 자극에 과잉 반응한다. 포르노는 특히 남성에게 훨씬 강렬한 시각, 청각 자극을 주어 때로 중독을 일으킨다. 성형 중독이나 외모 지상주의도 마찬가지다. TV와 SNS를 켜는 순간 우리는 최고로 매력적인 외모를 인위적으로 추구하는 수많은 초정상 자극에 정신을 빼앗긴다. 여전히 수렵 채집 시기에 잘 적응해 있는 우리의 뇌는 모든 부족을 다 뒤져도 구경조차 할 수 없을 거 같은 극강의 매력적 외모를 매시간 처리해야만 한다. 이 때문에 우리 현대의 수렵 채집인은 인스타그램에서 매번 길을 잃는다.[2]

이른바 '7세 고시' 열풍도 초정상 자극에 대한 고정 행동 패턴 중 하나다. 한 시사 프로그램에서 '7세 고시, 누구를 위한 시험인가'라는 제목으로 유명 선행 학원 입학을 위해 발버둥치는 만 5~6세 아이와 부모의 이야기를 봤다.[3] 이 아이들이 풀어야 할 문제의 난이도는 수능 수준인데 난이도는 매년 상승하고 있다고 한다. 혀를 찰 일이지만 그들은 절박해 보인다. "어머니, 아이가 7세면 늦어요. 4세부터 시작해야 해요"라는 초정상 자극에 홀리는 학부모가 적지 않다. 자녀의 미래를 과도하게 걱정하는 부모의 불안 본능이 강하게 작동하는 현장이다.

물론 수렵채집 시기에 잘 적응된 자녀의 뇌도 수능 문제를 4~7세에 풀게끔 진화하지는 않았다. 그 시기는 뇌가 잔가지를 정리하고 큰 도로를 만들어 정상적 신경 연결망을 형성할 수 있게끔 오히려 신체 활동을 활발히 해야 할 때이다.

하지만 부모는 불안 마케팅의 끝판왕이라 할 수 있는 한국 사교육 시장의 초정상 자극에 홀려 마치 자신의 알은 내팽개치고 커다란 가짜 알을 품는 불쌍한 갈매기처럼 어린 자녀를 지적으로 학대하고 있다.

종교도 초정상 자극을 발신하기 쉬운 단체다. 종교가 미래에 대한 불안을 담보로 세상에 대한 과도한 단순화를 조장하고 시대착오적 발상을 강요하며 사실 관계에 대한 감수성을 포기한다면 본질을 잃은 이익 집단으로 타락하기 쉽다.

물론 선전 선동이 난무하는 정치 영역에서 초정상 자극은 일상이 된 지 오래다. 그리고 요즘처럼 정치와 종교의 과잉 신호가 동맹을 맺고 각자의 동맹 규모와 빈도로 우리 뇌를 교란한다면 정상적 자극으로 살아가는 차분한 일상은 거의 불가능해진다. 하지만 이런 숫자들은 과잉 신호일 가능성이 높다. 왜냐하면 주말 광장에 몇만 명이 모였는가, 얼마나 큰 소리로 외쳤는가, 그리고 세상이 바뀔 것이라는 자기 확신이 얼마나 큰가를 강조하다 보면 중도층 유권자들에게 역효과를 불러일으키기 십상이기 때문이다.

실제 섹스는 포르노처럼 뜨겁지 않다. 정상적 교육에서는 7세가 수능 문제를 풀 수 없다. 돈과 투자 수익만을 최고 가치로 삼는 이들은 주식 차트의 초정상 자극에 삶을 맡긴다. 참된 종교는 광장의 소음이 아닌 세상의 소금으로 인류에 봉사한다. 이런 맥락에서 법원의 판결이 자신의 신념에 맞지 않는다는 이유로 담당 판사를 협박하거나 특정 정치 이념 때문에 당 대표에 대한 건설적 비판도 금기시하는 행위 등은 초정상 자극에 대한 본능적 과잉 행동 패턴이라고 할 수 있다. 과잉 자극에 자동적으로 반응하는 삶은 필경 표류한다. 우리 수렵 채집인의 불행은 매주 광장에서 길을 잃는다는 것이다.

초정상 자극의 시대를 돌파할 힘은 오히려 일상의 '다양하고 미묘한 신호'에 집중하는 능력이다. 정치가 아무리 긴박해도 모든 대화를 정치화하진 말자. 종교가 근본적이라도 합리적 비판은 허용하자. 입시나 경제적 독립이 절박해도 다른 가치들을 구석에 몰아넣지는 말자. 새끼 갈매기가 가짜 인조 부리에 속지 않으려면 진짜 어미 고유의 미묘한 신호에 더 집중해야 하는 것처럼.

침팬지도 싸우고 나면 포옹한다

헌법재판소의 작동으로 한국 현대사에서 대통령이 또 한 번 파면하는 일이 발생했다. 이 과정에서 우리 사회는 다시 한번 깊고 날카로운 균열을 경험하게 되었다. 서로를 향한 양극단의 분노는 이제 손가락질에서 주먹질로 번질 기세다. 호모 사피엔스는 '우리'와 '그들'을 나누도록 프로그래밍된 존재다. 부족 간 경쟁에서 살아남기 위해서 우리 편은 선이고 상대편은 악마인 게 생존에 유리했다. 하지만 21세기 한국 사회는 구석기의 부족 전쟁터가 되어서는 안 된다. 지금의 극단적 분열은 생존을 돕기는커녕 모두를 파멸로 이끌 뿐이다.

몇 년 전 여야 국회의원들의 독서 모임에 초대받은 적이 있다. 공감의 반경에 대한 토론이 한창 무르익었을 때 나는 다소 직설적인 질문을 던졌다. "어쩌다 우리 정치 지도자들은 '통합'이라는 단어조차 더 이상 입에 올리지 않을까요? 요즘 의원은 아예 자기 팬덤만 챙기겠다고 작정한 거 같아요."

한동안 어색한 침묵이 흘렀고 나중에 한 의원이 다가오더니 이런 얘기를 들려줬다. "사실 국회 의원회관에 목욕탕이 있어요. 예전에는 여야 의원이 본회의에서 노골적으로 싸우다가도 목욕탕에 들어와서는 '선배님, 아까는 너무 세게 나오신 거 아니에요?' 하고 웃으며 농담하곤 했어요. 그러다 보면 갈등이 누그러졌죠. 그런데 지금은 달라요. 아예 목욕탕에서조차 얼굴 보기를 꺼립니다. 서로 말이 통하지 않으니 같이 숨 쉬는 공기조차 불편한 상황이에요."

이것이 대한민국 정치의 비극이다. 이제 우리 정치에는 서로 등을 밀어주는 문화조차 남아 있지 않은 것 같다. 인류 탄생 이후로 갈등 없는 시기가 과연 있기나 했을까? 진짜 문제는 갈등이 아니라 우리 사회가 갈등을 해결하는 법을 잃어버렸다는 것이다. 반대자들을 반국가 세력으로 몰아 비상계엄을 선포해 버린 대통령과, 의견이 다르다고 탄핵 카드부터 꺼냈던 국회의 공통점은 갈등을 파국으로 보는 극단적 인식이다.

그러나 다행이다. 인간 본성에는 갈등만큼이나 강력한 화해 본능도 있으니. 영장류학자 프란스 드 발Frans de Waal은 침팬지와 보노보 같은 영장류가 치열한 싸움 후에 상대방에게 다가가 털을 고르고 포옹하고 키스한다는 사실을 발견했다.[4] 화해를 위한 스킨십이 진화한 것이다. 그들은 이런 행동을 통해 관계를 복원하고 집단의 평화와 생존을 유지해 왔다. 사실 우리 사피엔스는 그 이상이다. 갈등 이후에 화해하는 능력이 없었다면 인류는 진작 멸종했을 것이고 지구상에 문명 따위는 존재할 수도 없었을 것이다.

집단 사이에 파인 깊은 골을 메우기 위해서는 자주 만나야 한다. 우리가 15장에서 살펴봤듯이 사회심리학의 접촉 가설에 따르면 서로에게 적대감을 가진 집단이라도 지속적으로 만나고 교류하면 편견이 줄어든다. 단, 다시 한번 말하지만 조건이 있다. 긍정적 만남이 되려면 집단 간 지위가 대등한 상태에서 만나야 하고(노예와 주인 관계로 백날 만나봐야 소용이 없다), 협력적 분위기에서 상호 작용해야 하며 사회적 지지와 공동 목표가 있어야 한다. 즉 진정성이 있는 접촉이어야 한다는 뜻이다.

북아일랜드의 '성금요일 협정'은 대표적 사례 중 하나다. 무려 30년간 구교계와 신교계의 유혈 충돌로 3600명이 사망하고 부상자가 5만 명 이상 나온 북아일랜드에서 분쟁을 종결할 협정을 체결했다(1998년 4월 10일). 그 후 양쪽 진영 청소년은 같은 학교에서 공부하고 정기적으로 문화 교류와 봉사 활동을 함께했다. 그랬더니 그들은 점진적으로 서로를 적이 아닌 '우리와 다르지 않은 사람'으로 인식하기 시작했다. 이들의 평화 프로세스는 여전히 진행 중이지만 편

그림 21.1 털 고르기를 하고 있는 침팬지.

견과 적대감은 지난날보다 크게 감소했다.

제주 4.3 사건 치유 과정도 좋은 사례다. 이 과정은 정부가 공식적으로 과거의 잘못을 인정하고 희생자 유족에게 사과하면서 시작되었다. 이후 추모 행사, 평화 공원 설립, 역사 교육 프로그램 같은 제도적 지원이 이어졌고, 제주도민과 육지 사람들의 빈번한 교류를 통해 서로에 대한 혐오가 줄어들었다.

불행히도 그동안 우리 정치권은 사회 분열의 가장 강력한 진원지였다. 극한 분열 시기에 그들이 통합의 비전을 제시하는 지도자로 환골탈태할 수는 없을까? 그러기 위해 해야 할 일. 첫째, 진영의 유불리를 떠나 사법 기관의 판결을 존중하고 받아들여야 한다. 둘째, 자신들의 팬덤을 넘어 상대 진영의 고통과 요구에도 공감의 손길을 뻗어야 한다. 단지 '정치 쇼'로서 화해가 아니라 상대방의 상처에 진정성 있게 다가가는 용기가 필요하다. 지도자들이 솔선해서 '공감의 목욕탕'에 다시 들어가 상대 진영의 등을 밀어줄 때 국민도 서로에게 손을 내밀 것이다.

마지막으로, 상호 협조를 통해서만 해결이 가능한 공동 목표를 설정해야 한다. 경제, 안보, 인구, 교육, 의료 위기와 같은 공동 난제를 함께 풀어내야 한다. 우리가 공유할 미래는 절대 한 진영만의 승리로 이루어질 수 없다. 서로가 등을 돌려서는 희망이 없다. 대한민국의 지속과 공존의 길목에서 모두에게 절실한 결정은 '화해할 결심'이다.

나가는 말

멸망의 길과 생존의 길

봉준호 감독의 아카데미 수상작 〈기생충〉에서 가장 인상 깊은 장면 중 하나는 이른바 '선을 넘는 냄새'에 관한 장면이다. 기택(송강호 분)이네는 박 사장(이선균 분)의 대저택과 외제차에 기상천외한 방식으로 침투했지만 그들의 몸에 밴 반지하의 전 내는 어찌할 수 없었다. 계층 고유의 냄새는 서로 섞여 중화되지 않기 때문이다(코를 막지 않는 이상 냄새를 어찌할 수는 없지 않은가!). 결코 악인이라고 할 수도 없는 박 사장은 이 계층의 냄새에 혐오 반응을 일으켜 역겨운 표정을 지었고 이를 본 기택은 충동적으로 격분한다. 박 사장이 드러낸 이런 원초적 혐오는 타인이나 외집단을 향한 공감의 길을 가로막고 관심의 범위를 자기 자신과 내집단에게로만 한정하게끔 작동한다. 다시 말해 〈기생충〉은 반지하 냄새에 스위치가 켜진 박 사장의 부족 본능(스위치가 꺼진 이성)이 어떻게 우발적으로 기택의 부족 본능이라는 스위치를 켰는가에 관한 영화다. 봉 감독과 배우들은 코믹과 호러의 장르를 오가며 이 메커니즘의 작동을 오싹하게 보여줬다.

이런 의미에서 〈기생충〉은 빈부 격차와 계급 문제를 냄새로 풀어낸 매우 독창적 영화라 할 수 있다. 국제 사회가 한국의 독특한 공간과 문화를 배경으로 제작된 한 영화에 그토록 많은 찬사를 보냈던 이유는 이 영화가 인간의 구별 짓기 습성이 불러올 파국을 너무도 섬세하게 잘 보여줬기 때문일 것이다. 부의 불평등뿐만이 아니다. 오늘날의 에너지 불평등, 기후 위기, 전쟁과 식량 위기 역시 부족 본능 및 외집단 혐오와 밀접한 관련을 맺고 있다. 거대한 댐이 손가락만한 균열로 붕괴하듯이 인류가 이룩한 거대한 문명도 '깨알' 같은 혐오와 대수롭지 않은 부족 본능의 확산으로 결국엔 파국을 맞을 수 있다. 오늘의 작은 혐오가 내일의 멸절로 이어질 수 있다. 그래서 이 영화는 가족의 붕괴를 넘어 문명의 위기에 관한 매우 상징적인 작품으로 읽힐 수도 있다.

결국 사피엔스라는 종도 그리고 그 종이 만든 문명도 멸절하고야 말텐데 굳이 그렇게 비장할 이유가 무엇인지 반문할 수 있다. 그저 우리 인류의 수준이 딱 이 정도라면 여기서 끝내는 것도 나쁘지 않다고 체념할 수도 있다. 사실 40억 년의 생명의 역사는 한 마디로 멸절의 역사다. 지구에 태어나 호흡했던 다양한 종 가운데 지금까지 명맥을 이은 종은 크게 잡아도 10퍼센트 미만이다. 9할 이상이 사라졌으니 멸절은 예외가 아니라 규칙이다. 호모 사피엔스는 20만 년 전쯤에 탄생한 갓난 종이긴 하지만 그 또한 언젠가는 종착점에 다다를 것이다.

하지만 인류는 이 정도 공감의 반경에서 주저앉아서는 안 된다. 그러기에는 후계자가 없다. 사피엔스는 지구라는 행성에서 문명을 만든 유일한 종이기 때문에 인류의 멸절은 문명의 붕괴다. 집단적 성취의 지속적 확산과 축적을 문명이라고 한다면 문명은 일정 정도 이상의 공감의 반경을 가진 종만이 이룩할 수 있는 체계다. 사피엔스가 지구의 지배자가 된 것도 이 문명의 힘 때문이었다. 일상, 과학, 문화, 예술, 학문의 토대로서의 문명을 우리가 절대로 포기할 수 없는 이유는 그것이 우리 종의 정체성이기 때문이다. 정체성을 잃은 존재는 삶의 의미를 상실한다. 그래서 우리가 나아갈 길은 오직 하나다. 공감의 반경을 넓히는 쪽으로의 이행. 우리는 멸절이라는 운명에 순응하기를 거부하고 새롭게 문명을 재건해야 한다.

7만 4000년 전쯤에 전 세계의 사피엔스의 인구가 2000명 정도로 줄어들어 멸종 직전까지 갔었다. 그 직전에 인도네시아 토바 화산이 폭발하고 그로 인해 에어로졸이 햇빛을 가려 지구 평균 기온이 12도나 떨어졌기 때문이다. 우리와 우리의 문명은 그 절체절명의 위기에서도 살아남았다.

하지만 기후학자들은 2100년까지 지구 평균 온도 상승폭을 산업화 이전 수준 대비 1.5도로 억제하지 못한다면 우리의 문명이 말 그대로 붕괴될 수 있다고 경고한다. 이를 막기 위해서는 적어도 2050년까지 전 세계 탄소 순배출량을 제로('탄소중립')로 만들어야 한다. 사실 엄청난 도전이다.

기후 위기는 우리가 현세대의 욕망을 격하게 공감한 나머지 다음 세대의 생존에 대해서조차 신경 쓸 여유가 없어서 생기는 문제라고 할 수 있다. 증손자들이 어떤 기후에 살든 현재 우리만 즐기면 그만이라는 생각, 즉, '현세대'라는 내집단에 대한 편애가 '다음 세대'라는 외집단에 대한 폄훼(저평가)로 이어지는 편협한 공감의 폐해이다.

따라서 정서적 공감을 넘어서는 인지적 공감이 기후 위기 극복을 위한 심리적 해법이 될 수 있다. 우리의 감정이 다음 세대에까지 뻗치기는 힘들지만 우리의 상상력을 통해 다음 세대의 고통에 다다를 수는 있기 때문이다. 이것이 역지사지이고 부족 본능을 이기는 힘이다. 기후 위기에서 인류를 구원할 힘도 공감의 원심력뿐이다. 공감의 반경을 넓히는 것만이 우리의 살길이다.

감사의 글

이 책은 내가 처음으로 재단의 지원을 받아 완성한 작품이다. 풀무원 남승우 이사회 의장이 상근고문으로 있는 재단법인 한마음재단의 연구 지원을 받아 오래전에 시작한 프로젝트였다. 남 고문의 애정, 격려, 인내가 없었다면 이렇게 늦게라도 빛을 보지 못했을 것이다. "자라나는 아이들에게 인간 본성에 부합하는 평화 교육을 하려 하니 '우리는 누구이며 왜 이런가?'에 대답하는 좋은 책을 써달라"라는 말씀에 이제야 결과물을 내놓게 되어 송구스러울 뿐이다. 그리고 이 결과물이 인간 본성의 매우 중요한 측면을 다루고 있지만 모든 부분을 다룰 수 없었음을 고백한다. 부족함을 유난히 많이 느낀 작업이었다. 통합적 메시지를 위해 전체

원고를 몇 번이나 갈아엎기도 했다.

이런 지난한 과정에 큰 격려와 응원, 그리고 실질적인 도움을 주신 분이 많다. 한마음재단의 이정이 연구위원은 이 책의 시작부터 끝까지 함께 해주셨다. 이 책의 어딘가에 소개된 연구들을 함께 진행했던 동료와 제자들께 감사의 말씀을 전한다. 특히 서울대학교 경영대학의 배종훈 교수, 서울대학교 인지과학 협동과정의 이민섭 선생과 정지수 선생, 미국 버지니아대학교 심리학과의 차영재 선생, 서울대학교 자유전공학부의 윤정찬 학생은 서로 다른 주제의 공동 연구자들로 이 책에 기여했다. 또한 미국 캘리포니아주립대학교(리버사이드 캠퍼스)의 이상희 교수와 고려대학교 심리학과의 허태균 교수, 그리고 한마음재단 이사장인 연세대학교 경제학과의 박태규 명예교수는 이 책의 초고에 대한 예리하고 귀중한 논평을 해주셨다. 머리 숙여 감사를 드린다.

이 책을 집필하는 지난 몇 년 동안 나의 인생에도 커다란 변화가 있었다. 2년 전쯤에 에듀테크 분야에서 스타트업을 시작했고, 12년 동안 지적인 고향처럼 지냈던 서울대학교를 떠나 가천대학교 창업대학의 초대 학장으로 자리를 옮겼다. 한마디로 새로운 도전의 연속이라고 정리할 수 있겠지만 다른 한편으로는 내 '공감의 반경'을 대대적으로 넓히는 시기였다고도 할 수 있다. 아직 충분하지 않다. 이런 일련의 과정에서 탄생한 이 책의 모든 문장이 오직 하나의 메시지를 향해 달려가길 바란다. 깊은 공감에서 넓은 공감으로!

주

들어가는 말

1. 장은교. "교육부 고위간부 "민중은 개·돼지…신분제 공고화해야"". 〈경향신문〉. 2016.07.08. https://www.khan.co.kr/national/national-general/article/201607082025001#c2b
2. 이상규. ""우크라 여성은 성폭행해도 돼"…러시아군 여친 충격적 통화 내용". 〈매일경제〉. 2022.04.14. https://www.mk.co.kr/news/world/view/2022/04/333372/
3. Pinker, S. (2011). *The better angels of our nature: The decline of violence in history and its causes*. Penguin uk; 스티븐 핑커. (2014). 김명남 옮김. 《우리 본성의 선한 천사》. 사이언스북스.
4. Singer, P. (1981). *The expanding circle*. Oxford: Clarendon Press; 피터 싱어. (2011). 김성한 옮김. 《사회생물학과 윤리》. 연암서가.
5. Shermer, M. (2015). *The moral arc: How science makes us better people*. Henry Holt and Company; 마이클 셔머. (2018). 김명주 옮김. 《도덕의 궤적》. 바다출판사.

1장 느낌에서 시작되는 배제와 차별

1. Krznaric, R. (2014). *Empathy: A handbook for revolution*. Random House; 르먼 크르즈나릭. (2018). 김병화 옮김. 《공감하는 능력》. 더퀘스트.
2. Di Pellegrino, G., Fadiga, L., Fogassi, L., Gallese, V., & Rizzolatti, G. (1992). Understanding motor events: a neurophysiological study. *Experimental brain research*, 91(1), 176-180.
3. Rizzolatti, G., & Fabbri-Destro, M. (2010). Mirror neurons: from discovery to autism. *Experimental brain research*, 200(3), 223-237.

4. Williams, J. H., Whiten, A., Suddendorf, T., & Perrett, D. I. (2001). Imitation, mirror neurons and autism. *Neuroscience & Biobehavioral Reviews*, 25(4), 287-295.
5. Cole, J. (1999). *About Face*, The MIT Press.
6. Singer, T., Seymour, B., O'doherty, J., Kaube, H., Dolan, R. J., & Frith, C. D. (2004). Empathy for pain involves the affective but not sensory components of pain. *Science*, 303(5661), 1157-1162.
7. De Waal, F. B. (2008). Putting the altruism back into altruism: the evolution of empathy. *Annu. Rev. Psychol.*, 59, 279-300.
8. 박성진. "파도에 밀려온 세살배기 난민 시신 비극에 전세계 슬픔·공분". 〈연합뉴스〉. 2015.09.04. https://www.yna.co.kr/view/AKR20150904000900081
9. 이경민. "유럽의 정치·사회 전반 흔드는 시리아 난민 문제⋯한국도 예외 아냐". 〈폴리뉴스〉. 2019.12.27. http://www.polinews.co.kr/news/article.html?no=446013
10. 정지용. "'죽음의 바다' 지중해서 6만명 난민 구조한 '유럽의 똘레랑스'". 〈한국일보〉. 2020.02.17. https://www.hankookilbo.com/News/Read/202002152071770449
11. 전지혜. "'제주, 예멘인 2명 난민인정⋯' 언론인 출신으로 박해가능성". 〈연합뉴스〉. 2018.12.24. https://www.yna.co.kr/view/AKR20181214047751056?input=1195m
12. Hernandez-Lallement, J., Attah, A. T., Soyman, E., Pinhal, C. M., Gazzola, V., & Keysers, C. (2020). Harm to others acts as a negative reinforcer in rats. *Current Biology*, 30(6), 949-961.

2장 부족 본능, 우리 아닌 그들은 인간도 아니야

1. Tajfel, H. (1981). *Human groups and social categories*. Cambridge university press.
2. Mahajan, N., & Wynn, K. (2012). Origins of "us" versus "them": Prelinguistic infants prefer similar others. *Cognition*, 124(2), 227-233.

3. Kosfeld, M., Heinrichs, M., Zak, P. J., Fischbacher, U., & Fehr, E. (2005). Oxytocin increases trust in humans. *Nature*, 435(7042), 673-676.
4. De Dreu, C. K., Greer, L. L., Van Kleef, G. A., Shalvi, S., & Handgraaf, M. J. (2011). Oxytocin promotes human ethnocentrism. *Proceedings of the National Academy of Sciences*, 108(4), 1262-1266.
5. Yitmen, Ş., & Verkuyten, M. (2018). Feelings toward refugees and non-Muslims in Turkey: The roles of national and religious identifications, and multiculturalism. *Journal of Applied Social Psychology*, 48(2), 90-100.
6. Wisman, A., & Koole, S. L. (2003). Hiding in the crowd: Can mortality salience promote affiliation with others who oppose one's worldviews?. *Journal of personality and social psychology*, 84(3), 511.
7. Tooby, J., & Cosmides, L. (1988). The evolution of war and its cognitive foundations. *Institute for evolutionary studies technical report*, 88(1), 1-15.
8. 정지수·장대익. (2022). 심사 중.

3장 코로나19의 대유행, 혐오의 대유행

1. Sherif, M. (1956). Experiments in group conflict. *Scientific American*, 195(5), 54-59.
2. Tajfel, H. (1981). *Human groups and social categories*. Cambridge university press.
3. David J. Rothkopf. "When the Buzz Bites Back". 〈Washington Post〉. 2002.05.11. https://www.washingtonpost.com/archive/opinions/2003/05/11/when-the-buzz-bites-back/bc8cd84f-cab6-4648-bf58-0277261af6cd/
4. 장대익. (2018). 《사회성이 고민입니다》. 휴머니스트.
5. Bae, J., Cha, Y. J., Lee, H., Lee, B., Baek, S., Choi, S., & Jang, D. (2017). Social networks and inference about unknown events: a case of the

match between Google's AlphaGo and Sedol Lee. *PLoS One*, 12(2), e0171472.

6. 장대익. "부정적 감정의 집단전염을 어떻게 막을 것인가?". 〈경향신문〉. 2020.04.06. http://news.khan.co.kr/kh_news/khan_art_view.html?artid=202004062119015&code=990100

7. Duncan, L. A., & Schaller, M. (2009). Prejudicial attitudes toward older adults may be exaggerated when people feel vulnerable to infectious disease: Evidence and implications. *Analyses of Social Issues and Public Policy*, 9(1), 97-115.

8. Helzer, E. G., & Pizarro, D. A. (2011). Dirty liberals! Reminders of physical cleanliness influence moral and political attitudes. *Psychological science*, 22(4), 517-522.

9. Schaller, M., & Park, J. H. (2011). The behavioral immune system (and why it matters). *Current directions in psychological science*, 20(2), 99-103.

10. 오연서. "중국 검색하면 감염·공포…'짱깨' 혐오표현 사흘만에 31배". 〈한겨레〉. 2020.03.10. http://www.hani.co.kr/arti/society/rights/931870.html

11. John R. Allen et al. "How the World Will Look After the Coronavirus Pandemic". 〈Foreign Policy〉. 2020.03.20. https://foreignpolicy.com/2020/03/20/world-order-after-coroanvirus-pandemic/

12. 신지환·조건희. "5년전 우리 마을이 이겨냈듯, 대구도 꼭 일어설 것". 〈동아일보〉. 2020.03.14. http://www.donga.com/news/article/all/20200314/100156539/1

13. 강현석. ""대구 의료진, 장어 먹고 힘내세요" 달빛동맹 광주의 응원". 〈경향신문〉. 2020.03.11. http://news.khan.co.kr/kh_news/khan_art_view.html?artid=202003112124005&code=100100

14. Park, R. E. (1924). The concept of social distance: As applied to the study of racial relations. *Journal of applied sociology*, 8, 339-334.

15. Yuval Noah Harari. "Yuval Noah Harari: the world after coronavirus". 〈Finacial Times〉. 2020.03. 20. https://www.ft.com/

content/19d90308-6858-11ea-a3c9-1fe6fedcca75

16. Snowden, F. M. (2019). *Epidemics and society: From the black death to the present*. Yale University Press; 프랭크 스노든. (2021). 이미경·홍수연 옮김.《감염병과 사회》. 문학사상사.
17. Baumeister, R. F., & Leary, M. R. (2017). The need to belong: Desire for interpersonal attachments as a fundamental human motivation. *Interpersonal development*, 57-89.
18. Holt-Lunstad, J., Smith, T. B., Baker, M., Harris, T., & Stephenson, D. (2015). Loneliness and social isolation as risk factors for mortality: a meta-analytic review. *Perspectives on psychological Science*, 10(2), 227-237.
19. Eisenberger, N. I., Lieberman, M. D., & Williams, K. D. (2003). Does rejection hurt? An fMRI study of social exclusion. *Science*, 302(5643), 290-292.
20. Wilson, D. (2010). *Darwin's cathedral*. University of Chicago Press.
21. Norenzayan, A. (2013). *Big gods: How religion transformed cooperation and conflict*. Princeton University Press.
22. Shariff, A. F., & Norenzayan, A. (2007). God is watching you: Priming God concepts increases prosocial behavior in an anonymous economic game. *Psychological science*, 18(9), 803-809.
23. Henrich, J., Ensminger, J., McElreath, R., Barr, A., Barrett, C., Bolyanatz, A., ... & Ziker, J. (2010). Markets, religion, community size, and the evolution of fairness and punishment. *Science*, 327(5972), 1480-1484.
24. Curry, A. (2008). Seeking the Roots of Ritual. *Science*, 319, 278-280.
25. 조현. "'광화문 집회 주도' 전광훈 목사는 누구인가".〈한겨레〉. 2020.08.17. https://www.hani.co.kr/arti/society/religious/958137.html
26. 이지희. ""아프간 피랍 10년… 모라비안 기도운동 최근 시작"".〈크리스천투데이〉. 2017.07.25. https://www.christiantoday.co.kr/news/302622

4장 알고리듬, "주위에 우리 편밖에 없어"

1. Youyou, W., Kosinski, M., & Stillwell, D. (2015). Computer-based personality judgments are more accurate than those made by humans. *Proceedings of the National Academy of Sciences*, 112(4), 1036-1040.
2. Rosenberg, M., Confessore, N., & Cadwalladr, C. "How Trump consultants exploited the Facebook data of millions". 〈The New York Times〉. 2018.03.17. https://www.nytimes.com/2018/03/17/us/politics/cambridge-analytica-trump-campaign.html
3. 케임브리지 어낼리티카 데이터 스캔들을 다룬 자료 중에서 지한 누자임Jehane Noujaim과 카림 아메르Karim Amer가 연출한 〈거대한 해킹The Great Hack〉이 이 사건의 전모를 가장 생생하게 전하고 있다. 이 다큐멘터리는 2019년 7월 24일부터 넷플릭스에서 시청이 가능하다. 리뷰는 다음을 참조하시오. https://www.theverge.com/2019/1/30/18200049/the-great-hack-cambridge-analytica-netflix-documentary-film-review-sundance-2019
4. 추천 알고리듬에 대한 아래의 소개는 다음과 같은 책에 기반해 있다. Schrage, M. (2020). *Recommendation Engines*. MIT Press.
5. https://towardsdatascience.com/deep-dive-into-netflixs-recommender-system-341806ae3b48
6. Barberá, P., Jost, J. T., Nagler, J., Tucker, J. A., & Bonneau, R. (2015). Tweeting from left to right: Is online political communication more than an echo chamber?. *Psychological science*, 26(10), 1531-1542.
7. Asch, S. E. (1951). Effects of group pressure upon the modification and distortion of judgments. *Organizational influence processes*, 58, 295-303.
8. Tuddenham, R. D. (1958). The influence of a distorted group norm upon individual judgment. *The Journal of Psychology*, 46(2), 227-241.
9. Bae, J., Cha, Y. J., Lee, H., Lee, B., Baek, S., Choi, S., & Jang, D. (2017). Social networks and inference about unknown events: a case of the

match between Google's AlphaGo and Sedol Lee. *PLoS One*, 12(2), e0171472.
10. 장대익. (2017).《울트라 소셜: 사피엔스에 새겨진 '초사회성'의 비밀》. 휴머니스트.
11. Asch, S. E. (1955). Opinions and social pressure. *Scientific American*, 193(5), 31-35.
12. Allen, V. L., & Levine, J. M. (1971). Social support and conformity: The role of independent assessment of reality. *Journal of experimental social psychology*, 7(1), 48-58.
13. 뜻밖의 발견을 주는 추천 알고리듬 설계에 관한 연구는 아직 초기 단계라 할 수 있다. 다음 논문을 참조하시오. Kotkov, D., Veijalainen, J., & Wang, S. (2020). How does serendipity affect diversity in recommender systems? A serendipity-oriented greedy algorithm. *Computing*, 102(2), 393-411.

5장 내 혐오는 도덕적으로 정당하다

1. 장대익·이민섭. (2018).〈역겨움의 도덕적 지위에 관하여〉.《철학연구》. 122, 51-84.
2. Haidt, J., & Graham, J. (2009). Planet of the Durkheimians, where community, authority, and sacredness are foundations of morality. *Social and psychological bases of ideology and system justification*, 371-401.
3. Chapman, H. A., & Anderson, A. K. (2012). Understanding disgust. *Annals of the New York Academy of Sciences*, 1251(1), 62-76.
4. Rozin, P., Haidt, J., & Fincher, K. (2009). From oral to moral. *Science*, 323(5918), 1179-1180.
5. Haidt, J. (2001). The emotional dog and its rational tail: a social intuitionist approach to moral judgment. *Psychological review*, 108(4), 814.
6. Kelly, D. (2011). *Yuck!: the nature and moral significance of disgust*. MIT press.

7. Hauser, M., Cushman, F., Young, L., Kang-Xing Jin, R., & Mikhail, J. (2007). A dissociation between moral judgments and justifications. *Mind & language*, 22(1), 1-218.
8. Greene, J. D. (2007). Why are VMPFC patients more utilitarian? A dual-process theory of moral judgment explains. *Trends in cognitive sciences*, 11(8), 322-323.

6장 첫인상은 틀린다

1. Banaji, M. R., & Greenwald, A. G. (2013). *Blindspot: Hidden biases of good people*. Bantam.
2. Bertrand, M., & Mullainathan, S. (2004). Are Emily and Greg more employable than Lakisha and Jamal? A field experiment on labor market discrimination. *American economic review*, 94(4), 991-1013.
3. Hideg, I., & Ferris, D. L. (2016). The compassionate sexist? How benevolent sexism promotes and undermines gender equality in the workplace. *Journal of Personality and Social Psychology*, 111(5), 706.
4. Fiske, S. T., Cuddy, A. J., Glick, P., & Xu, J. (2002). A model of (often mixed) stereotype content: competence and warmth respectively follow from perceived status and competition. *Journal of personality and social psychology*, 82(6), 878.
5. Rosenberg, S., Nelson, C., & Vivekananthan, P. S. (1968). A multidimensional approach to the structure of personality impressions. *Journal of personality and social psychology*, 9(4), 283.
6. 조긍호. (1982). 〈지적 평가정보와 사회적 평가정보가 호오차원인상과 화친차원 인상에 미치는 영향의 차이〉. 《사회심리학연구》. 1, 78-100.
7. 김혜숙, 고재홍, 안미영, 안상수, 이선이, 최인철. (2003). 〈다수 집단과 소수 집단에 대한 고정관념의 내용: 유능성과 따뜻함의 차원에서의 분석〉. 《한국심리학회지: 사회 및 성격》. 17(3), 121-143.
8. Wojciszke, B., Bazinska, R., & Jaworski, M. (1998). On the dominance of moral categories in impression formation. *Personality and Social*

Psychology Bulletin, 24(12), 1251-1263.
9. Fiske, S. T., Cuddy, A. J., & Glick, P. (2007). Universal dimensions of social cognition: Warmth and competence. *Trends in cognitive sciences*, 11(2), 77-83.
10. 장대익·윤정찬. (2022). 심사 중

7장 느낌의 공동체에서 사고의 공동체로

1. 장성윤·김현영. "남성이여! 짐을 벗어라—'호주제' 역사속으로". 〈광명지역신문〉. 2005. 04. http://www.joygm.com/news/articleView.html?idxno=82
2. 오마이뉴스 편집부. "21세기 100대 뉴스". 〈오마이뉴스〉. 2020.02.22. http://www.ohmynews.com/NWS_Web/Event/20th/at_pg.aspx?CNTN_CD=A0002613158
3. Baron-Cohen, S., Tager-Flusberg, H., & Lombardo, M. (Eds.). (2013). *Understanding other minds: Perspectives from developmental social neuroscience*. Oxford university press.
4. Byrne, R. W., & Whiten, A. (1988). *Machiavellian intelligence*. Oxford University Press.
5. Cheney, D. L., & Seyfarth, R. M. (1990). *How monkeys see the world: Inside the mind of another species*. University of Chicago Press.
6. Call, J., & Tomasello, M. (2011). Does the chimpanzee have a theory of mind? 30 years later. *Human Nature and Self Design*, 83-96.

8장 처벌은 어떻게 공감이 되는가

1. Bowles, S., & Gintis, H. (2004). The evolution of strong reciprocity: cooperation in heterogeneous populations. *Theoretical population biology*, 65(1), 17-28.
2. Fehr, E., & Gächter, S. (2002). Altruistic punishment in humans. *Nature*, 415(6868), 137-140.

3. Fehr, E., & Fischbacher, U. (2003). The nature of human altruism. *Nature*, 425(6960), 785-791.

9장 마음의 경계는 허물어지고 있다

1. Hills, A. M. (1995). Empathy and belief in the mental experience of animals. *Anthrozoös*, 8(3), 132-142.
2. Plous, S. (1993). Psychological mechanisms in the human use of animals. *Journal of social issues*, 49(1), 11-52.
3. Westbury, H. R., & Neumann, D. L. (2008). Empathy-related responses to moving film stimuli depicting human and non-human animal targets in negative circumstances. *Biological psychology*, 78(1), 66-74.

10장 본능은 변한다, 새로운 교육을 상상하라

1. Halperin, E., Porat, R., Tamir, M., & Gross, J. J. (2013). Can emotion regulation change political attitudes in intractable conflicts? From the laboratory to the field. *Psychological science*, 24(1), 106-111.
2. Galinsky, A. D., & Moskowitz, G. B. (2000). Perspective-taking: decreasing stereotype expression, stereotype accessibility, and in-group favoritism. *Journal of personality and social psychology*, 78(4), 708.
3. Batson, C. D., Early, S., & Salvarani, G. (1997). Perspective taking: Imagining how another feels versus imaging how you would feel. *Personality and social psychology bulletin*, 23(7), 751-758.

11장 누구나 마음껏 비키니를 입는다면

1. Gelfand, M. J. (2012). Culture's constraints: International differences in the strength of social norms. *Current Directions in Psychological Science*, 21(6), 420-424.

2. Roos, P., Gelfand, M., Nau, D., & Lun, J. (2015). Societal threat and cultural variation in the strength of social norms: An evolutionary basis. *Organizational Behavior and Human Decision Processes*, 129, 14-23.
3. Gelfand, M. J., Jackson, J. C., Pan, X., Nau, D., Pieper, D., Denison, E., ... & Wang, M. (2021). The relationship between cultural tightness-looseness and COVID-19 cases and deaths: a global analysis. *The Lancet Planetary Health*, 5(3), e135-e144.
4. Jacob, F. (1977). Evolution and tinkering. *Science*, 196(4295), 1161-1166.
5. 이정동·장대익·김홍기 외. (2017). 《인공물의 진화》. 서울대학교출판문화원.

12장 편협한 한국인의 탄생

1. Nisbett, R. (2004). *The geography of thought: How Asians and Westerners think differently... and why*. Simon and Schuster.
2. Fincher, C. L., Thornhill, R., Murray, D. R., & Schaller, M. (2008). Pathogen prevalence predicts human cross-cultural variability in individualism/collectivism. *Proceedings of the Royal Society B: Biological Sciences*, 275(1640), 1279-1285.
3. Talhelm, T., Zhang, X., Oishi, S., Shimin, C., Duan, D., Lan, X., & Kitayama, S. (2014). Large-scale psychological differences within China explained by rice versus wheat agriculture. *Science*, 344(6184), 603-608.
4. 허태균. (2015). 《어쩌다 한국인》. 21세기북스.

13장 한국인의 독특함이 족쇄가 되다

1. 한성열. (2008). 〈한국문화의 맥락에서 본 교육의식: 한국사회에서 교육적 성취에 대한 심리학적 분석〉. 《한국심리학회지: 문화 및 사회문제》, 14(1), 33-46.

2. Sterelny, K. (2012). *The evolved apprentice*. MIT press.
3. Sng, O., Neuberg, S. L., Varnum, M. E., & Kenrick, D. T. (2017). The crowded life is a slow life: Population density and life history strategy. *Journal of Personality and Social Psychology*, 112(5), 736.
4. 장대익. (2021). 〈우리나라 초저출산 및 지방 소멸의 원인과 대책에 관한 진화심리학적 연구〉, 감사원 보고서.
5. 박명호, 오완근, 이영섭, 한상범. (2013). 〈지표를 활용한 한국의 경제사회발전 연구: OECD 회원국과의 비교분석〉. 《경제학연구》, 61(4), 5-35.
6. Bowles, S., & Gintis, H. (2011). *A cooperative species*. Princeton University Press.

14장 타인에게로 향하는 기술

1. 정덕현. ""얼마나 무서웠을까?"…'너를 만났다'가 故김용균을 소환한 까닭". 〈엔터미디어〉. 2021.02.05. https://www.entermedia.co.kr/news/articleView.html?idxno=25810
2. Milk, C. (2015). How virtual reality can create the ultimate empathy machine. *TED talk*.
3. Ahn, S. J., Le, A. M. T., & Bailenson, J. (2013). The effect of embodied experiences on self-other merging, attitude, and helping behavior. *Media Psychology*, 16(1), 7-38.
4. Hamilton-Giachritsis, C., Banakou, D., Garcia Quiroga, M., Giachritsis, C., & Slater, M. (2018). Reducing risk and improving maternal perspective-taking and empathy using virtual embodiment. *Scientific reports*, 8(1), 1-10.
5. Oh, S. Y., Bailenson, J., Weisz, E., & Zaki, J. (2016). Virtually old: Embodied perspective taking and the reduction of ageism under threat. *Computers in Human Behavior*, 60, 398-410.
6. Banakou, D., Hanumanthu, P. D., & Slater, M. (2016). Virtual embodiment of white people in a black virtual body leads to a

sustained reduction in their implicit racial bias. *Frontiers in human neuroscience*, 601.
7. Martingano, A. J., Hererra, F., & Konrath, S. (2021). Virtual reality improves emotional but not cognitive empathy: A meta-analysis. *Technology, Mind and Behavior*.

15장 접촉하고 교류하고 더 넓게 다정해지기

1. Brosnan, S. F., & De Waal, F. (2003). Monkeys reject unequal pay. *Nature*, 425(6955), 297-299.
2. Brosnan, S. F., & de Waal, F. B. (2014). Evolution of responses to (un)fairness. *Science*, 346(6207), 1251776.
3. Hamann, K., Warneken, F., Greenberg, J. R., & Tomasello, M. (2011). Collaboration encourages equal sharing in children but not in chimpanzees. *Nature*, 476(7360), 328-331.
4. Hare, B., & Woods, V. (2021). *Survival of the friendliest: Understanding our origins and rediscovering our common humanity*. Random House Trade Paperbacks.
5. Allport, G. W., Clark, K., & Pettigrew, T. (1954). *The nature of prejudice*.
6. Pettigrew, T. F., & Tropp, L. R. (2006). A meta-analytic test of intergroup contact theory. *Journal of personality and social psychology*, 90(5), 751.
7. Berbner, B. (2019). *180 GRAD: Geschichten gegen den Hass* (Vol. 6349). CH Beck; 바스티안 베르브너. (2021). 이승희 옮김.《혐오 없는 삶》. 판미동.

16장 내 새끼 지상주의, 공멸의 길

1. 김훈. "'내 새끼 지상주의'의 파탄…공교육과 그가 죽었다". 〈중앙일보〉. 2023.08.04. https://www.joongang.co.kr/article/25182441/
2. Storey, A.E. and Ziegler, T.E. (2016). Primate paternal care:

interactions between biology and social experience. *Hormones and Behavior*, 77, 260-271.

3. Hrdy, S.B. (2009) Mothers and others: The Evolutionary Origins of Mutual Understanding, Harvard University Press; 세라 블래퍼 허디. (2021). 유지현 옮김.《어머니, 그리고 다른 사람들》. 에이도스.

17장 무엇이 아이를 자라게 하나

1. 〈의대 블랙홀〉.《PD수첩》, MBC, 2023.05.23.
2. '인도 천재' 2부작(1편: 인도공과대학, 2편: 브레인 팩토리).《다큐인사이트》. KBS 1TV, 2023.05.04., 2023.05.11.
3. Harris, J.R. 2009, *The Nurture Assumption: Why Children Turn Out the Way They Do*, Free Press; 주디스 리치 해리스. (2022). 최수근 옮김.《양육가설》. 이김.
4. Gray, P., (2011). The decline of play and the rise of psychopathology in children and adolescents. *American journal of play*, 3(4), 443-463.
5. Ratey, J.J. and Hagerman, E., (2010). *Spark*. Hachette UK; 존 레이티·에릭 헤이거먼. (2023). 이상헌 옮김.《운동화 신은 뇌》. 녹색지팡이.
6. Crick, F., (1988). *What mad pursuit*. Basic Books.
7. Feynman, R.P., (1999). *The Pleasure of Finding Things Out*. Perseus Books; 리처드 파인만. (2001). 김희봉 옮김.《발견하는 즐거움》. 승산.
8. OECD. (2017). Do students spend enough time learning?. https://www.oecd.org/en/publications/do-students-spend-enough-time-learning_744d881a-en.html

18장 대학의 거대한 전환을 요구한다

1. Ansede, M. "Dozens of the world's most cited scientists stop falsely claiming to work in Saudi Arabia". *EL PAIS*. 2024.12.06. https://english.elpais.com/science-tech/2024-12-05/dozens-of-the-

worlds-most-cited-scientists-stop-falsely-claiming-to-work-in-saudi-arabia.html

2. Farrel, H. "Yale Law School pulled out of the U.S. News rankings. Here's why". *The Washington Post*. 2022.11.18. https://www.washingtonpost.com/politics/2022/11/18/collegesrankingsyale/
3. "Dean Gerken: Why Yale Law School Is Leaving the U.S. News & World Report Rankings". *Yale Law School*. 2022.11.16. https://law.yale.edu/yls-today/news/dean-gerken-why-yale-law-school-leaving-us-news-world-report-rankings
4. 신현지, "2023 THE 세계대학 영향력 순위.. 연세대 '세계14위' 경희대/경북대 톱3". 〈VERITAS〉. 2023.06.02. https://www.veritas-a.com/news/articleView.html?idxno=459843
5. 이지희, "[에듀플러스]대학 창업 톺아보기 ①숫자로 보는 대학 창업 꾸준한 성장세 보인 창업 지표…"양적 성장·세밀한 지원 필요해"". 〈전자신문〉. 2024.10.22. https://www.etnews.com/20241022000155
6. "2023년도 벤처기업 총 고용 93만명, 총 매출액 242조원". 중소벤처기업부 보도자료. 2024.12.26. https://www.mss.go.kr/site/smba/ex/bbs/View.do?cbIdx=86&bcIdx=1055438&parentSeq=1055438
7. Diener, E., Diener, M. and Diener, C. (1995) Factors predicting the subjective well-being of nations. *Journal of personality and social psychology*, 69(5), 851.

19장 감정의 정치를 넘어

1. Haidt, J. (2012). *The righteous mind: Why good people are divided by politics and religion*. Vintage; 조너선 하이트. (2014). 왕수민 옮김. 《바른 마음》. 웅진지식하우스.
2. 다음의 홈페이지에서 직접 설문에 참여할 수 있다. https://www.yourmorals.org/
3. Shermer, M., (2022). *Conspiracy: why the rational believe the irrational*.

JHU Press; 마이클 셔머. (2024). 이병철 옮김.《음모론이란 무엇인가》. 바다출판사.
4. van Prooijen, J.W. (2017). Why education predicts decreased belief in conspiracy theories. *Applied cognitive psychology*, 31(1), 50-58.
5. Enders, A., Klofstad, C., Diekman, A., Drochon, H., Rogers de Waal, J., Littrell, S., Premaratne, K., Verdear, D., Wuchty, S. and Uscinski, J. (2024). The sociodemographic correlates of conspiracism. *Scientific reports*, 14(1), 14184.
6. Haselton, M.G. and Buss, D.M. (2000). Error management theory: a new perspective on biases in cross-sex mind reading. *Journal of personality and social psychology*, 78(1), 81.
7. Nesse, R.M., 2019. *Good reasons for bad feelings: Insights from the frontier of evolutionary psychiatry*. Penguin; 랜돌프 네스. (2020). 안진이 옮김.《이기적 감정》. 더퀘스트.
8. Ekman, P. and Revealed, E. (2003). *Emotions Revealed: Recognizing Faces and Feelings to Improve Communication and Emotional Life*. Times Books; 폴 에크먼. (2020). 허우성·허주형 옮김.《표정의 심리학》. 바다출판사.

20장 우리 모두를 품는 안전의 여유분

1. Jackson, R.E. and Cormack, L.K. (2007). Evolved navigation theory and the descent illusion. *Perception & Psychophysics*, 69, 353-362.
2. Proffitt, D.R., Bhalla, M., Gossweiler, R. and Midgett, J. (1995). Perceiving geographical slant. *Psychonomic bulletin & review*, 2, 409-428.
3. Neuhoff, J.G. (2001). An adaptive bias in the perception of looming auditory motion. *Ecological Psychology*, 13(2), 87-110.
4. 심리적 안전감에 대한 연구는 Edmondson, A. C. (1996). Learning from Mistakes is Easier Said than Done: Group and Organizational Influences on the Detection and Correction of Human Error. *Journal of Applied Behavioral Science*, 32(1), 5 - 28. 심장 수술팀의 '심리적

안전감'에 대한 연구는 Edmondson, A. (1999). Psychological Safety and Learning Behavior in Work Teams. *Administrative Science Quarterly*, 44(2), 350 – 383.
5. Duhigg, C. "What Google Learned From Its Quest to Build the Perfect Team," *The New York Times Magazine*, 2016.02.25. https://www.nytimes.com/2016/02/28/magazine/what-google-learned-from-its-quest-to-build-the-perfect-team.html

21장 화해는 어떻게 가능한가

1. Tinbergen, N. (1951). *The Study of Instinct*. Oxford University Press.
2. Barrett, D. (2010). *Supernormal stimuli: How primal urges overran their evolutionary purpose*. WW Norton & Company; 드어드리 배릿. (2011). 김한영 옮김.《인간은 왜 위험한 자극에 끌리는가》. 이순.
3. 〈7세 고시, 누구를 위한 시험인가〉.《추적 60분》. KBS 1TV. 2025.02.14.
4. de Waal, F. (1989). *Peacemaking Among Primates*. Harvard University Press; 프란스 드 발. (2007). 김희정 옮김.《영장류의 평화 만들기》. 새물결.

그림 출처

1.1 장대익. (2012). 〈호모 리플리쿠스 (Homo replicus): 모방, 거울뉴런, 그리고 밈〉.《인지과학》, 23(4), 517-551.
1.2 wikipedia
2.1 연세대학교
2.2 wikipedia
3.1 University of Akron
4.2 wikipedia
5.1 shutterstock
6.1 Fiske, S. T. et al. (2002). A model of (often mixed) stereotype content: competence and warmth respectively follow from perceived status and competition. *Journal of personality and social psychology*, 82(6), 878.
6.2 청와대
7.1 호주제폐지운동본부
8.1 Fehr, E., & Gächter, S. (2002). Altruistic punishment in humans. *Nature*, 415(6868), 137-140.
8.2 Fehr, E., & Fischbacher, U. (2003). The nature of human altruism. *Nature*, 425(6960), 785-791.
9.1 Plous, S. (1993). Psychological mechanisms in the human use of animals. *Journal of social issues*, 49(1), 11-52.
9.2 보스턴 다이내믹스
10.1 유튜브 채널 'House of History'
10.2 kr.rootsofempathy.org
11.1 Gelfand, M. J. (2012). Culture's constraints: International

differences in the strength of social norms. *Current Directions in Psychological Science*, 21(6), 420-424.

12.1 Fincher, C. L. et al. (2008). Pathogen prevalence predicts human cross-cultural variability in individualism/collectivism. *Proceedings of the Royal Society B: Biological Sciences*, 275(1640), 1279-1285.

12.2 Talhelm, T. et al. (2014). Large-scale psychological differences within China explained by rice versus wheat agriculture. *Science*, 344(6184), 603-608.

13.1 OECD 교육지표. 2019.

13.2 Sng, O. et al. (2017). The crowded life is a slow life: Population density and life history strategy. *Journal of Personality and Social Psychology*, 112(5), 736.

14.1 MBC

14.2 University of New England

15.1 wikipedia

16.1 https://www.101lasttribes.com/tribes/san.html

17.1 Gray, P. (2011). The decline of play and the rise of psychopathology in children and adolescents. *American journal of play*, 3(4), 443-463.

18.1 Diener, E., Diener, M. and Diener, C. (1995). Factors predicting the subjective well-being of nations. *Journal of personality and social psychology*, 69(5), 851.

19.1 yourmorals.org

20.1 Edmondson, A.C. (1996). Learning from mistakes is easier said than done: Group and organizational influences on the detection and correction of human error. *The journal of applied behavioral science*, 32(1), 5-28.

21.1 Tinbergen, N. and Perdeck, A.C. (1950). On the stimulus situation releasing the begging response in the newly hatched herring gull chick (Larus argentatus argentatus Pont.). *Behaviour*, 1-39.

21.2 shutterstock

찾아보기

!쿵족 287~288
K선택 251~252
r선택 251~252
VR 기술 261~268

ㄱ

갈린스키, 애덤 204
감정이입 32, 34~35, 85, 166, 216, 266
강한 호혜성 167~169, 173~175
거울 뉴런 27~34, 38
거짓 믿음 테스트 159~160
거짓 양성 351, 354~356
고정 관념 내용 모형 147
고통의 지점 329
공감의 반경 35, 40, 79, 118, 121, 134, 140, 148, 152, 158, 175~176, 179, 187, 209, 227~228, 259, 264, 275, 284, 289, 304, 329, 366
공감의 뿌리 206~208
공공재 게임 53, 169, 171
공포 관리 이론 51~52
구달, 제인 181~182, 196, 271~272
규범 심리 130
규범적 공감 176
그린, 조슈아 138
근본적 귀인 오류 230
깨진 거울 가설 31

ㄴ

남성 전사 가설 52, 54
내 새끼 지상주의 281~282, 289
내집단 선호성 43, 50, 68
네스, 랜돌프 347
노렌자얀, 아라 88, 91
노모호리 42
농사 가설 234, 236~237

ㄷ

던바, 로빈 161~162
던바의 수 163
도덕 기반 이론 122~123, 132
도제 학습 모형 246
도킨스, 리처드 307
동물권 178, 180~181
동조 107

드 발, 프란스 366
딥러닝 323

ㄹ

레이티, 존 300
로스코프, 데이비드 70
로젠버그, 시모어 145
로진, 폴 125, 127

ㅁ

마음 이론 158~161
마키아벨리적 지능 가설 163
매서먼, 줄스 39
모스코위츠, 고든 204
문화적 집단 선택 173~174
밈 307

ㅂ

바우마이스터, 로이 86
반향실 효과 70, 103
뱃슨, 대니얼 205
버디 187, 189
베르브너, 바스티안 277
벨랴예프, 드미트리 273
병원체 확산 가설 232~233
보울스, 새뮤얼 169
보스턴 다이내믹스 183, 185
보편 문법 201
복제자 224
부족 본능 8, 40~45, 50, 52,
   54~55, 61, 63, 65, 69, 74, 88,
   122, 125, 129~131, 134, 141,
   227, 266, 371, 373
비인간화 18, 55~60
빅도그 183

ㅅ

사회 인지 145, 151, 158, 165
사회 정체감 이론 52, 67
사회적 거리 두기 76~78
사회적 알고리듬 189
사회적 직관 모형 334
사회적 털 고르기 162
사후 과잉 확신 편향 230
샐리-앤 테스트 159
생애사 전략 252, 255~256
생태지리 가설 237
섀그넌, 나폴리언 41~42
세렌디피티 115
세파스, 로버트 164
셔머, 마이클 13
셰리프, 무자퍼 65~67
소속 욕구 86~87
소시오그램 229
스노든, 프랭크 82
스티렐니, 킴 246
승, 올리버 254
신뢰 게임 47
신피질비 161
심리적 안전감 357~360
심판자 가설 91
싱어, 피터 13

ㅇ

아틀라스 184
암시적 연관 검사 48~49
애쉬, 솔로몬 104~107
양육 가설 292
에고 네트워크 108~112
에드먼슨, 에이미 357
역겨움 평가 체계 126~127
역지사지 26, 74~75, 78, 85, 166, 181, 191, 204~206, 209, 216, 265, 267~268, 299
오류 관리 이론 340
옥시토신 46~50
윌슨, 데이비드 87~88
이모데믹 69, 71
이중 과정 이론 139
이타적 처벌 167~168, 170, 172~175
인공 지능 96, 188~189, 191, 212, 323
인지적 공감 17, 26, 74~75, 78, 156, 158, 165~166, 177, 180~181, 190~191, 201, 204, 209, 214, 216, 222, 239~240, 266~268, 349, 373
인지적 재평가 201~203
인포데믹 69~71

ㅈ

자기 가축화 273
자코브, 프랑수아 226

적응 문제 161
적응적 가소성 246
정서적 공감 16, 26~27, 34~35, 37~39, 42~43, 55, 165~166, 177, 179~180, 190, 264, 266~268, 373
조직화된 학습 환경 246~247
종족 심리 130
종차별주의 178, 266
진화적 융합 225
집단 동일시 50~53
집단주의 63~64, 223, 229, 231~239, 326

ㅊ

채프먼, 해나 124, 127
체니, 도러시 164
초사회적 종 274
초유기체 87
초정상 자극 362~365
침팬지 58, 85, 162~163, 165, 181, 195~197, 210~211, 247, 271~272, 285, 288, 365, 366, 368

ㅋ

카너먼, 대니얼 72
케임브리지 애널리티카 98~99
켈리, 대니얼 129
코건, 알렉산드르 98
코로나19 62~65, 68~70, 75, 80,

82, 95, 118, 220~221
코언, 사이먼 배런 160
콘텐츠 기반 필터링 99
콜, 조너선 31
쿠르디, 아일란 35~37
큐어넌 339
크릭, 프랜시스 301

ㅌ
타이펠, 헨리 67
트롤리 딜레마 135~137
틴베르헌, 니콜라스 361~362

ㅍ
파인만, 리처드 301
팬데믹 62~63, 65, 69~71,
  73~74, 76, 78~84, 86~87, 92
페미니스트 58, 146~147
페어, 에른스트 169, 172
페퍼 187, 189
퓨 리서치 62
플랫폼 97, 100, 102~103, 114,
  116~117, 323~324
피부 전도 반응 179
필터 버블 효과 70, 103
핑커, 스티븐 12

ㅎ
하드자족 90
하라리, 유발 78
하멜, 헨드릭 245

하슬람, 닉 56
하우저, 마크 137
하이트, 조너선 122, 126,
  334~336
해리스, 주디스 리치 292
행동 면역계 73~74, 351, 355
허디, 세라 블래퍼 286, 288
허태균 237~239
헌법재판소 16, 157, 358, 365
헤어, 브라이언 272
헨릭, 조지프 90
헬퍼린, 에란 201
협동 번식 286
협력 필터링 100
호모 사피엔스 12~13, 34, 40~42,
  182, 197, 272, 275, 365, 372
호주제 154~158
혹스 유전자 224~225, 227
홀로코스트 60
확증 편향 70
회피 행동 64, 73
휴보 186~187

공감의 반경

초판 1쇄 발행 2022년 10월 28일
개정판 1쇄 발행 2025년 6월 27일

지은이 장대익
책임편집 권오현
디자인 주수현

펴낸곳 (주)바다출판사
주소 서울시 마포구 성지1길 30 3층
전화 02-322-3885(편집) 02-322-3575(마케팅)
팩스 02-322-3858
이메일 badabooks@daum.net
홈페이지 www.badabooks.co.kr

ISBN 979-11-6689-357-5 03180

※ 이 책은 재단법인 한마음재단의 후원으로 저술되었습니다.